图解铆工

入门·考证

一本通

石勇博 主编

化学工业出版社

·北京·

本书依据《国家职业标准》和《国家职业技能鉴定规范》，并紧密结合铆工工作实际，主要为初级和中级铆工职业资格培训服务，是一本职业入门及技能鉴定考证参考书。主要内容包括铆工基本知识、铆工基本操作技能、钢材的矫正、放样与号料、加工成形、连接、铆工工艺规程及产品检验、典型设备的检修及部件的更换以及铆工技能鉴定理论题解。此外，为了满足考生考证的需要，熟悉考核内容、题型、指南，本书配有技能鉴定实操习题，在最后一章以试题的形式阐述中级应掌握的理论知识点并配有参考答案。

本书内容实用，可操作性强，配有大量的图解说明，易看、易懂，方便初学者快速掌握铆工操作技能，可作为机械制造企业技术工人的学习读物，还可以作为各职业鉴定培训机构和职业技术院校的培训教材。

图书在版编目（CIP）数据

图解铆工入门·考证一本通/石勇博主编. —北京：化学工业出版社，2015.8
ISBN 978-7-122-24202-0

Ⅰ．①图… Ⅱ．①石… Ⅲ．①铆工-图解 Ⅳ．①TG938-64

中国版本图书馆 CIP 数据核字（2015）第 119978 号

责任编辑：张兴辉　　　　　　　　　　文字编辑：陈　喆
责任校对：王素芹　　　　　　　　　　装帧设计：王晓宇

出版发行：化学工业出版社（北京市东城区青年湖南街 13 号　邮政编码 100011）
印　　刷：北京永鑫印刷有限责任公司
装　　订：三河市宇新装订厂
850mm×1168mm　1/32　印张 10　　字数 270 千字
2015 年 9 月北京第 1 版第 1 次印刷

购书咨询：010-64518888（传真：010-64519686）　售后服务：010-64518899
网　　址：http://www.cip.com.cn
凡购买本书，如有缺损质量问题，本社销售中心负责调换。

定　　价：39.80 元　　　　　　　　　　　　版权所有　违者必究

前言
FOREWORD

　　为了贯彻国务院《关于大力发展现代职业教育的决定》和"全国再就业会议"精神，深入推动再就业培训，使再就业技术工人、机械加工初级工、职业院校学生等提高职业技能，我们组织编写了本书。本书是依据《国家职业标准》和《国家职业技能鉴定规范》，并结合笔者在工作过程中积累的实际经验合理进行编写的。

　　铆工是机械制造工业中应用较广泛、从业人员较多的技术工种，也是最重要的工种之一。所以，对铆工职业技能的培养非常重要。

　　本书共9章，内容包括铆工基本知识、铆工基本操作技能、钢材的矫正、放样与号料、加工成形、连接、铆工工艺规程及产品检验、典型设备的检修及部件的更换及铆工技能鉴定理论题解。为了满足考生考证的需要，熟悉考核内容、题型、指南，最后一章以试题的形式阐述中级应掌握的考核点并配有参考答案。

　　本书内容实用，可操作性强，并且配有大量的图解说明，易看、易懂，方便初学者快速掌握铆工操作技能，可作为机械制造企业技术工人的学习读物，还可以作为各职业鉴定培训机构和职业技术院校的培训教材。

　　本书由石勇博主编，罗娜、吴宁、李香香、董慧、何影、于涛、张超、成育芳、张维、李东、赵蕾、张健、雷杰、郭志慧共同协助完成。

　　由于编者的经验和学识有限，书中不足之处，敬请广大读者批评指正。

编　者

目录
CONTENTS

第1章

铆工基本知识

1.1 铆工就业情况

铆工俗称"铁裁缝",任务是把两种或两种以上金属连接在一起,即铆接。分冷铆和热铆,冷铆由铆接机代替人工力铆,而热铆就是将要铆接的产品加热进行力量铆接,都是技术含量比较高的工种。

铆工是中国工业建设不可或缺的主力军之一,在机械行业里面有着十分重要的作用,所有工业设备的外壳、框架、支撑、管道、钢构、容器、储罐、桥梁、船舶、车辆、航空、航天等都离不开铆工。目前,中国的铆工已经从传统的放样、计算,发展到电脑时代的 CAD 自动展开、下料、排版。

1.2 铆工的岗位职责

① 熟悉所加工的产品图样、工艺规程及相关标准,坚持"三按"生产作业,做到"三自一控"。

② 按照生产计划进行割料、剪切、压型,保证下料压型的尺寸及精度,达到规定的要求,认真清除飞边毛刺。

③ 平板时要充分考虑内应力的释放,以减小变形。

④ 拼装结构件时,要检查上道工序转来的零件是否合格,拼焊工件要符合图纸要求,控制好拼缝间隙,便于下道工序焊接。

⑤ 首件主动交检,认真自检,做好零部件的标识,填好质量记录。

⑥ 合理有序地摆放零部件,及时清理工作现场的废弃物,使其达到现场管理的要求。

⑦ 按时完成所承担的生产、质量、安全指标。

1.3　铆工的工作内容及要求

① 承担上级布置的全部金属材料结构制造中的放样、号料、下料、加工、预制、组对成型、装配、铆接等工作。

② 上岗前必须按规定穿戴好劳保用品。

③ 生产过程中认真执行"五序法"。

a. 一备：备齐产品图纸、工艺和标准、明确任务，核对量检具和加工对象。

b. 二看：看懂图纸、工艺和标准，明确任务，核对量检具和加工对象。

c. 三提：发现问题及时提请有关部门处理。

d. 四办：照章办事，严格按图纸、工艺、技术标准生产。

e. 五检：按规定程序交检、首检合格后方可正式投产。

④ 使用的各种设备，做到定人定机，操作者需经技术考试合格，凭证操作，精心保养设备。

⑤ 坚持安全文明生产。

a. 使用风钻、手电钻、手动砂轮、滚板机、压力机、剪板机、钻床等设备时，必须严格执行其安全操作规程，以免发生设备、人身事故。

b. 切断料和打活时，工件必须平稳放置，并要注意四周和过道中的行人，防止打飞伤人。

c. 工作场地要随时保持清洁、整齐、规格化，各种零件、余料等分类存放，及时清扫回收余料、废料，做到工完场地净。

⑥ 工、模、夹具、材料、毛坯、工件、产品等摆放合理平稳、可靠。

⑦ 接到零部件时，要按图纸核对，必须检查材料记录是否清楚。

⑧ 操作必须符合安全操作规程和工艺规程之规定。

⑨ 工具箱内要保持清洁卫生、无杂物，工具要对号入座。摆放整齐，账、卡、物相符。

第2章
铆工基本操作技能

2.1 常用的量具与工具

2.1.1 常用量具的使用与维护

(1) 钢尺

钢尺是度量零件长、宽、高、深及厚等的量具。其测量精度为0.3~0.5mm。钢尺通常有钢板尺（图2-1）、钢卷尺（图2-2）。其刻度一般有英制与公制两种。钢尺的规格按长度分有150mm、300mn、500mm、1000mm 或者更长等多种。钢卷尺常用的有1000mn、2000mm 两种，尺上的最小刻度为 0.5mm 或者 1mm。对 0.5mm 以下的尺寸要用游标卡尺、千分尺等量具测量。

图 2-1　钢板尺

用钢尺测量工件时要注意尺的零线同工件边缘相重合与否。为了使尺放得稳妥，应用拇指贴靠在工件上，如图 2-3 所示。在读数时，视线必须垂直于钢尺的尺面；否则，将因视线歪斜而引起读数的误差。使用及维护注意如下事项。

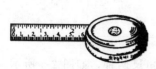

图 2-2　钢卷尺

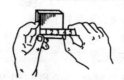

图 2-3　钢尺的使用

① 按测量距离拉出需要的长度。测完一段之后，需将尺带抬离地面，不得将钢卷尺拖地而行。

② 测量工件或画线下料时，要把钢直尺放平且紧贴工件，不得将尺悬空或远离工件读数。

③ 测量较长的距离时，要避免尺子扭曲变形。

④ 使用时要注意保护刻度，避免磨损。

⑤ 不得用钢板尺来铲铁锈、除污泥或者拧螺钉等。

⑥ 使用钢卷尺应注意不得接触带电物体，避免尺子被电弧烧坏。

⑦ 使用完毕要及时将尺面擦拭干净。长期不用时，应该涂油脂防锈。

（2）布卷尺

布卷尺又称皮尺，常用的规格有 5m、10m、15m、20m、30m 以及 50m 等。使用布卷尺时的注意事项如下。

① 按实际测量距离拉出所需要的长度。

② 测量中，尺带要拉直，但是不要拉得过紧，以免拉断尺带，也不可拉得过松，防止影响测量的准确性。

③ 当测量较长距离时，宜两人一道操作。使用中不可把尺子在地上拖来拖去，防止磨损尺带。

④ 尺子使用后，应及时把尺带擦拭干净，平直地卷入尺盒里。

用布卷尺测量管子长度，如图 2-4 所示。

图 2-4　用布卷尺测量管子长度

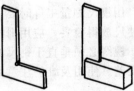

图 2-5　直角尺

（3）直角尺（弯尺）

直角尺通常分整体直角尺与组合直角尺两种，如图 2-5 所示。整体直角尺是用整块金属制成。组合直角尺是由尺座与尺苗两部分组成。直角尺的两边长短不同，长而薄的一边叫尺苗，而短而厚的一边叫尺座。有的直角尺在尺苗上带有尺寸刻度。

图 2-6 直角尺的使用

直角尺的使用方法，是把尺座一面靠紧工件基准面，尺苗向工件另一面靠拢，观察尺苗同工件贴合处，用透过光线均匀与否来判断工件两邻面是否垂直，如图 2-6 所示。

在铆工作业中，钢角尺用来检验法兰安装的垂直度、型材弯制直角、画垂直线及型钢画线等。

① 铆工所用的宽座角尺由长臂与短臂（即宽座）两部分组成，长臂上有长度的刻度。常被用于各类型钢的画线，及检验法兰安装的垂直度。

② 铆工所用的扁钢角尺的长臂和短臂是用同样规格、相等厚度的扁钢制成的，常被用于测量铆工展开件检测。直角尺的使用及维护注意如下事项。

a. 不得用直角尺敲击被测物。

b. 在使用时应轻拿轻放，保护刻度。

c. 使用完毕应及时擦拭干净，并且涂油保存。

（4）卡钳

卡钳分为内卡钳与外卡钳两种，如图 2-7、图 2-8 所示。

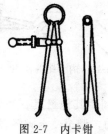

图 2-7 内卡钳

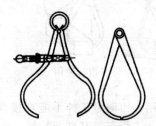

图 2-8 外卡钳

内卡钳是测量工件内径、凹槽时用，外卡钳是测量外径与平行面时用。

用卡钳测量，是借助手指的灵敏感觉来取得准确的尺寸。测量时，先将卡钳掰到与工件尺寸近似，然后轻敲卡钳的内、外侧，来调整卡脚的开度。在调整时，不可在工件表面上敲击，也不可敲击卡钳的卡脚，防止损伤工件的表面和卡脚，如图2-9所示。

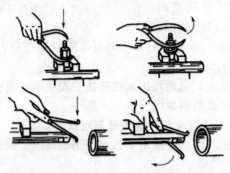

图2-9　内、外卡钳卡脚开度的调整方法

测量外部尺寸时，把调好尺寸的卡钳通过工件表面，手指有摩擦的感觉，如图2-10所示。测量内部尺寸时，把内卡钳插入孔内，将一卡脚与工件表面贴住，另一卡脚做前后、左右摆动，经反复调整，达到卡脚贴合，松紧合适，且手指有轻微摩擦的感觉，如图2-11所示。

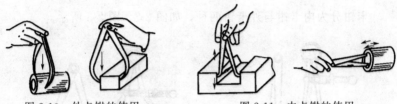

图2-10　外卡钳的使用　　　　　图2-11　内卡钳的使用

用卡钳测量工件不能直接读数，必须利用其他量具。利用时，应使一卡脚靠紧基准面，另一卡脚稍微移动，调至使卡脚轻轻接触表面或与刻度线重合为止，如图2-12、图2-13所示。

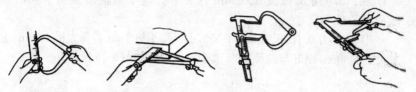

图 2-12　在钢板尺上测量尺寸　　　图 2-13　在游标卡尺上测量尺寸

(5) 游标卡尺

游标卡尺是一种比较精密的量具。它可以直接将工件的内外径、宽度、长度、深度和孔距等量出。游标卡尺的构造如图 2-14 所示。它是由主尺与副尺（游标）组成。主尺与固定卡脚制成一体，副尺和活动卡脚制成一体，并借助弹簧压力沿主尺滑动。

测量时，将工件放在两卡脚中间，利用副尺刻度与主尺刻度相对位置，便可读出工件尺寸。当需要使副尺作微动调节时，先拧紧螺钉，然后旋转微调螺母，即可推动副尺微动。如图 2-14 所示，有的游标卡尺带有测量深度尺的装置。

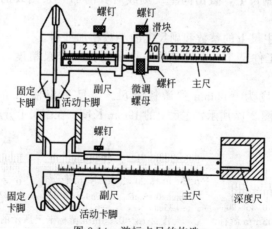

图 2-14　游标卡尺的构造

游标卡尺按照测量范围可分为 0～125mm、0～150mm、0～200mm、0～300mm、0～500mm 等几种。按其测量精度可分为

0.1mm、0.05mm 以及 0.02mm 这三种。这个数值就是指卡尺所能量得的最小尺寸。

① 精度为 0.1mm 的游标卡尺。主尺每小格 1mm，每大格 10mm。主尺上的 9mm 刚好与副尺上的 10 个格相等，如图 2-15 所示。

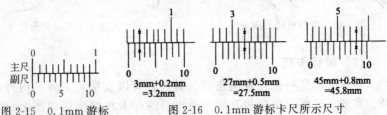

图 2-15　0.1mm 游标
卡尺刻度线原理

图 2-16　0.1mm 游标卡尺所示尺寸

副尺每小格是：9mm÷10＝0.9mm。主尺同副尺每格的差是 1mm－0.9mm＝0.1mm。

游标卡尺的读数方法可分为 3 步：

a. 首先查出副尺零线前主尺上的整数；

b. 在副尺上，查出同主尺刻线对齐的那一条刻线的读数，即为小数；

c. 把主尺上的整数和副尺上的小数相加即得。

即：工件尺寸＝主尺整数＋副尺格数×卡尺精度，如图 2-16 所示。

② 精度为 0.05mm 的游标卡尺。主尺每小格 1mm，每大格 10mm。如图 2-17 所示，主尺上的 19mm 长度，在副尺上分成 20 格。

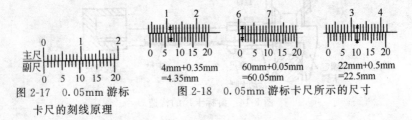

图 2-17　0.05mm 游标
卡尺的刻线原理

图 2-18　0.05mm 游标卡尺所示的尺寸

副尺每格长度是：19mm÷20＝0.95mm。主尺同副尺每格相差 0.05mm（1mm－0.95mm）。如图 2-18 所示即为这种卡尺所示尺寸。

③ 精度为 0.02mm 的游标卡尺。主尺每小格 1mm，每大格 10mm。主尺上的 49mm 长度，在副尺上则分成 50 格，如图 2-19 所示。

图 2-19　0.02mm 游标卡尺的刻线原理

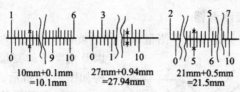

10mm+0.1mm
=10.1mm
27mm+0.94mm
=27.94mm
21mm+0.5mm
=21.5mm

图 2-20　0.02mm 游标卡尺所示的尺寸

副尺每格长度是：49mm÷50＝0.98mm。主尺同副尺每格相差 0.02mm（1mm－0.98mm）。如图 2-20 所示即为这种卡尺所示的尺寸。

④ 游标卡尺的使用方法。在使用之前，首先检查主尺与副尺的零线对齐与否，并用透光法检查内、外脚量面是否贴合，若有透光不均，则说明卡脚量面已有磨损。这样的卡尺不能测量出精确的尺寸。

a. 正确握尺，如图 2-21 所示。小卡尺通常单手握尺，大卡尺要用双手握尺。

(a) 握尺　　　　　　　　　　　(a) 测量

图 2-21　卡尺的握尺与测量

b. 正确进尺。测量进尺时，不许将量爪挤上工件，应预先把量爪间距调整到稍大于（测量外尺寸时）或者小于（测量内尺寸时）被测尺寸。

将量爪放入测量部位之后，轻轻推动游标，使量爪轻松接触测量面，如图 2-22 所示。

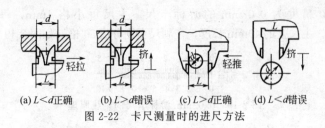

(a) L<d正确　(b) L>d错误　(c) L>d正确　(d) L<d错误

图 2-22　卡尺测量时的进尺方法

(6) 焊接测量器

焊接测量器是专用于测量焊接件的坡口、装配尺寸、焊缝尺寸以及角度等的测量工具，其结构如图 2-23 所示。

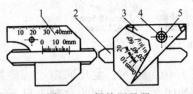

图 2-23　焊接测量器
1—测量块；2—活动尺；3—测量角；4—垫圈；5—铆钉

焊接测量器的使用方法如图 2-24 所示。如图 2-24(a) 所示，测量管子错边方法；如图 2-24(b) 所示，测量坡口角度方法；如图 2-24(c) 所示，测量装配间隙方法；如图 2-24(d) 所示，测量焊缝余高方法；如图 2-24(e) 所示，测量角焊缝厚度方法；如图 2-24(f) 所

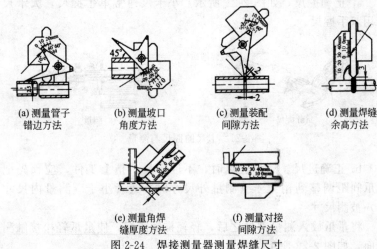

(a) 测量管子
错边方法

(b) 测量坡口
角度方法

(c) 测量装配
间隙方法

(d) 测量焊缝
余高方法

(e) 测量角焊
缝厚度方法

(f) 测量对接
间隙方法

图 2-24　焊接测量器测量焊缝尺寸

示，测量对接间隙方法。

(7) 水平仪

水平仪又称水平尺，有条形与框式两种，用于测量铆工及设备的水平度，较长的水平仪还可以测量垂直度。

如图 2-25 所示为铆工常用的条形的水平尺。水平尺在平面中央装有一个横向水泡玻璃管，做检查平面水平度用；另一个垂直水泡玻璃管，则做检查垂直度用。借助观察玻璃短管内气泡是否处

图 2-25　水平尺

在中间位置，来判定被测铆工或者设备是否水平或垂直。

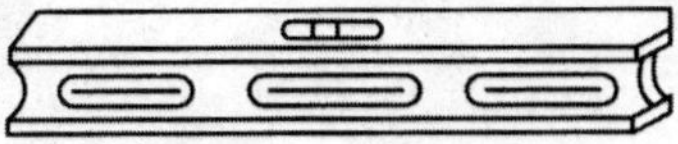

使用及维护注意如下事项。

① 测量之前，要将测量表面与水平仪工作表面擦干净，以避免测量不准确或损伤工作表面。

② 当看水平仪时，视线要垂直对准气泡玻璃管，否则读数不准。

③ 使用水平仪时，要轻拿轻放，放正放稳，不准在测量设备表面上把水平仪拖来拖去。

④ 检查铆工或设备垂直度时，应用力均匀地靠紧在铆工或者设备立面上。

(8) 线锤

线锤用于测量立管的垂直度。线锤的规格以质量划分，铆工使用的通常在 0.5kg 以下。

2.1.2 常用手动工具的使用与维护

常用的手动工具有手锤、錾子、锉刀、钢锯、管子割刀、扳手、管钳、链条钳、台虎钳、管子铰板、螺纹铰板以及丝锥等。

(1) 手锤

铆工常用的手锤是钳工锤和八角锤。手锤由锤头与木柄组成，其规格用锤头质量表示。钳工锤如图 2-26(a) 所示，铆工常用的为 0.5kg 和 1kg 两种。八角锤俗称为大榔头，如图 2-26(b) 所示。

手锤的使用及维护注意事项如下。

① 手锤平面应平整，有裂痕或缺口的手锤不得使用。当锤面呈球面或者有卷边时，应将锤面磨平后，方可再使用。

② 锤柄长度要适中，通常约为300mm。锤柄安装要牢固可靠，为避免锤头脱落，必须在端部打入楔子，锁紧锤头，如图2-27所示。

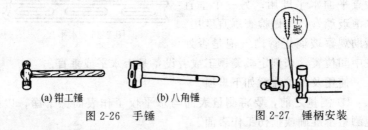

(a) 钳工锤　　　　　　(b) 八角锤

图 2-26　手锤　　　　　　图 2-27　锤柄安装

③ 锤柄不得弯曲，不得有蛀孔、节疤及伤痕，不可充当撬棍，防止锤柄折断或受损伤。

④ 使用手锤时，手柄和手锤面上均不应沾有油脂，握手锤的手不准戴手套，手掌上有油或者汗应及时擦掉。

⑤ 操作中若发现锤把楔子松动、脱落或手柄出现裂纹，应及时修理。

(2) 錾子

錾子种类很多，铆工比较常用的是扁錾和尖錾，如图2-28所示。

扁錾主要用来錾切平面和分割材料、去除毛刺等。尖錾则用于錾各种槽、分割曲线形板料等。

扁錾使用及维护注意如下事项。

① 各种錾子的刃口必须经淬火之后才能使用。

② 卷了边的錾头，应及时修磨或更换。修磨时应先在铁砧上敲掉蘑菇状的卷边，再在砂轮机上修磨。刃口钝了的錾头，可以在砂轮机上磨锐。经多次修磨后的錾子，须再次锻打并且经淬火后方能使用。

③ 在錾子头部不能有油脂，否则锤击时易使锤面滑离錾头。

④ 錾子不可握得太松，防止锤击时錾子松动而击打在手上。

(3) 钢锯

钢锯又称手锯，是手工锯削的工具。钢锯由锯弓、锯把以及锯条成，分固定式与可调式两种。如图 2-29 所示为可调式锯弓。锯条按照齿距大小可分为粗、细两种。钢锯主要用于锯断工件材料或锯出沟槽。

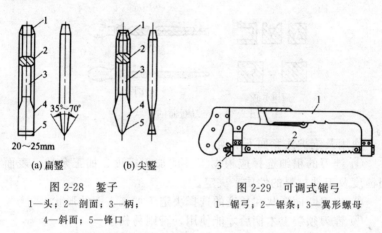

(a) 扁錾   (b) 尖錾

图 2-28　錾子
1—头；2—剖面；3—柄；
4—斜面；5—锋口

图 2-29　可调式锯弓
1—锯弓；2—锯条；3—翼形螺母

使用及维护注意事项如下。

① 应按照工件的材质及厚度选择合适的锯条。一般锯割厚度较薄、材料较硬的工件应选择较小的锯齿；反之，则选用较大的锯齿。

② 钢锯安装锯条时，锯齿尖应朝前，不能装反。锯条装得不能过紧，也不能过松，太紧会失去应有的弹性，也易折断；过松会使锯条发生扭曲，容易折断。

(4) 锉刀

锉刀是从金属工件表面锉掉金属的加工工具。铆工经常用锉刀锉削管子坡口、毛刺、焊接飞溅及加工零件等。锉刀由锉刀柄与锉刀两部分组成。按断面形状可分为平锉、方锉、半圆锉、三角锉以及圆锉等，如图 2-30 所示。锉刀的齿有粗有细，可分为粗锉、细锉以及油光锉等。

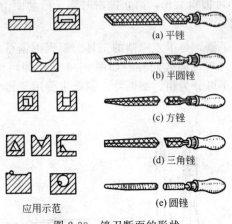

(a) 平锉

(b) 半圆锉

(c) 方锉

(d) 三角锉

(e) 圆锉

应用示范

图 2-30　锉刀断面的形状

使用及维护注意如下事项。

① 锉刀的粗细选择应根据工件的加工精度、加工余量、表面粗糙度及工件材料的性质来决定。

② 锉刀断面形状和长度的选择决定于加工表面的形状。

③ 锉刀须装上木柄后才能使用，否则易伤手。

④ 锉刀不能当手锤用，它质脆，易折断。

⑤ 应先除掉工件上的毛刺、氧化物，然后才能进行锉削。

⑥ 锉刀不得接触油脂，粘着油脂的锉刀应清洗干净油脂。

⑦ 锉刀应先使用一面，当该面磨损之后，再用另一面。

⑧ 油光锉仅限于光整表面时使用。

⑨ 用小锉刀时，不可用力过大，防止折断。

⑩ 锉刀不得重叠存放或和其他工具堆放在一起，并应保持干燥，避免生锈。

（5）扳手

扳手种类规格很多，铆工常用的有活扳手、呆扳手（固定扳手）、梅花扳手以及套筒扳手等，如图 2-31 所示。扳手用于安装和拆卸各种设备、法兰以及部件上的螺栓。

活扳手开口宽度可调节，使用灵活轻巧，但是效率不高，活动钳口易松动或者歪斜。

呆扳手开口不能调节，所以扳手是成套的。使用呆扳手时，应根据螺母的大小选用与其相适应的开口。

梅花扳手适用于操作空间狭窄或者不能容纳普通扳手的地方。

套筒扳手的作用与梅花扳手相同，但要比梅花扳手更为灵活。使用与维护注意如下事项。

① 活扳手开度要同螺母大小相吻合，两者接触要严密，既不要过紧也不要过松，以防产生"卡位"或"滑脱"现象。活扳手使用时应让固定钳口受主要作用力，如图 2-32 所示；否则会损坏扳手。

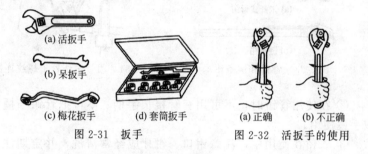

(a) 活扳手
(b) 呆扳手
(c) 梅花扳手　(d) 套筒扳手
图 2-31　扳手

(a) 正确　(b) 不正确
图 2-32　活扳手的使用

② 遇锈蚀严重的螺栓不易扳动时，不要用管子加长手柄来转动，也不要用锤子击打手柄，不得用扳手代替锤子敲打管件。

③ 活扳手应定期加入机油，以保持活动钳口灵活，并防止锈蚀。

④ 使用扳手时，在扳头开口中不得加垫片。

⑤ 使用呆扳手、套筒扳手以及梅花扳手时，套上螺母或螺钉后，不得晃动，并应卡到底，防止扳手及螺母的划伤。

(6) 管钳和链条钳

管钳和链条钳是用来安装及拆卸各种规格管子或管件的工具，如图 2-33 所示。

管钳及链条钳的规格是根据它的长度划分的，分别应用于相应的管子和配件。一般管钳适用于小口径铆工，链条钳用于较大管径及狭窄的地方拧动管子。

使用及维护注意事项如下。

① 使用管钳时，钳口卡住管子，利用向钳把施加压力，迫使管子转动。为避免钳口滑脱而伤及手指，一般左手轻压活动钳口上部，右手握钳。两手动作协调，用力不可过猛。如图 2-34 所示为用管钳作管子螺纹连接。

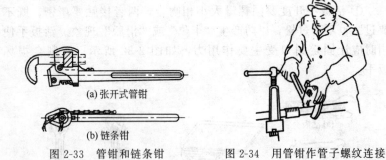

(a) 张开式管钳

(b) 链条钳

图 2-33　管钳和链条钳　　　　图 2-34　用管钳作管子螺纹连接

② 在使用管钳时，不可用套管接长手柄。不可把管钳当撬棒或手锤使用。

③ 管钳在使用中，注意钳口、钳牙应经常清洗，并定期注入机油，以保持活动钳口灵活。

④ 钳口磨损严重的管钳不宜再继续使用。

⑤ 链条钳的链节要适时清洗，并且注入机油，以保持链节的灵活，也免于锈蚀。

⑥ 严禁用小号管钳拧大直径的管子，以避免损坏管钳；也不允许用大规格的管钳拧小直径管子，这样容易损坏零件，并且操作也不方便。

(7) 台虎钳

① 管子台虎钳。管子台虎钳又叫龙门夹头或管压钳，如图 2-35所示。它用来夹持管子，以便进行管子锯割、套螺纹、安装以及拆卸管件等。

使用与维护注意事项如下。

a. 管子台虎钳安装应牢固，上钳口应在滑道内能够自由滑动。

b. 夹持管子时，管子台虎钳型号应同管子规格相适应。

c. 操作时，将管子放入台虎钳钳口中，旋转把手将管子卡紧，如图 2-36 所示。

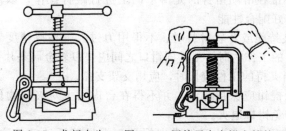

图 2-35　龙门夹头　图 2-36　用管子台虎钳夹持管子操作

d. 夹持较长的管子时，必须把管子另一端伸出部分支撑好。

e. 旋紧或者松开手柄时不得用套管接长或用锤子敲击。

f. 压紧螺杆应经常加油。使用完毕应清除油污，将钳口合拢，长期停用时应涂油存放。

g. 管子台虎钳在使用及搬运时应防摔碰。

② 台虎钳俗称老虎钳，分固定式与回转式，如图 2-37 所示，用以夹持工件的工具。

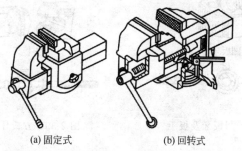

(a) 固定式　　　　　　(b) 回转式

图 2-37　台虎钳

使用与维护注意如下事项。

a. 台虎钳应安装牢固，钳口应与钳台边缘对准。

b. 夹持工作物时，应按照台虎钳大小适当用力，不准用锤子击打、脚蹬或者在手柄上加套管，以免损坏台虎钳。在操作过程中，应经常检查紧固工件，防止脱落。

c. 不准在滑动钳身的光滑平面上进行敲打操作，以保护它同钳身的良好配合性能。

d. 夹持脆或者软材料时，不得用力过大，夹持精度较高或者表面光滑的工作物时，工件同钳口之间应垫以软金属垫片。

e. 当夹持的工件较长时，应用支架支撑。

f. 台虎钳应保持清洁，并不得在台虎钳上对夹持物件进行加热，以避免钳口退火。

g. 使用中，要注意经常向螺杆与螺母等活动部位注入机油，以保持良好的润滑。

(8) 螺纹铰板

螺纹铰板是将圆柱形工件铰出外螺纹的加工工具，有圆板牙与方板牙两种。

圆板牙有固定式与可调式两种，圆板牙及扳手形状如图 2-38 所示。圆板牙需装在板牙架内，才能使用，圆板牙用钝之后不能再磨锋利而应报废。方板牙由两片组合而成，如图 2-39 所示，方板牙用钝后可重新磨锋利之后再使用。

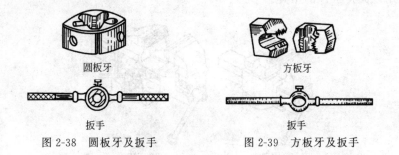

圆板牙　　　　　　　　　　方板牙

扳手　　　　　　　　　　扳手

图 2-38　圆板牙及扳手　　　　图 2-39　方板牙及扳手

使用及维护注意如下事项。

① 套螺纹的圆杆端部要锉掉棱角，这样既起到刃具的导向作用，又能保护刀刃。

② 螺纹铰板要垂直于工件，两手用力要均匀。

③ 转动铰板时，每转动一周应适当后转一些，以便于将铁屑

挤断。铰螺纹时应适时注入切削液。

④ 使用后的螺纹铰板，应清除铁屑、油污以及灰尘，并在其表面涂上机油，妥善保管。

(9) 丝锥

丝锥是加工内螺纹的工具。丝锥由工作部与柄部组成，如图 2-40 所示。丝锥分手用丝锥和机用丝锥，比较常用的为手用丝锥。手用丝锥由二三只组成一套，叫做头锥、二锥和三锥。用来夹持丝锥柄部方头的是铰手，最为常用的为活动铰杠，如图 4-41 所示。

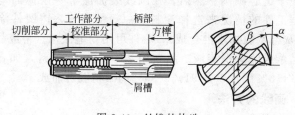

图 2-40　丝锥的构造

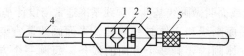

图 2-41　活动铰杠
1—有直角缺口的不动钳牙；2—有直角缺口的可动钳牙；
3—方框；4—固定手柄；5—可旋动的手柄

使用及维护注意如下事项。

① 丝锥要垂直于工件表面，在旋转过程中要经常反方向旋转，将铁屑挤断。

② 攻螺纹时要适时加切削液。

③ 在较硬材料上攻螺纹时，要头锥、二锥交替使用，以避免丝锥扭断。

④ 用后的丝锥，应及时清除铁屑、油污以及灰尘，并在其表面涂上机油，妥善保管。

2.2 基本技能

2.2.1 工件画线

(1) 画线前的准备工作

为使工件表面画出的线条清晰、正确，毛坯上的残留型砂、氧化皮、毛边及半成品上的毛刺、油污等都必须清除干净，以增强涂料的附着力，确保画线的质量。有孔的部位还要用木块或者铅块塞孔，以便于定心画圆。然后，在画线表面涂上一层薄而均匀的涂料。依据工件的情况来选择涂料，一般情况下，铸锻件涂石灰水（由熟石灰与水胶加水混合成），小件可用粉笔涂抹。半成品已加工表面涂品紫或硫酸铜溶液。品紫用2％～4％紫颜料（如青莲、蓝油）、3％～5％漆片以及91％～95％的酒精混合而成。

(2) 画线的方法

① 画线基准的选择。当画线时，首先要选择工件上某个点、线或面作为依据，用来确定工件上其他各部位尺寸、几何形状的相对位置。所选的点、线或面叫做画线基准。画线基准通常与设计基准一致。

画线有平面画线和立体画线两种。平面画线通常要画两个方向的线条，而立体画线要画3个方向的线条。每画一个方向的线条就必须有一个画线基准，因此平面画线要选2个基准，立体画线要选3个基准。所以画线前要认真细致地分析图纸，正确选择基准，才能确保画线的正确、迅速。

选择画线基准的原则如下。

a. 依据零件图样上标注尺寸的基准（设计基准）作为画线基准。

b. 若毛坯上有孔或凸起部分，则以孔或凸起部分中心为画线基准。

c. 若零件上只有一个已加工表面，则以此面作为画线基准，若都是未加工表面，则应以较平的大平面作画线基准。

② 画线方法。平面画线相似于画机械投影图样，所不同的是，它是用画线工具在金属材料的平面上作图。为了提高效率，还可以用样板来画线。

另外，还有直接按照原件实物而进行的模仿画线及在装配时采用配合画线等。

2.2.2 锯割

用手锯或机械锯将金属材料分割开,或者在工件上锯出沟槽的操作叫锯割。主要用手锯进行锯割。

(1) 锯条的安装

锯割前选用合适的锯条,使锯条齿尖朝向前,如图 2-42 所示,装入夹头的销钉上。锯条的松紧程度,用翼形螺母调整。调整时,不可过松或过紧。太松,会使锯条扭曲,锯锋歪斜,锯条容易折断;太紧,失去了应有的弹性,锯条也容易崩断。

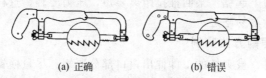

(a) 正确　　　　　　　(b) 错误

图 2-42　锯条的安装

(2) 锯割方法

锯割操作时,站立姿势、位置相似于錾削,右手握住锯柄,左手握住锯弓的前端,如图 2-43 所示。推锯时,身体稍向前倾斜,借助身体的前后摆动,带动手锯前后运动。推锯时,锯齿起切削作用,要给以适当压力。向回拉时,不切削,应把锯稍微提起,减少对锯齿的磨损。锯割时,应尽量利用锯条的有效长度。若行程过短,则局部磨损过快,降低锯条的使用寿命,甚至由于局部磨损,锯缝变窄,锯条可能被卡住或者导致折断。

起锯时,锯条与工件表面倾斜角 α 约为 $15°$,最少要有 3 个齿同时接触工件,如图 2-44 所示。

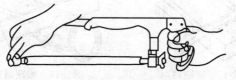

图 2-43　握锯方法

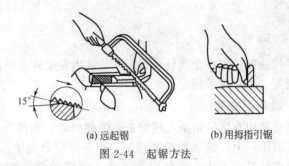

(a) 远起锯　　　　　　(b) 用拇指引锯

图 2-44　起锯方法

起锯时借助锯条的前端（远起锯）或后端（近起锯），靠在一个面的棱边上起锯。来回推拉距离要短，压力要轻，这样才能尺寸准确，锯齿容易吃进。

（3）锯割方法实例

锯割时，被夹持的工件伸出钳口部分要短；尽量使锯缝放在钳口的左侧；较小的工件夹牢时要防止变形；较大的工件不能夹持时，必须放置稳妥之后需再锯割。在锯割前首先在原材料或工件上画出锯割线。画线时应考虑锯割后的加工余量。锯割时要始终使锯条重合于所画的线，这样，才能得到理想的锯缝。如果锯缝有歪斜，应及时纠正，如果已歪斜很多，应该从工件锯缝的对面重新起锯；否则，很难改直，而且很可能会折断锯条。锯割实例如下。

① 扁钢（薄板）。为了得到整齐的缝口，应从扁钢较宽的面下锯，这样，锯缝的深度比较浅，不致使锯条卡住，如图 2-45 所示。

② 圆管。圆管的锯割，不可一次从上至下锯断，应在管壁被锯透时，将圆管向推锯方向转动，锯条仍然从原锯缝锯下，锯锯转转，直至锯断为止，如图 2-46 所示。

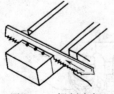

图 2-45　锯割扁钢

图 2-46　锯割圆管

③ 型钢。槽钢和角钢的锯法基本相同于扁钢。因此，工件必须不断改变夹持位置，槽钢的锯法从 3 面来锯，角钢的锯法从 2 面来锯，如图 2-47 所示。这样，可以就得到光洁、正直的锯缝。

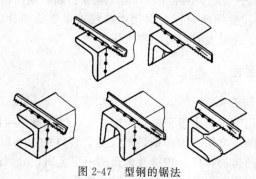

图 2-47 型钢的锯法

④ 薄板。如图 2-48 所示，薄板在锯前，两侧用木板夹住，夹在虎钳上锯割。不然，锯齿将被薄板卡住，损坏锯条。

⑤ 深缝锯。割深缝时，应把锯条在锯弓上转动 90°角，在操作时使锯弓放平，平握锯柄，进行推锯，如图 2-49 所示。

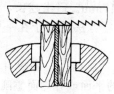

图 2-48 薄板的锯法

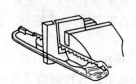

图 2-49 深缝锯法

（4）锯条崩齿的修理

锯条崩齿之后，即使是崩一个齿，也不可继续使用。不然，相邻锯齿也会相继脱落。

为了使崩齿锯条能继续使用，必须把崩齿的地方用砂轮磨成弧形，将相邻几齿磨斜，如图 2-50 所示，以便于锯割时锯条顺利通过，不致卡住。

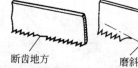

断齿地方　　　　　磨斜

(a)断齿的锯条　(b)把相邻几齿磨斜

图 2-50　崩齿的修理

(5) 锯割安全技术

① 安装锯条时，不可装得过紧或过松。

② 锯割时，压力不可过大，避免锯条折断，崩出伤人。

③ 工件快要锯断时，必须用手扶住被锯下的部分，避免工件落下伤人，工件过大时，可用物支住。

2.2.3 錾削

(1) 錾削的概念

对金属用手锤打击錾子进行切削加工，这项操作叫做錾削。

目前錾削通常用来錾掉锻件的飞边、铸件的毛刺以及浇冒口，錾掉配合件凸出的错位、边缘及多余的一层金属，分割板料及錾切油槽等。錾削用的工具，主要是手锤与錾子。

(2) 錾削方法

① 握錾法。

a. 正握法手心向下，用虎口夹住錾身，拇指和食指自然伸开，其余3指自然弯曲靠拢握住錾身，如图2-51(a) 所示。露出虎口上面的錾子顶部不宜过长，通常在 10~15mm。露出越长，錾子抖动越大，锤击准确度也就越差。这种握錾方法适用于在平面上进行錾削。

b. 反握法。如图 2-51(b) 所示，手心向上，手指自然捏住錾身，手心悬空。这种握法适用于小量的平面或者侧面錾削。

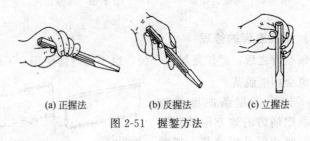

(a) 正握法   (b) 反握法   (c) 立握法

图 2-51　握錾方法

c. 立握法。如图 2-51(c) 所示，虎口向上，拇指放在錾子一侧，其余4指放在另一侧捏住錾子。这种握法用于垂直錾切工件，比如在铁砧上錾断材料。

② 握锤与挥锤。

a. 握锤方法有紧握锤与松握锤两种，如图 2-52 与图 2-53 所示。紧握锤是从挥锤到击锤的全过程中，全部手指一直紧握锤柄。松握锤是在锤击开始时，全部手指将锤柄紧握，随着向上举手的过程，逐渐依次地将小指、无名指以及食指放松，而在锤击的瞬间迅速地将放松了的手指全部握紧并加快手臂运动，这样，可以加强锤击的力量，并且操作时不易疲劳。

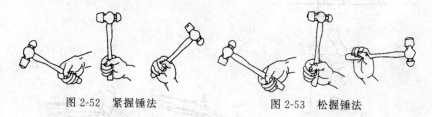

图 2-52　紧握锤法　　　　　图 2-53　松握锤法

b. 挥锤方法。

• 腕挥。如图 2-54 所示，腕部的动作挥锤敲击。腕挥的锤击力小，适用于錾削的开始与收尾以及需要轻微锤击的錾削工作。

• 肘挥。如图 2-55 所示，借助手腕和肘的活动，也就是小臂挥动。肘挥的锤击力较大，应用广泛。

• 臂挥。是腕、肘以及臂的联合动作。挥锤时，手腕和肘向后上方伸，并将臂伸开，如图 2-56 所示。臂挥的锤击力大，比较适用于大锤击力的錾削工作。

图 2-54　腕挥　　　　图 2-55　肘挥　　　　图 2-56　臂挥

③ 站立位置。在錾削时的站立位置很重要。若站立位置不适当，操作时既别扭，又容易疲劳。如图 2-57 所示为正确的站立位

置。锤击时眼睛要看在錾子刃口和工件接触处，才能顺利地操作和保证錾削质量，并且手锤也不易打在手上。

④ 錾削方法实例。

a. 錾断。工件錾断方法有两种：一是如图 2-58 所示，在虎钳上錾断；二是如图 2-59 所示，在铁砧上錾断。要錾断的材料其厚度与直径不能过大，板料厚度在 4mm 以下，圆料直径在 13mm以下。

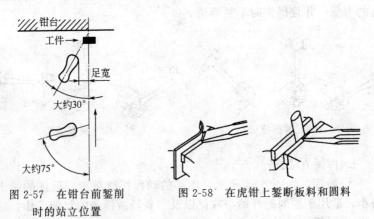

图 2-57 在钳台前錾削   图 2-58 在虎钳上錾断板料和圆料
        时的站立位置

b. 錾槽。錾削油槽的方法是：先在轴瓦上画出油槽线。比较小的轴瓦可夹在虎钳上进行，但夹力不能过大，避免轴瓦变形。錾削时，錾子应随轴瓦曲面不停地移动，使錾出的油槽光滑和深浅均匀，如图 2-60 所示。键槽的錾削方法是：先画出加工线，再在一端或者两端钻孔，将尖錾磨成适合的尺寸，再进行加工，如图 2-61 所示。

图 2-59 在铁砧上錾断   图 2-60 錾油槽

c. 錾平面。要先将尺寸界限画出，被錾工件的宽度应窄于錾刃的宽度。夹持工件时，界线应露在钳口的上面，但不宜太高，如图 2-62 所示。每次錾削厚度为 0.5～1.5mm，并且一次錾得不能过厚或太薄。过厚，则消耗体力大，也易损坏工件；而太薄，则錾子将会从工件表面滑脱。当工件快要錾到尽头时，为防止将工件棱角錾掉，须调转方向从另一端錾去多余部分，如图 2-63 所示。

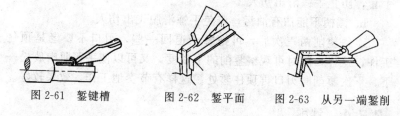

图 2-61　錾键槽　　　图 2-62　錾平面　　　图 2-63　从另一端錾削

平面宽度大于錾子时，先要用尖錾在平面錾出若干沟槽，将宽面分成若干窄面，然后用扁錾錾去窄面，如图 2-64 所示。

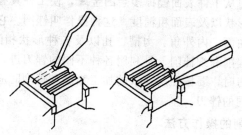

图 2-64　錾削较宽平面

⑤ 錾削中防止产生废品和安全技术　为避免产生废品和保证安全，除了思想上不能疏忽大意外，还要注意以下几点。

a. 錾削脆性金属时，要从两边向中间錾削，避免边缘棱角錾裂崩缺。

b. 錾子应经常刃磨锋利。刃口钝了，则效率不高，并且錾出的表面也较粗糙，刀刃也易崩裂。

c. 錾子头部的毛刺要经常磨掉，以防伤手。

d. 发现锤柄松动或损坏，要立即装牢或者更换，防止锤头飞出发生事故。

e. 錾削时，最好周围有安全网，防止錾下来的金属碎片飞出伤人。錾削时操作者最好戴上防护眼镜。

f. 确保正确的錾削角度。若后角太小，即錾子放得太平，用手锤锤击时，錾子容易飞出伤人。

g. 錾削时錾子和手锤不准对着旁人，操作中握锤的手不准戴手套，防止手锤滑出伤人。

h. 锤柄不能沾有油污，避免手锤滑脱飞出伤人。

i. 每錾削两三次后，可把錾子退回一些。刃口不要老是顶住工件，这样，随时可观察錾削的平整度，又可以使手臂肌肉放松一下，下次錾削时刃口再顶住錾处。这样有节奏地工作，效果较好。

2.2.4 锉削

(1) 锉削的概念

利用锉刀从工件表面锉掉多余的金属，使工件具有图纸上所要求的尺寸、形状以及表面粗糙度，这种操作叫锉削。它可以锉削工件外表面、曲面、内外角、沟槽、孔以及各种形状相配合的表面。锉削分为粗锉削和细锉削，是利用各种不同的锉刀进行的。

选用锉刀时，要按照所要求的加工精度和锉削时应留的余量来选用各种不同的锉刀。

(2) 锉削的操作方法

① 锉刀柄的装卸。锉刀应装好柄之后才能使用（整形锉除外）；柄的木料要坚韧，并且用铁箍套在柄上。柄的安装孔深约等于锉刀尾的长度，孔径相当于锉刀尾的 1/2 能够自由插入的大小。如图 2-65(a) 所示为安装的方法。先用左手扶柄，用右手将锉刀尾插入锉柄内，放开左手，用右手把锉刀柄的下端垂直地蹾紧，蹾入长度约等于锉刀尾的 3/4。

如图 2-65(b)、(c) 所示，卸锉刀柄可在虎钳上或钳台上进行。在虎钳上卸锉刀柄时，将锉刀柄搁在虎钳钳口中间，用力向下蹾拉出来；在钳台上卸锉刀柄时，将锉刀柄向台边略用力撞击，借助惯性作用使它脱开。

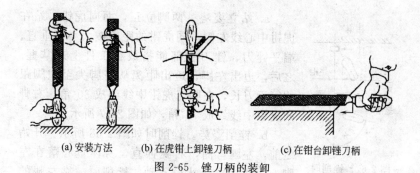

(a) 安装方法　　　　(b) 在虎钳上卸锉刀柄　　　　(c) 在钳台卸锉刀柄

图 2-65　锉刀柄的装卸

② 锉刀的握法。大锉刀的握法如图 2-66(a)、(b) 所示，右手心抵着锉刀柄的端头，大拇指放在锉刀柄上面，而其余 4 指放在下面配合大拇指捏住锉刀柄。左手掌部鱼际肌压在锉刀尖上面，拇指自然伸直，其余 4 指则弯向手心，并用食指、中指抵住锉刀尖。

如图 2-66(c) 所示是中型锉刀的握法，右手握法相同于大锉刀，左手只需要大拇指和食指捏住锉刀尖。如图 2-66(d) 所示是小锉刀的握法，用左手的几个手指压住锉刀的中部，右手食指伸直并且靠在锉刀边。如图 2-66(e) 所示为整形锉的握法，锉刀小，可用一只手拿住，大拇指与中指捏住两侧，食指放在上面伸直，其余两指握住锉柄。也可以用两手操作。

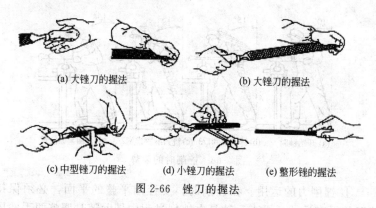

(a) 大锉刀的握法　　　　　　　　(b) 大锉刀的握法

(c) 中型锉刀的握法　　(d) 小锉刀的握法　　(e) 整形锉的握法

图 2-66　锉刀的握法

③ 锉削时的姿势。锉削姿势同使用的锉刀大小有关，用大锉锉平面时，正确姿势如下。

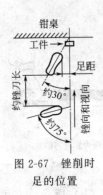

图 2-67　锉削时足的位置

a. 站立姿势。两脚立正，面向虎钳，站在虎钳中心线左侧，同虎钳的距离按大小臂垂直、端平锉刀、锉刀尖部能搭放在工件上来掌握。之后，迈出左脚，迈出距离从右脚尖至左脚跟约等于刀长，左脚与虎钳中线约成30°角，右脚同虎钳中线约成75°角，如图 2-67 所示。

b. 锉削姿势。锉削时如图 2-68 所示。开始之前，左腿弯曲，右腿伸直，身体重心落在左脚上，两脚始终站稳不动。锉削时，靠左腿的屈伸进行往复运动。手臂与身体的运动要互相配合。锉削时要使锉刀的全长充分利用。

开始锉时身体要向前倾斜 10°左右，左肘弯曲，右肘向后，但是不可太大，如图 2-68(a) 所示。锉刀推到1/3时，身体向前倾斜15°左右，使左腿稍弯曲，左肘稍直，右臂前推，如图 2-68(b) 所示。当锉刀继续推到2/3时，身体逐渐倾斜至 18°左右，使左腿继续弯曲，左肘渐直，右臂向前推进，如图 2-68(c) 所示。锉刀继续向前推，将锉刀全长推尽，身体随着锉刀的反作用退回至原位置，如图 2-68(d) 所示。当推锉终止时，两手按住锉刀，使身体恢复至原来位置，略提起锉刀把它拉回。

(a) 开始锉时　(b)锉刀推到1/3　(c)锉刀继续推到2/3　(d)退回至原位置

图 2-68　锉削时的姿势

④ 锉削力的运用。在锉削时，要锉出平整的平面，必须保持锉刀的平直运动。平直运动是在锉削过程中借助随时调整两手的压力来实现的。

开始锉削时，左手压力大，右手压力小，如图 2-69(a) 所示。随锉刀前推，左手压力逐渐减小，右手压力逐渐增大，至中间时，两手压力相等，如图 2-69(b) 所示。至最后阶段，左手压力减小，右手压力增大，如图 2-69(c) 所示。如图 2-69(d) 所示，当退回时，不加压力。

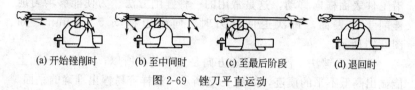

(a) 开始锉削时　　(b) 至中间时　　(c) 至最后阶段　　(d) 退回时

图 2-69　锉刀平直运动

锉削时，压力不能太大，否则，小锉刀易折断；但也不能太小，防止打滑。

锉削速度不可太快，太快，容易疲劳和磨钝锉齿；速度太慢，效率不高，通常每分钟 30～60 次为宜。

在锉削时，眼睛要注视锉刀的往复运动，观察手部用力适当与否，锉刀有没有摇摆。锉了几次后，要拿开锉刀，看是否是锉在需要锉的地方，锉得平整与否。发现问题后及时纠正。

⑤ 锉削方法。

a. 工件的夹持。要正确地夹持工件，如图 2-70 所示，否则会影响锉削质量。

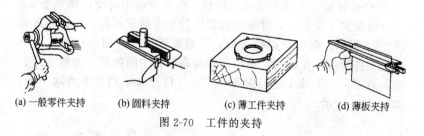

(a) 一般零件夹持　　(b) 圆料夹持　　(c) 薄工件夹持　　(d) 薄板夹持

图 2-70　工件的夹持

最好将工件夹持在钳口中间，使虎钳受力均匀。工件夹持要紧，但是不能把工件夹变形。工件伸出钳口不宜过高，避免锉削时产生振动。夹持不规则的工件应加衬垫；薄工件可以钉在木板上，再把木板夹在虎钳上进行锉削；锉大而薄的工件边缘时，可用两块三角块或者夹板夹紧，再把其夹在虎钳上进行锉削。夹持已加工面和精密工件时，应用软钳口（铝和紫铜制成），以免夹伤表面。

　　b. 平面的锉削。锉削平面是锉削中最基本的操作。为了使平面容易锉平，常用以下几种方法。

　　• 直锉法（普通锉削方法）。锉刀的运动方向是单方向，并且沿工件表面横向移动，这是常用的一种锉削方法。为使能够均匀地锉削工件表面，每次退回锉刀时，向旁边移动 5～10mm，如图 2-71 所示。

　　• 交叉锉法。锉刀的运动方向是交叉的，所以，工件的锉面上能显出高低不平的痕迹，如图 2-72 所示。这样容易锉出准确的平面。交叉锉法很重要，通常在平面没有锉平时，多用交叉锉法来找平。

图 2-71　直锉法

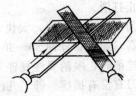

图 2-72　交叉锉法

　　• 顺向锉法。通常在交叉锉后采用，主要用来将锉纹锉顺，起锉光、锉平作用，如图 2-73 所示。

　　• 推锉法。主要用来顺直锉纹，改善表面粗糙度，修平平面。

　　通常加工量很小，并采用锉面比较平直的细锉刀。握锉方法如图 2-74 所示。两手横握锉刀身，拇指靠近工件，用力一致，平稳地沿工件表面推拉锉刀，否则，容易将工件中间锉凹。为使工件表面不致擦伤和不减少吃刀深度，应及时将锉齿中的切屑清除干净，如图 2-75 所示。

图 2-73　顺向锉法

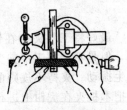

图 2-74　推锉法

用顺锉或推锉法锉光平面时，为减少吃刀深度，可以在锉刀上涂些粉笔灰。

c. 平直度的检查方法。平面锉好了，擦净工件，用刀口直尺（或钢板尺）以透光法来检查平直度，如图 2-76 所示。

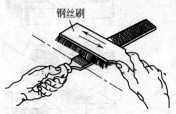

图 2-75　用钢丝刷清除切屑

检查时，刀口直尺（或钢板尺）只用 3 个手指（大拇指、食指和中指）拿住尺边。若刀口直尺与工件平面间透光微弱而均匀，说明该平面是平直的；若透光强弱不一，则说明该面高低不平，如图 2-76（c）所示。检查时，应在工件的横向、纵向以及对角线方向多处进行，如图 2-76（b）所示。移动刀口直尺（或钢板尺）时，应将它提起，并轻轻地放在新的位置上，不准刀口直尺（或钢板尺）在工件表面上来回拉动。锉面的粗糙度用眼睛观察，表面不应留下深的擦痕或者锉痕。

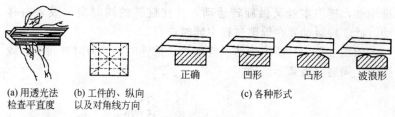

(a) 用透光法　　(b) 工件的、纵向　　(c) 各种形式
检查平直度　　　以及对角线方向

正确　　凹形　　凸形　　波浪形

图 2-76　用刀口直尺检查平直度

研磨法检查平直度。在平板上涂铅丹，之后，将锉削的平面放到平板上，均匀地用轻微的力将工件研磨几下后，若锉削平面着色均匀就是平直了。表面高的地方呈灰亮色，凹的地方则着不上色，高低适当的地方铅丹就聚在一起呈黑色。

d. 检查垂直度。如图 2-77（a）所示，检查垂直度使用直角尺。检查时，也采用透光法，选择基准面，并对其他各面有次序地检查。阴影为基准面。

e. 检查平行度和尺寸。如图 2-77（b）所示，用卡钳或游标卡尺检查。检查时，在全长不同的位置上，要多检查几次。

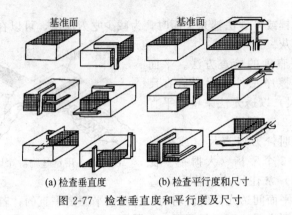

(a) 检查垂直度   (b) 检查平行度和尺寸

图 2-77 检查垂直度和平行度及尺寸

f. 圆弧面的锉削。通常采用滚锉法。对凸圆弧面锉削，开始时，锉刀头向下，右手抬高，左手压低，锉刀头紧靠工件，然后推锉，使锉刀头逐渐由下向前上方进行弧形运动。两手要协调，压力要均匀，并且速度要适当，如图 2-78(a) 所示。

凹圆弧面的锉削法如图 2-78(b) 所示。此时，锉刀要进行前进运动，锉刀本身又做旋转运动，并在旋转的同时向左或者右移动。此 3 种运动要在锉削过程中同时进行。

如图 2-78(c) 所示为球面锉削法。推锉时，锉刀对球面中心线摆动，同时又做弧形运动。

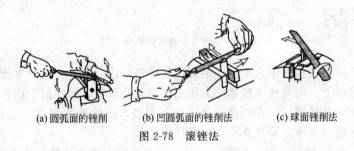

(a) 圆弧面的锉削   (b) 凹圆弧面的锉削法   (c) 球面锉削法

图 2-78 滚锉法

2.2.5 钻孔

(1) 钻孔的概念

用钻头在材料上钻出孔眼的操作，叫做钻孔。

任何一种机器，没有孔是不能装配成形的。要将两个以上的零件连接在一起，常常需要钻出各种不同的孔，然后用螺钉、铆钉、销和键等连接起来。所以，钻孔在生产中占有重要的地位。

如图 2-79 所示，钻孔时，工件固定不动，钻头要同时完成两个运动。一个是切削运动（主运动）：钻头绕轴心所做的旋转运动，即切下切屑的运动。另一个是进刀运动（辅助运动）：钻头对着工件所进行的直线前进运动。由于两种运动是同时连续进行的，因此钻头是按照螺旋运动的规律来钻孔的。

（2）钻孔方法

① 工件的夹持。

a. 手虎钳与平行夹板。如图 2-80 所示，用来夹持小型工件和薄板件。

图 2-79　钻孔钻头的运动　　　　图 2-80　手虎钳和平行夹板

b. 长工件钻孔。用手握住并且在钻床台面上用螺钉靠住，这样较为安全，如图 2-81（a）所示。

c. 平整工件钻孔。通常夹在平口钳上进行，如图 2-81（b）

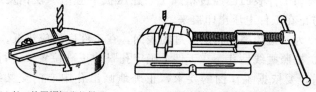

(a) 长工件用螺钉靠住钻孔　　　(b) 平整工件用平口钳夹紧钻孔

图 2-81　长工件和平整工件钻孔

所示。

d. 圆轴或套筒上钻孔。通常把工件放在 V 形铁上进行。如图 2-82 所示,这里列出 3 种常见的夹持方法。

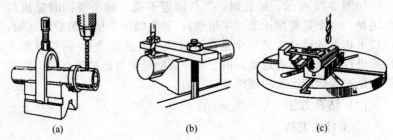

     (a)   (b)   (c)

图 2-82　在圆轴或套筒上钻孔的夹持方法

e. 压板、螺钉夹紧工件钻大孔。通常可将工件直接用压板、螺钉固定在钻床工作台上钻孔,如图 2-83 所示。搭板时要注意下列几点。

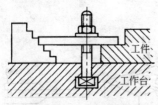

图 2-83　用压板、螺钉夹紧工件

• 尽量使螺钉靠近工件,使压紧力较大。

• 垫铁应比所压工件部分略高或者等高;用阶梯垫铁,工件高度在两阶梯之间时,则应采用较高的一挡。垫铁比工件略高有几个好处:可以使夹紧点不在工件边缘上而在偏里面处,工件不会翘起来;用已变形而微下弯的压板能将工件压得较紧。

扳紧螺母,压板变形后还有较大的压紧面积。

• 如工件表面已经过精加工,在压板下应垫一块铜皮或者铝皮,防止在工件上压出印痕来。

• 为了避免擦伤精加工过的表面,在工件底面应垫纸。

② 按照画线钻孔。在工件上确定孔眼的正确位置,进行画线。画线时,要依据工作图的要求,正确地画出孔中心的交叉线,然后,用样冲在交叉线的交点上打个冲眼,以作为钻头尖的导路。钻孔时,首先开动钻床,稳稳地将钻头引向工件,不要碰击,使钻头

的尖端对准样冲眼。根据画线钻孔分两项操作：先试钻浅坑眼，然后正式钻孔。当试钻浅坑眼时，用手进刀，钻出尺寸占孔径1/4左右的浅坑眼来，然后，提起钻头，将钻屑清除干净，检查钻出的坑眼是否处于画线的圆周中心。处于中心时，可继续钻孔，直至钻完为止。若钻出的浅坑眼中心偏离，必须改正。通常只需将工件借过一些就行了。若钻头较大或偏得较多，则就在钻歪的孔坑的相对方向那一边用样冲或尖錾錾低些（可錾几条槽），如图2-84所示，逐渐把偏斜部分借过来。

当钻通孔时，孔的下面必须留出钻头的空隙。否则，当钻头伸出工件底面时，会钻伤工作台面垫工件的平铁或者座钳，当孔将要钻透之前，应注意减小走刀量，以避免钻头摆动，确保钻孔质量及安全。

钻不通孔时，应按照钻孔深度，调整好钻床上深度标尺挡块，或者用自制的深度量具随时检查。也可用粉笔在钻头上作出钻孔深度的标记。钻孔中要掌握好钻头钻进深度，避免出现质量事故。

钻深孔时，每当钻头钻进深度达到孔径的3倍时，必须把钻头从孔内提出，及时将切屑排除干净，以防钻头过度磨损或折断，以及影响孔壁的表面粗糙度。

钻直径很大的孔时，由于钻尖部分的切削作用很小，以致使进钻的抵抗力加大，这时应分两次钻，先用跟钻尖横刃宽度相同的钻头（为3～5mm的小钻）钻一小孔，作为大钻头的导孔，之后，再用大钻头钻。这样，就可以省力，而孔的正确度仍然可以保持，如图2-85所示。通常直径超过30mm的孔，可分为两次钻削。

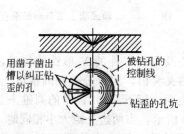

图2-84 用錾槽来纠正钻歪的孔

图2-85 两次钻孔

③ 钻孔距有精度要求的平行孔的方法。有的时候需要在钻床上钻出孔距有精度要求的平行孔，如图 2-86 所示。若钻 d_1 和 d_2 两孔，其中心距为 L。这时，可按照画线先钻出一孔（可先钻 d_1 孔），若孔精度要求较高，还可以用铰刀铰一下，然后找一销子与孔紧配合（也可车销与孔紧配合），另外任意找一只销子（直径为 d_3）夹在钻夹头中，借助百分尺（分厘卡）控制距离 $L_1 = L + \frac{1}{2}d_1 + \frac{1}{2}d_3$，就能保证 L 的尺寸。孔距矫正好之后压紧工件，钻夹头中装上直径为 d_2 的钻头就可钻第二孔。再有其他孔也可用同样方法钻出，利用这种方法钻出的孔中心距精度能在 ±0.1mm 之内。

④ 在轴或套上钻与轴线垂直并通过中心的孔的方法。在轴或套上钻垂直于轴线并通过中心的孔是经常遇到的事。如精度要求较高时，要做一个定心工具，如图 2-87 所示。其圆杆与下端 90°圆锥体是在一次装夹中车出或者磨出的。

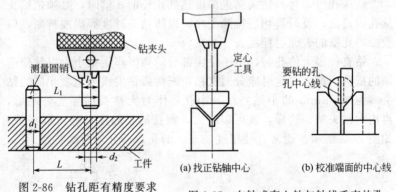

图 2-86　钻孔距有精度要求
的平行孔的方法

(a) 找正钻轴中心　　(b) 校准端面的中心线

图 2-87　在轴或套上钻与轴线垂直的孔

钻孔前，先找正钻轴中心及安装工件的 V 形铁的位置，方法是：将定心工具的圆杆夹在钻夹头内，用百分表在圆锥体上校调，使其振摆在 0.01～0.02mm 之内，用下部 90°顶角的圆锥来寻找正 V 形铁的位置，如图 2-87(a) 所示，当两边光隙大小相同时，把 V 形铁位置用压板先固定。在要钻孔的轴或套的端面上画一条中心线。把轴或套搁在 V 形铁上，装上钻头，用钻尖对准要钻孔的样冲眼，用直角尺校准端面的中心线并使其垂直，如图 2-87(b) 所示，再压紧工件。然后，试钻一个浅坑，看浅坑是否同轴的中心线对称，如工件有走动，则再借正，再试钻。若矫正得仔细，孔中心与工件轴线的不对称度可在 0.1mm 之内。若不用定心工具，用直角尺校端面中心线，将钻尖对准样冲眼，依据试钻坑的对称性来借正也可以，不过要有较丰富的经验。

⑤ 在斜面上钻孔。钻孔时，必须使钻头的两个切削刃同时切削；否则，因为切削刃负荷不均，会出现钻头偏斜，导致孔歪斜，甚至使钻头折断。为此，采用下面方法钻孔。

a. 钻孔前，用铣刀在斜面上铣出一个平台或者用錾削方法錾出平台，如图 2-88 所示，按照钻孔要求定出中心，通常先用小直径钻头钻孔，再用所要求的钻头将孔钻出。

b. 在斜面上钻孔，可用改变钻头切削部分的几何形状的方法，把钻头修磨成圆弧刃多能钻，如图 2-89 所示，可直接在斜面上钻孔。这种钻头实际上相当于立铣刀，它利用普通麻花钻靠手工磨出，圆弧刃各点均有相同的后角 α （$\alpha = 6° \sim 10°$），钻头横刃经过修磨。这种钻头应很短，否则在斜面上钻孔开始时会振动。

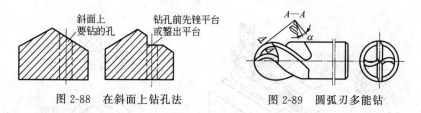

图 2-88　在斜面上钻孔法　　　　图 2-89　圆弧刃多能钻

c. 在装配与修理工作中，经常遇到在带轮上钻斜孔，可用垫块垫斜度的方法，如图 2-90 所示；或用钻床上有可调斜度的工作台，在斜面上钻孔。

d. 当钻头钻穿工件到达下面的斜面出口时，由于钻头单面受力，就有折断的危险，遇到这种情形，必须利用同一强度的材料，衬在工件下面，如图 2-91 所示。

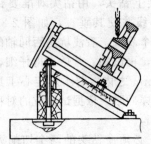

图 2-90　将虎钳垫斜度在斜面钻孔　　图 2-91　钻通孔垫衬垫

　　⑥ 钻半圆孔（或缺圆孔）。钻缺圆孔，用同样材料嵌入工件内和工件合钻一个孔，如图 2-92(a) 所示，钻孔后，去掉嵌入材料，即在工件上留下要钻的缺圆孔。

　　如图 2-92(b) 所示，在工件上钻半圆孔，可以用同样材料与工件合起来，在两工件的接合处找出孔的中心，之后钻孔。分开后，即是要钻的半圆孔。

　　在连接件上钻"骑缝"孔，在套与轴和轮毂与轮圈之间，装"骑缝"螺钉或者"骑缝"销钉，如图 2-93 所示。其钻孔方法是：若两个工件材料性质不同，"骑缝"孔的中心样冲眼应打在硬质材料一边，以避免钻头向软质材料一边偏斜，造成孔的位移。

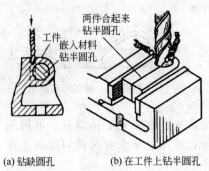 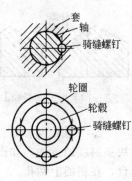

(a) 钻缺圆孔　　　　(b) 在工件上钻半圆孔
　　图 2-92　钻半圆孔方法　　　　　　　图 2-93　钻"骑缝"孔

　　⑦ 在薄板上开大孔通常没有这样大直径的钻头，所以大都采

用刀杆切割方法加工大孔，如图 2-94 所示。按刀杆端部的导杆直径尺寸，在工件的中心上先钻出孔，把导杆插入孔内，将刀架上的切刀调到大孔的尺寸，切刀固定位置后进行开孔。开孔之前，应将工件板料压紧，主轴转速要慢些，走刀量要小些。当工件即将切割透时，应及时停止进刀，避免打坏切刀头，未切透的部分可用手锤敲打下来。

除上述孔的加工方法外，在大批量孔加工时，可按照需要与可能，制作专用钻孔模具。如图 2-95 所示是钻孔模具中的一种。这样，既能提高效率，又能确保产品质量。

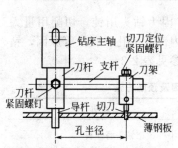

图 2-94　用刀杆在薄板上开大孔

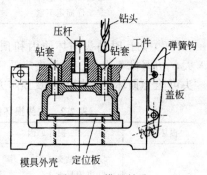

图 2-95　模具钻孔

（3）钻孔产生废品、钻头损坏的预防及安全技术

① 钻孔时产生废品的原因及预防。因为钻头刃磨得不好、钻削用量选择不当、工件装歪、钻头装夹不好等原因，当钻孔时，会产生各种形式的废品。废品产生的原因及防止方法参见表 2-1。

表 2-1　钻孔时产生废品的原因及防止方法

废品形式	产生原因	防止方法
钻孔呈多角形	①钻头后角太大 ②两切削刃有长短，角度不对称	正确刃磨钻头
孔径大于规定尺寸	①钻头两主切削刃有长短、高低 ②钻头摆动	①正确刃磨钻头 ②消除钻头摆动

续表

废品形式	产生原因	防止方法
孔壁粗糙	①钻头不锋利 ②后角太大 ③进刀量太大 ④冷却不足,冷却液润滑性差	①把钻头磨锋利 ②减小后角 ③减小进刀量 ④选用润滑性好的冷却液
钻孔位置 偏移或歪斜	①工件表面与钻头不垂直 ②钻头横刃太长 ③钻床主轴与工作台不垂直 ④进刀过于急躁 ⑤工件固定不紧	①正确安装工件 ②磨短横刃 ③检查钻床主轴的垂直度 ④进刀不要太快 ⑤工件要夹得牢固

② 钻孔时钻头损坏原因和预防。因为钻头用钝,切削用量太大,切屑排不出,工件没夹牢及工件内部有缩孔、硬块等原因,钻头可能会损坏。损坏原因及预防方法参见表2-2。

表2-2 钻头损坏的原因及预防方法

损坏形式	损坏原因	预防方法
工作部分 折断	①用钝钻头工作 ②进刀量太大 ③钻屑塞住钻头的螺旋槽 ④钻孔刚穿通时,由于进刀阻力迅速降低而突然增加了进刀量 ⑤工件松动 ⑥钻铸件时碰到缩孔	①把钻头磨锋利 ②减小进刀量,合理提高切削速度 ③钻深孔时,钻头退出几次,使钻屑能向外排出 ④钻孔将穿通时,减少进刀量 ⑤将工件可靠地加以固定 ⑥钻预计有缩孔的铸件时,要减少走刀量
切削刃 迅速磨损	①切削速度过高 ②钻头刃磨角度与工件硬度不适应	①减低切削速度 ②根据工件硬度选择钻头刃磨角度

③ 钻孔安全技术。

a. 将钻孔前的准备工作做好,认真检查钻孔机具,工作现场要保持整洁，安全防护装置要妥当。

b. 操作者衣袖要扎紧，禁止戴手套，头部不要靠钻头太近，女工必须戴工作帽，防止发生事故。

c. 工件夹持要牢固，通常不可用手直接拿工件钻孔，防止发生事故。

d. 钻孔过程中，禁止用棉纱擦拭切屑或用嘴吹切屑，更不能用手直接清除切屑，应该用刷子或铁钩子清理。高速钻削要及时断屑，以避免发生人身和设备事故。

e. 严禁在开车状况下装卸钻头和工件。检验工件和变换转速，必须在停车状况下进行。

f. 钻削脆性金属材料时，应佩戴防护眼镜，以防切屑飞出伤人。

g. 钻通孔时工件底面应放垫块，避免钻坏工作台或虎钳的底平面。

h. 在钻床上钻孔时，不能同时二人操作，以免由于配合不当造成事故。

i. 对钻具、夹具等要加以爱护，切屑和污水要经常清理，及时涂油防锈。

2.2.6 螺纹基础知识

(1) 螺纹要素及螺纹主要尺寸

① 螺纹要素。螺纹要素有牙形、外径、螺距（导程）、头数、精度以及旋转方向。根据这些要素，来加工螺纹。

② 牙形指螺纹径向剖面内的形状，如图 2-96 所示。

③ 螺纹的主要尺寸。以三角螺纹为例，如图 2-97 与图 2-98 所示。

a. 大径 (d)。大径是螺纹最大直径（外螺纹的牙顶直径、内螺纹的牙底直径），也就是螺纹的公称直径。

b. 小径 (d_1)。小径为螺纹的最小直径（外螺纹的牙底直径，内螺纹的牙顶直径）。

c. 中径 (d_2)。螺纹的有效直径叫做中径。在这个直径上牙宽与牙间相等，即牙宽等于螺距的一半（英制的中径等于内、外径的

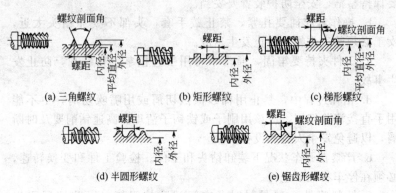

图 2-96　各种螺纹的剖面形状

平均直径，即 $d_2 = \dfrac{d + d_1}{2}$）。

　　d. 螺纹的工作高度（h）。螺纹顶点到根部的垂直距离，或称为牙形高度。

　　e. 螺纹剖面角（p）。在螺纹剖面上两侧面所夹的角，也称为牙形角。

　　f. 螺距（t）。为相邻两牙对应点间的轴向距离。

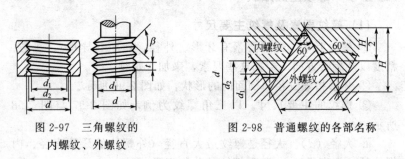

图 2-97　三角螺纹的　　　　　图 2-98　普通螺纹的各部名称
　　内螺纹、外螺纹

　　g. 导程（S）。螺纹上一点沿着螺旋线转一周时，该点沿轴线方向所移动的距离叫做导程。单头螺纹的导程等于螺距。导程与螺距的关系可以用下式表达：

$$多头螺纹导程(S) = 头数(z) \times 螺距(t)$$

（2）螺纹的应用及代号

① 螺纹的应用范围。

a. 三角形螺纹。应用比较广泛，如设备的连接件螺栓、螺母等。

b. 梯形螺纹和方形螺纹。主要用在传动与受力大的机械上，比如虎钳、机床上的丝杠，千斤顶的螺杆等。

c. 半圆形螺纹。主要应用于管子连接上，比如水管及螺纹口灯泡等。

d. 锯齿形螺纹。用于承受单面压力的机械上，比如压床及冲床上的螺杆等。

② 螺纹代号。各种螺纹都有规定的标准代号。在三角螺纹标准中，有普通螺纹与英制螺纹。在我国机器制造业中，采用普通螺纹，而英制螺纹只用于某些修配件上。

a. 普通螺纹（即公制螺纹）。剖面角是 $60°$，尺寸单位是 mm。它分粗牙与细牙两种，两者不同之处是当外径相同时，细牙普通螺纹的螺距比较小。粗牙普通螺纹有 3 个精度等级。细牙普通螺纹有 4 个精度等级。

b. 英制螺纹。剖面角为 $55°$，螺纹的尺寸单位为英寸（in）。它是以螺纹大径与每英寸内的牙数来表示的。

c. 管子螺纹。用在管子连接上，有圆柱与圆锥形两种，连接时要求密封比较好。

d. 标准螺纹的代号。按照国家标准规定的顺序如下：牙形、外径×螺距（或导程/头数）、精度等级以及旋向。同时又规定：

• 螺纹大径和螺距由数字表示。细牙螺纹、梯形螺纹以及锯齿形螺纹均需加注螺距，其他螺纹不必注出。

• 多头螺纹在大径后面需要标注"导程/头数"，单头螺纹不必注出。

• 1、2 级精度要标注出；3 级精度可不标注。

• 左旋螺纹必须标注出"左"字；右旋螺纹不必标注。

• 管螺纹的名义尺寸指管子的内孔径，不是管螺纹的大径。

标准螺纹的代号及标注示例见表 2-3。

非标准螺纹与特殊螺纹（如方牙螺纹）没有规定的代号，螺纹各要素通常都标注在工件图纸（牙形放大图）上。

攻螺纹、套螺纹常碰到的有公制粗牙螺纹、细牙螺纹及英制螺纹。现把其标准分别列于表 2-4 和表 2-5 中。

表 2-3　标准螺纹的代号

螺纹类型	牙型代号	代号示例	示例说明
粗牙普通螺纹	M	M10	粗牙普通螺纹，外径 10mm，精度 3 级
细牙普通螺纹	M	M10×1	细牙普通螺纹，外径 10mm，螺距 1mm，精度 3 级
梯形螺纹	T	T30×10/2～3 左	梯形螺纹，外径 30mm，导程 10mm，(螺距 5mm)头数 2,3 级精度，左旋
锯齿形螺纹	S	S70×10	锯齿形螺纹，外径 70mm，螺距 10mm
圆柱管螺纹	G	$G\dfrac{3}{4}$	圆柱管螺纹，管子内孔径为 3/4in，精度 3 级
圆锥管螺纹	ZG	$ZG\dfrac{5}{8}$	圆锥管螺纹，管子内孔径为 5/8in
锥(管)螺纹	Z	Z1	60°锥(管)螺纹，管子内孔径为 1in

表 2-4　普通螺纹的直径与螺距　　　　　　mm

公称直径 d	螺距 t		公称直径 d	螺距 t	
	细牙	粗牙		细牙	粗牙
3	0.5	0.35	20	2.5	2,1.5,1
4	0.7	0.5	24	3	2,1.5,1
5	0.8	0.5	30	3.5	2,1.5,1
6	1	0.75	36	4	3,2,1.5
8	1.25	1,0.75	42	4.5	3,2,1.5
10	1.5	1.25,1,0.75	48	5	3,2,1.5
12	1.75	1.5,1.25,1	56	5.5	4,3,2,1.5
16	2	1.5,1	64	6	4,3,2,1.5

表 2-5 英制螺纹

d/in	D/mm	每英寸牙数	t/mm	d/in	D/mm	每英寸牙数	t/mm
3/16	4.762	24	1.058	3/4	19.05	10	2.540
1/1	6.350	20	1.270	7/8	22.23	9	2.822
5/16	7.938	18	1.411	1	25.40	8	3.175
3/8	9.525	16	1.588	11/8	28.58	7	3.629
1/2	12.7	12	2.117	11/4	31.75	7	3.629
5/8	15.875	11	2.309	11/2	38.10	6	4.233

(3) 螺纹的测量

为了弄清螺纹的尺寸规格,必须对螺纹的大径、螺距以及牙形进行测量,以利于加工及质量检查,测量方法一般有以下几种。

① 利用游标卡尺测量螺纹大径,如图 2-99 所示。

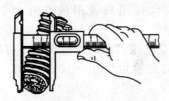

图 2-99 用游标卡尺测量螺纹大径

② 利用螺纹样板量出螺距及牙形,如图 2-100 所示。

螺纹样板

图 2-100 用螺纹样板测量牙形及螺距

③ 利用英制钢板尺量出英制螺纹每英寸的牙数,如图 2-101 所示。

④ 利用已知螺杆或者丝锥放在被测量的螺纹上,测出是公制

还是英制螺纹，如图 2-102 所示。

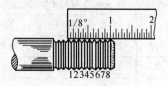

图 2-101 用英制钢板尺
测量英制螺纹牙数

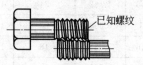

图 2-102 用已知螺纹测
定公、英制螺纹方法

2.2.7 攻螺纹

用丝锥在孔壁上切削螺纹称为攻螺纹。

(1) 丝锥的构造

丝锥由切削部分、定径（修光）部分以及柄部组成，如图 2-103(a) 所示。丝锥用高碳钢或者合金钢制成，并经淬火处理。

① 切削部分。是丝锥前部的圆锥部分，有锋利的切削刃，起主要切削作用。刀刃的前角为 $8°\sim10°$，后角（γ）为 $4°\sim6°$，如图 2-103(b) 所示。

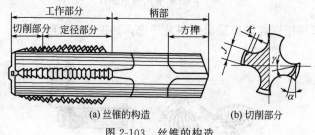

(a) 丝锥的构造   (b) 切削部分

图 2-103 丝锥的构造

② 定径部分。确定螺纹孔直径、修光螺纹、引导丝锥轴向运动以及作为丝锥的备磨部分，其后角 $\alpha=0°$。

③ 屑槽部分。有容纳、排除切屑以及形成刀刃的作用，常用的丝锥上有 $3\sim4$ 条屑槽。

④ 柄部。它的形状及作用与铰刀相同。

（2）丝锥种类和应用

手用丝锥一般由 2 只或 3 只组成一组，分头锥、二锥以及三锥，其圆锥斜角 φ 各不相等，修光部分大径也不相同。

3 只组丝锥：头锥 $\varphi = 4° \sim 5°$，切削部分中不完整牙有 $5 \sim 7$ 个，完成切削总工作量的 60%，二锥 $\varphi = 10° \sim 15°$，切削部分中不完整牙 $3 \sim 4$ 个，完成切削总工作量的 30%；三锥 $\varphi = 18° \sim 23°$，切削部分中不完整牙有 $1 \sim 2$ 个，完成切削总工作量的 10%，如图 2-104 所示。因为 3 只组丝锥分 3 次攻螺纹，总切削量划分为 3 部分，所以，可减少切断面积和阻力，攻螺纹时省力，螺纹也较为光洁，还可以避免丝锥折断与损坏切削刃。

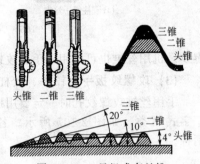

图 2-104　3 只组成套丝锥

两只组丝锥：头锥 $\varphi = 7°$，不完整牙约为 6 个；二锥 $\varphi = 20°$，不完整牙约为 2 个，如图 2-105 所示。

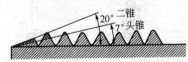

图 2-105　两只组成套丝锥

一般 M6～M24 的螺纹攻一套有两只，M6 以下及 M24 以上一套螺纹攻有 3 只。这是因为小螺纹攻强度不高，易折断，因此备 3 只；而大螺纹攻切削负荷大，需要分几次逐步切削，因此，也做成 3 只一套。细牙螺纹丝锥不论大小规格均为 2 只一套。

普通丝锥还包括管子丝锥，它又分为圆柱形管子丝锥与圆锥形管子丝锥两种。圆柱形管子丝锥的工作部分比较短，是 2 只组；圆锥形管子丝锥是单只，但是较大尺寸时也有 2 只组的，如图 2-106 所示。管子丝锥用于管子接头等处的切削螺纹。

除手用丝锥外，还有机用普通丝锥，用于机械攻螺纹。为装夹方便，丝锥柄部较长。通常机用丝锥是一只，攻螺纹一次完成。其切削部分的倾斜角大，也较长；适用于攻通孔螺纹，不便于浅孔攻

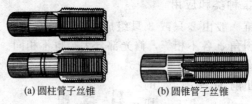

(a)圆柱管子丝锥   (b)圆锥管子丝锥

图 2-106 管子丝锥

螺纹。机用丝锥也可以用于手工攻螺纹。

(3) 攻螺纹扳手（铰手、铰杠）

手用丝锥攻螺纹孔时一定要用扳手夹持丝锥。扳手分普通式与丁字式两类，如图 2-107 所示。各类扳手又分固定式与活络式两种。

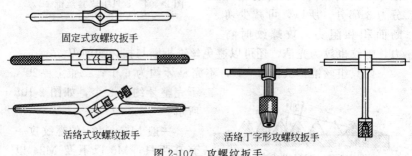

固定式攻螺纹扳手

活络式攻螺纹扳手   活络丁字形攻螺纹扳手

图 2-107 攻螺纹扳手

① 固定式扳手。扳手的两端是手柄，中部方孔适合一种尺寸的丝锥方尾。

因为方孔的尺寸是固定的，不能适合于多种尺寸的丝锥方尾。在使用时要根据丝锥尺寸的大小，来选择不同规格的攻螺纹扳手。此种扳手的优点是制造方便，可随便找一段铁条钻上个孔，用锉刀锉成所需尺寸的方形孔就可使用。当经常攻一定大小的螺纹时，用就会它很适宜。

② 活络式扳手（调节式扳手）。这种扳手的方孔尺寸经过调节后，可适合不同尺寸的丝锥方尾，使用很方便。比较常用的攻螺纹扳手规格见表 2-6。

表 2-6　常用攻螺纹扳手规格　　　　mm

丝锥直径	≤6	8~10	12~14	≥16
扳手长度	150~200	200~250	250~300	400~450

③ 丁字形攻螺纹扳手。这种扳手常用在较小的丝锥上。当需要攻工件高台阶旁边的螺纹孔或者攻箱体内部的螺纹孔时，用普通扳手要碰工件，此时则要用丁字扳手。小的丁字扳手有做成活络式的，它是一个 4 爪的弹簧夹头。通常用于装 M6 以下的丝锥。大尺寸的丝锥通常都用固定的丁字扳手。固定丁字扳手往往是专用的，根据工件的需要确定其高度。

(4) 攻螺纹前螺纹底孔直径的确定

攻螺纹时丝锥对金属有切削与挤压作用，若螺纹底孔与螺纹内径一致，会产生金属咬住丝锥的现象，造成丝锥损坏与折断。所以，钻螺纹底孔的钻头直径应比螺纹的小径稍大些。

如果大得太多，会致攻出的螺纹（丝扣）不足而成废品。底孔直径的确定跟材料性质有很大关系，可通过查表 2-7 与表 2-8 或用公式计算法来确定底孔直径。

简单计算法常用下列经验公式。

① 常用公制螺纹底孔直径的确定。

钢料及韧性金属　　$D \approx d - t$ （mm）

铸铁及脆性金属　　$D \approx d - 1.1t$ （mm）

式中，D 为底孔直径（钻孔直径）；d 为螺纹大径（公称直径）；t 为螺距。

② 英制螺纹底孔直径的确定。

钢料及韧性金属　　$D \approx 25.4 \times \left(d_0 - 1.1 \dfrac{1}{n} \right)$ （mm）

铸铁及脆性金属　　$D \approx 25.4 \times \left(d_0 - 1.2 \dfrac{1}{n} \right)$ （mm）

式中，D 为钻孔直径；d_0 为螺纹大径，in；n 为螺纹每英寸牙数。

表 2-7 攻常用公制基本螺纹前钻底孔所用的钻头直径　　mm

| 螺纹直径 d | 螺距 t | 钻头直径 D | | 螺纹直径 d | 螺距 t | 钻头直径 D | |
		铸铁、青铜、黄铜	钢、可锻铸铁、紫铜、层压板			铸铁、青铜、黄铜	钢、可锻铸铁、紫铜、层压板
2	0.4	1.6	1.6	14	2	11.8	12
	0.25	1.75	1.75		1.5	12.4	12.5
2.5	0.45	2.05	2.05		1	12.9	13
	0.35	2.15	2.15	16	2	13.8	14
3	0.5	2.5	2.5		1.5	14.4	14.5
	0.35	2.65	2.65		1	14.9	15
4	0.7	3.3	3.3	18	2.5	15.3	15.5
	0.5	3.5	3.5		2	15.8	16
5	0.8	4.1	4.2		1.5	16.4	16.5
	0.5	4.5	4.5		1	16.9	17
6	1	4.9	5	20	2.5	17.3	17.5
	0.75	5.2	5.2		2	17.8	18
8	1.25	6.6	6.7		1.5	18.4	18.5
	1	6.9	7		1	18.9	19
	0.75	7.1	7.2	22	2.5	19.3	19.5
10	1.5	8.4	8.5		2	19.8	20
	1.25	8.6	8.7		1.5	20.4	20.5
	1	8.9	9		1	20.9	21
	0.75	9.1	9.2	24	3	20.7	21
12	1.75	10.1	102		2	21.8	22
	1.5	10.4	10.5		1.5	22.4	22.5
	1.25	10.6	10.7		1	22.9	23
	1	10.9	11	—	—	—	—

③ 不通孔钻孔深度的确定。不通孔攻螺纹时，因为丝锥切削刃部分攻不出完整的螺纹，所以，钻孔深度应要超过所需要的螺纹

孔深度。钻孔深度是螺纹孔深度加上丝锥起切削刃的长度，起切削刃长度大约等于螺纹外径 d 的 0.7 倍。所以，钻孔深度可按照下式计算：

$$钻孔深度＝需要的螺纹孔深度＋0.7d \qquad (2\text{-}1)$$

（5）攻螺纹方法及注意事项

① 用丝锥攻螺纹的方法与步骤如图 2-108 所示。

a. 钻底孔。攻螺纹前在工件上钻出适宜的底孔，可查表 2-7 与表 2-8，也可用公式计算将底孔直径确定，选用钻头。

表 2-8 常用英制螺纹、管子螺纹攻螺纹前钻底孔的钻头直径

英制螺纹			圆柱管螺纹	
螺纹直径/in	钻头直径/mm		螺纹直径/in	钻头直径/mm
	铸铁、青铜、黄铜	钢、可锻铸铁、紫铜、层压板		
3/16	3.8	3.9	1/8	8.8
1/4	5.1	5.2	1/4	11.7
5/16	6.6	6.7	3/8	15.2
3/8	8	8.1	1/2	18.9
1/2	10.6	10.7	3/4	24.4
5/8	13.6	13.8	1	30.6
3/4	16.6	16.8	1¼	39.2
7/8	19.5	19.7	1⅜	41.6
1	22.3	22.5	1½	45.1
1⅛	25	25.2		
1¼	28.2	28.4		
1½	34	34.2		
1¾	39.5	39.7		
2	45.3	45.6		

b. 锪倒角。钻孔的两面孔口用 90°的锪钻倒角，使倒角的最大直径与螺纹的公称直径相等。这样，丝锥易起削，最后一道螺纹也

不至在丝锥穿出来时候崩裂。

c. 将工件夹入虎钳。一般的工件夹持在虎钳上攻螺纹，但较小的工件可放平，左手紧握工件，右手使用扳手攻螺纹。

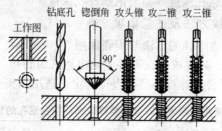

图 2-108 攻螺纹的基本步骤

d. 选用合适的扳手。根据丝锥柄上的方头尺寸来选用扳手。

e. 头攻攻螺纹。将丝锥切削部分放入工件孔内，必须使丝锥与工件表面垂直，并且要认真检查矫正，如图 2-109 所示。攻螺纹开始起削时，两手要加适当压力，并按照顺时针方向（右旋螺纹）将丝锥旋入孔内。当起削刃切进后，两手不要再加压力，只用平稳的旋转力攻出螺纹，见图 2-110。在攻螺纹中，两手用力要均衡，旋转要平稳。每当旋转至 1/2～1 周时，将丝锥反转 1/4 周，以割断和排除切屑，防止切屑堵塞屑槽，造成丝锥的损坏及折断。

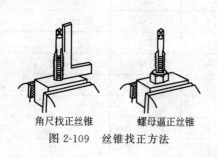

图 2-109　丝锥找正方法

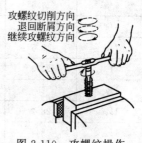

图 2-110　攻螺纹操作

f. 二攻、三攻攻螺纹。头攻攻过之后，再用二攻、三攻扩大及修光螺纹。二攻、三攻必须先用手旋进头攻已攻过的螺纹中，使其得到良好的引导之后，再用扳手，按照以上方法，前后旋转直到攻螺纹完成为止。

② 及时清除丝锥和底孔内的切屑。深孔、不通孔以及韧性金属材料攻螺纹时，必须随时旋出丝锥，清除丝锥和底孔内的切屑，这样，可以防止丝锥在孔内咬住或折断。

③ 正确选用冷却润滑液。为了改善螺纹的粗糙度，保持丝锥良好的切削性能，依据材料性质的不同及需要，可参照表 2-9 所示选用冷却润滑液。

表 2-9 切螺纹常用的冷却润滑液

被加工材料	冷却润滑液
铸铁	煤油或不用润滑液
钢	肥皂水、乳化液、机油、豆油等
青铜或黄铜	菜籽油或豆油
紫铜或铝合金	煤油、松节油、浓乳化液

(6) 丝锥手工刃磨方法

当丝锥切削部分磨损时，常借助手工修磨其后隙面。比如丝锥切削部分崩了几牙或断掉一段时，先把损坏部分磨掉，然后，再刃磨切削部分的后隙面。磨时要使各刃的半锥角与刀刃的长短一致。若采用磨钻头的方法磨丝锥时，要尤其注意磨到刃背最后部位时，防止把后一齿的刀刃倒角。为了避免这一点，丝锥可立起来刃磨，如图 2-111 所示。此时，摆动丝锥磨切削部分后角，就看得清后面一齿的位置，不至将后面一齿磨坏。有时，为了防止碰坏后一齿，磨切削部分后隙面时，也可不摆动丝锥而磨成一个斜度为 α 角的平面。

当丝锥校准部分磨损（刃口出现圆角）时，经常靠手工在锯片砂轮上修丝锥的前倾面，将刃口圆角磨去，使丝锥锋利。这时，如图 2-112 所示，要控制前角 γ。丝锥要轴向移动，使整个前倾面均磨到。磨时要常用水冷却，防止丝锥刃口退火。

(7) 丝锥折断在孔中的取出方法

丝锥折断在孔中，根据不同情况，采用不同方法，从孔中将断丝锥取出。

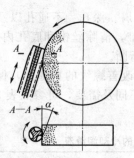

图 2-111　手工刃磨丝锥切
削部后隙面的示意图

图 2-112　手工修磨丝锥
的前倾面示意图

① 丝锥折断部分露出孔外，可用钳子拧出，或用尖錾及样冲轻轻地剔出断丝锥，如图 2-113 所示。如果断丝锥与孔咬得太死，用如以上方法取不出时，可将弯杆或螺母气焊在断丝锥上部，然后，旋转弯杆或用扳手扭动螺母，即可取出断丝锥，如图 2-114 所示。

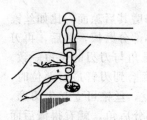

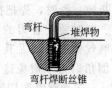

弯杆焊断丝锥

螺母焊断丝堆

图 2-113　用錾子或冲子
剔出断丝锥法

图 2-114　用弯杆或螺母
焊接取出断丝锥法

② 丝锥折断部分在孔内，可以用钢丝插入到丝锥屑槽中，在带方头的断丝锥上旋上两个螺母，钢丝插入断丝锥与螺母间的空槽（丝锥上有几条屑槽应插入几根钢丝），然后，用攻螺纹扳手反时针方向旋转，取出断丝锥，如图 2-115 所示。还可以用旋取器将断丝锥取出，如图 2-116 所示。在弯杆的端头上钻 3 个均匀分布的孔，插入 3 根短钢丝，钢丝直径根据屑槽大小而定，形成三爪形，插入到屑槽内，按照丝锥退出方向旋动，取出丝锥。

在用上述方法取出断丝锥时，应适当加入润滑剂。

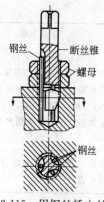

图 2-115 用钢丝插入丝锥
屑槽内旋出断丝锥法

图 2-116 用弯曲杆旋
取器取断丝锥法

③ 在用上述几种方法都不能取出断丝锥时，如有条件，可以用电火花打孔方法，取出断丝锥，但往往受设备及工件太大所限制。其次，还可以将断丝锥退火，然后，用钻头取出钻削，此种方法只适用于可以改大螺孔的情况。

断丝锥也会遇到难以取出的情况，从而造成螺孔或工件的报废。所以，在攻螺纹时，要严格按照操作方法及要求进行，工作要认真细致，避免丝锥折断。

(8) 攻螺纹时产生废品及丝锥折断的原因及防止方法

① 攻螺纹时产生废品的原因及防止方法见表 2-10。

表 2-10 攻螺纹时产生废品的原因及防止方法

废品形式	产生原因	防止方法
螺纹乱扣、断裂、撕破	①底孔直径太小，丝锥攻不进，使孔口乱扣 ②头锥攻过后，攻二锥时放置不正，头、二锥中心不重合 ③螺孔攻歪斜很多，而用丝锥强行"借"仍借不过来 ④低碳钢及塑性好的材料，攻螺纹时没用冷却润滑液 ⑤丝锥切削部分磨钝	①认真检查底孔，选择合适的底孔钻头，将孔扩大再攻 ②先用手将二锥旋入螺孔内，使头、二锥中心重合 ③保持丝锥与底孔中心一致，操作中两手用力均衡，偏斜太多不要强行借正 ④应选用冷却润滑液 ⑤将丝锥后角修磨锋利

续表

废品形式	产生原因	防止方法
螺孔偏斜	①丝锥与工件端平面不垂直 ②铸件内有较大砂眼 ③攻螺纹时两手用力不均衡，倾向于一侧	①起削时要使丝锥与工件端平面成垂直，要注意检查与矫正 ②攻螺纹前注意检查底孔，如砂眼太大，不宜攻螺纹 ③要始终保持两手用力均衡，不要摆动
螺纹高度不够	攻螺纹底孔直径太大	正确计算与选择攻螺纹底孔直径与钻头直径

②攻螺纹时丝锥折断的原因及防止方法见表2-11。

表2-11 丝锥折断原因及防止方法

折断原因	防止方法
攻螺纹底孔太小	正确计算与选择底孔直径
丝锥太钝，工件材料太硬	磨锋利丝锥后角
丝锥扳手过大，扭转力矩大，操作者手部感觉不灵敏，往往丝锥卡住仍感觉不到，继续扳动，使丝锥折断	选择适当规格的扳手，要随时注意出现的问题并及时处理
没及时清除丝锥屑槽内的切屑，特别是韧性大的材料，切屑在孔中堵住	按要求反转割断切屑，及时排除，或把丝锥退出清理切屑
韧性大的材料(不锈钢等)攻螺纹时没有用冷却润滑液，工件与丝锥咬住	应选用冷却润滑液
丝锥歪斜单面受力太大	攻螺纹前要用角尺矫正，使丝锥与工件孔保持同轴度
不通孔攻螺纹时，丝锥尖端与孔底相顶，仍旋转丝锥，使丝锥折断	应事先做出标记，攻螺纹中注意观察丝锥旋进深度，防止相顶，并要及时清除切屑

2.2.8 套螺纹

用板牙在圆柱体上切削螺纹，称为套螺纹。

（1）套螺纹圆杆直径的确定

圆杆直径在理论上是螺纹大径。但是，在套螺纹时，材料由于受到挤压而变形，切削阻力大，容易损坏板牙，影响螺纹质量。所以，套螺纹圆杆直径应稍小于螺纹标准尺寸（螺纹大径）。圆杆直径可根据螺纹直径和材料性质，参照表 2-12 所示来选择。通常来说，硬质材料直径可以稍大些，软质材料可稍小些。

表 2-12　板牙套螺纹时圆杆的直径　　　　　　　　mm

粗牙普通螺纹			英制螺纹			圆柱管螺纹		
螺纹直径	螺距	螺杆直径		螺纹直径/in	螺杆直径		螺纹直径/in	管子外径	
		最小直径	最大直径		最小直径	最大直径		最小直径	最大直径
M6	1	5.8	5.9	$\frac{1}{4}$	5.9	6	$\frac{1}{8}$	9.4	9.5
M8	1.25	7.8	7.9	$\frac{5}{16}$	7.4	7.6	$\frac{1}{4}$	12.7	13
M10	1.5	9.75	9.85	$\frac{6}{8}$	9	9.2	$\frac{3}{8}$	16.2	16.5
M12	1.75	11.75	11.9	$\frac{1}{2}$	12	12.2	$\frac{1}{2}$	20.5	20.8
M14	2	13.7	13.85	—	—	—	$\frac{5}{8}$	22.5	22.8
M16	2	15.7	15.85	$\frac{5}{8}$	15.2	15.4	$\frac{3}{4}$	26	26.3
M18	2.5	17.7	17.85	—	—	—	$\frac{7}{8}$	29.8	30.1
M20	2.5	19.7	1985	$\frac{3}{4}$	—	—	1	32.8	33.1
M22	2.5	21.7	21.85	$\frac{7}{8}$	—	—	1⅛	37.4	37.7
M24	3	23.65	23.8	1	—	—	1¼	41.4	41.7
M27	3	26.65	26.8	1¼	—	—	1¾	43.8	44.1
M30	3.5	29.6	29.8	—	—	—	1½	47.3	47.6

粗牙普通螺纹				英制螺纹			圆柱管螺纹		
螺纹直径	螺距	螺杆直径		螺纹直径/in	螺杆直径		螺纹直径/in	管子外径	
		最小直径	最大直径		最小直径	最大直径		最小直径	最大直径
M36	4	35.6	35.8	1½	37	37.3	—	—	—
M42	4.5	41.55	41.75	—	—	—	—	—	—
M48	5	47.5	47.7	—	—	—	—	—	—
M52	5	51.5	51.7	—	—	—	—	—	—
M60	5.5	59.45	59.7	—	—	—	—	—	—
M64	6	63.4	63.7	—	—	—	—	—	—
M68	6	67.4	67.7	—	—	—	—	—	—

套螺纹圆杆直径也可用经验公式来确定：

套螺纹圆杆直径 $\approx d_0 - 0.13t$

式中，d_0 为螺纹大径；t 为螺距。

(2) 套螺纹方法及注意事项

① 在确定套螺纹圆杆直径之后，将套螺纹圆杆端部倒成 30° 角，以便板牙套螺纹起削与找正。倒角的方法如图 2-117 所示，倒角锥体的小头应要比螺纹内径小些。

② 套螺纹前将圆杆夹持在软虎钳口内，夹正、夹牢。为了避免套螺纹时由于扭力过大使圆杆变形，工件不要露出过长。

③ 板牙起削时，要注意检查及矫正，使板牙保持与圆杆垂直，如图 2-118 所示，两手握持板牙架手柄，并加上适当压力，然后，按照顺时针方向（右旋螺纹）扳动板牙架旋转起削。当板牙切入到修光部分的 1～2 牙时，两手只用旋转力，就可将螺杆套出。套螺纹中两手用的旋转力要始终保持平衡，以避免螺纹偏斜。如发现稍有偏斜，要及时调整两手力量，将偏斜部分借过来。但是偏斜过多不要强借，以避免损坏板牙。

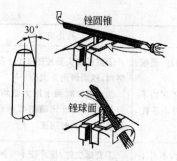

图 2-117 圆杆倒角法

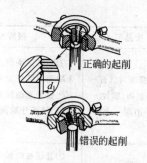

图 2-118 板牙在圆杆上起削

④ 套螺纹过程和攻螺纹一样，每旋转至 1/2～1 周时要倒转 1/4 周，如图 2-119 所示。

⑤ 在套 12mm 以上螺纹时，通常应采用可调节板牙分 2～3 次套成，防止扭裂和损坏板牙，又能保证螺纹质量，减小切削阻力。

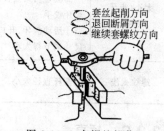

图 2-119 套螺纹操作

⑥ 为了保持板牙的良好切削性能，确保螺纹的表面粗糙度，在套螺纹时，应根据工件材料性质的不同，适当选择冷却润滑液，其选择方法与攻螺纹一样。

(3) 套螺纹时产生废品的原因及防止方法

套螺纹时产生废品的原因同丝锥攻螺纹有类似之处，具体情况如表 2-13 所示。

表 2-13 套螺纹时产生废品的原因及防止方法

废品形式	报废原因	防止方法
烂牙	①对低碳钢等塑性好的材料套螺纹时，未加润滑冷却液，板牙把工件上螺纹粘去一部分 ②套螺纹时板牙一直不回转，切屑堵塞，把螺纹啃坏 ③被加工的圆杆直径太大 ④板牙歪斜太多，在借正时造成烂牙	①对塑性材料攻螺纹时一定要加适合的润滑冷却液 ②板牙正转 1～1.5 圈后，就要反转 0.25～0.5 圈，使切屑断裂 ③把圆杆加工到合适的尺寸 ④套螺纹时板牙端面要与圆杆轴线垂直，并经常检查。发现略有歪斜，就要及时借正

续表

废品形式	报废原因	防止方法
螺纹对圆杆歪斜,螺纹一边深一边浅	①圆杆端头倒角没倒好,使板牙端面与圆杆放不垂直 ②板牙套螺纹时,两手用力不均匀,使板牙端面与圆杆不垂直	①圆杆端头要按图2-111所示倒角,四周斜角要大小一样 ②套螺纹时两手用力要均匀,要经常检查板牙端面与圆杆是否垂直,并及时纠正
螺纹中径太小(齿牙太瘦)	①套螺纹时铰手摆动,不得不多次纠正,造成螺纹中径小了 ②板牙切入圆杆后,还用力压板牙铰手 ③活动板牙、开口后的圆板牙尺寸调节得太小	①套螺纹时,板牙铰手要握稳 ②板牙切入后,只要均匀使板牙旋转即可,不能再加力下压 ③活动板牙、开口后的圆板牙要用样柱来调整好尺寸
螺纹太浅	圆杆直径太小	圆杆直径要在表2-12中规定的范围内

2.2.9 矫直

用手工或者机械消除原材料或零件因受热或在外力的作用下而造成的不平、不直、翘曲变形的操作称为矫直。

矫直分为手工矫直与机械矫直两种。手工矫直是用手工工具在平台、铁砧或者虎钳上进行的,它包括扭转、延展以及伸张等操作。机械矫直是在矫直机、压力机上进行的。本节主要讲述手工矫直。

金属变形有两种。

① 弹性变形。在外力作用之下,材料发生变形,去掉外力后又复原,这种变形叫做弹性变形。弹性变形量一般较小。

② 塑性变形。当外力超过一定数值之后,去掉外力,材料不能复原,这种永久变形叫做塑性变形。

矫直主要决定于材料的力学性能,对塑性好的材料,如钢、铜、铝等适于矫直;而对塑性差而脆性大、硬度高的材料,比如铸铁、淬火钢等不能矫直。

经过多次矫直不仅改变了工件的形状,而且使硬度增加,塑性降低，这种现象称为冷作硬化。这种变化给矫直和其他冷加工带来一定的困难。工件出现冷作硬化后，可以利用退火处理的方法，使其恢复原来的力学性能。

对于小型条料或型钢，由于某些原因而产生扭曲、弯曲等变形时，可用以下方法矫直。

① 扭转法。条料发生扭曲变形之后，须用扭转法矫直，如图 2-120 所示。将条料夹持在虎钳上，用专用工具或活扳手，将条料扭转到原来的形状。条料在厚度方向弯曲时，利用扳直方法矫直，如图 2-121 所示。

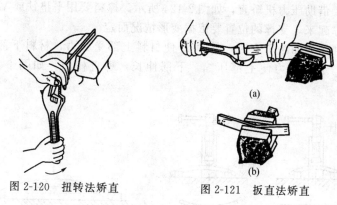

图 2-120　扭转法矫直

图 2-121　扳直法矫直

② 延展法。条料在宽度方向弯曲时，须利用延展法矫直，如图 2-122 所示。矫直时，必须锤击弯曲里侧（图中的锤击部位在短的细实直线上），并使里侧逐渐伸长而变直。如图 2-123 所示是中部凸起的板料，如果锤击凸起部分，因为材料的延展，会使凸起更为严重。所以，必须锤击凸起部分的四周，使周围延展后，板料才能自然变平。

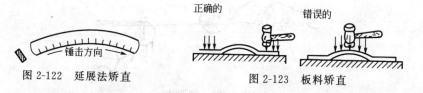

图 2-122　延展法矫直

图 2-123　板料矫直

锤击时锤要端平，用锤顶弧面锤击材料，确保工件表面的完好。

如果板料出现一个对角上翘，另一对角向下塌的现象，也可用以上办法校平；若板料有几个凸起，要把几个凸起锤击成一个大凸起，然后，再用上述方法校平；若板料四周成波浪形，中部平整，这时，须锤击中部，使材料展开而变平。

③ 弯曲法。矫直棒料、轴类以及角铁等，要用弯曲法矫直。

直径较小的棒料和厚度较薄的条料，可以将料夹在虎钳上，用手把弯曲部分扳直；也可用手锤在铁砧上矫直。对直径较大的棒料，要借助压力机矫直，如图 2-124 所示。棒料要用平垫铁或 V 形铁支撑起来，支撑的位置要依据变形情况而定。

利用弯曲法矫直时，外力 P 使材料上部受压力，材料下部受拉力。这两种力使上部压缩，下部伸长，矫直棒料，如图 2-125 所示。

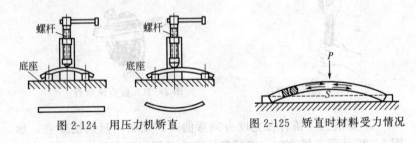

图 2-124　用压力机矫直　　　　图 2-125　矫直时材料受力情况

④ 伸张法。矫直细长线材时，可以用伸张法矫直，如图 2-126 所示。把弯曲线材绕在圆木上（只需绕一圈），并将其一头夹在虎钳上；然后，用左手握紧圆木，并使线在食指与中指之间穿过；随

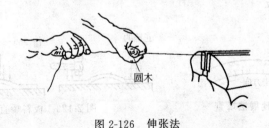

图 2-126　伸张法

后，用左手把圆木向后拉，右手展开线材，并且适当拉紧，线材在拉力的作用下，即可伸张而变直。操作时，要注意安全，避免线材割伤手指。

2.2.10 弯形

将原来平直的板料或型材弯成所需形状的加工方法叫做弯形。

弯形是使材料产生塑性变形，所以只有塑性好的材料才能进行弯形。如图 2-127(a) 所示为弯形前的钢板，如图 2-127(b) 所示为钢板弯形后的情况。它的外层材料伸长（图中 e—e 与 d—d），内层材料缩短（图中 a—a 与 b—b）而中间一层材料（图中 c—c）在弯形后的长度保持不变，这一层叫中性层。材料弯曲部分的断面，虽然因为发生拉伸和压缩，使它产生变形，但其断面面积保持不变。

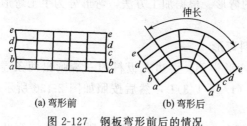

(a) 弯形前　　　　(b) 弯形后

图 2-127　钢板弯形前后的情况

由于工件在弯形后，中性层的长度不变，所以，在计算弯曲工件的毛坯长度时，可按中性层的长度计算。在通常情况下，工件弯形后，中性层不在材料的正中，而是偏向内层材料的一边。经实验证明，中性层的位置，与材料的弯曲半径 r 及材料厚度 t 有关。

在材料弯曲过程中，其变形大小与以下因素有关，如图 2-128 所示。

① r/t 比值越小，变形越大；而反之，则 r/t 比值越大，变形越小。

② 弯曲角 α 越小，变形越小；而反之，则弯曲角 α 越大，变形越大。

由此可见，当材料厚度不变，弯曲半径越大，变形就越小，而中性层越接近材料厚度的中间。若弯曲半径小，材料厚度越小，而中性层也就越接近材料厚度的中间。

所以在不同的弯曲情况下，中性层的位置是不同的，如图 2-129所示。

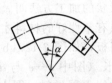 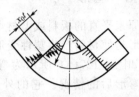

图 2-128　弯曲半径和弯曲角　　　图 2-129　弯曲时中性层的位置

弯形方法分为冷弯与热弯两种。冷弯指的是材料在常温下进行的弯形，它适合于材料厚度小于 5mm 的钢材。热弯指的是材料在预热后进行的弯形。根据加工方法，弯形分为手工弯形与机械弯形两种。

(1) 板料弯形

① 手工弯形举例。卷边在板料的一端画出两条卷边线，$L = 2.5d$ 与 $L_1 = (1/4 \sim 1/3)L$，然后按照如图 2-130所示的步骤进行弯形。

按如图 2-130(a) 所示将板料放到平台上，露出 L_1 长并弯成 90°。

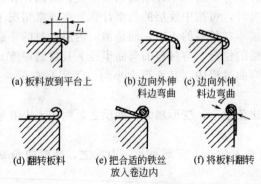

(a) 板料放到平台上　　(b) 边向外伸　　(c) 边向外伸
　　　　　　　　　　　料边弯曲　　　料边弯曲

(d) 翻转板料　　(e) 把合适的铁丝　　(f) 将板料翻转
　　　　　　　放入卷边内

图 2-130　薄板料卷边方法

按如图 2-130(b)、(c) 所示边向外伸料边弯曲，直至 L 长为止。

按如图 2-130(d) 所示翻转板料，敲打卷边向里扣。

按如图 2-130(e) 所示把合适的铁丝放入卷边内，边放边锤扣。

按如图 2-130(f) 所示将板料翻转，接口靠紧平台缘角，轻敲接口咬紧。

如图 2-131 所示，咬缝基本类型有 5 种，与弯形操作方法基本差不多，下料留出咬缝量：缝宽×扣数。操作时应依据咬缝种类留余量，绝不可以搞平均。一弯一翻作好扣，二板扣合再压紧，边部敲凹防松脱，如图 2-132 所示。

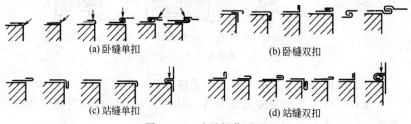

(a)站缝单扣　(b)站缝双扣　(c)卧缝挂扣　(d)卧缝单扣　(e)卧缝双扣

图 2-131　咬缝的种类

(a)卧缝单扣　　　　　　(b)卧缝双扣

(c)站缝单扣　　　　　　(d)站缝双扣

图 2-132　咬缝操作过程

弯直角工件：

尺寸较小、形状简单的工件，可以在台虎钳上夹持弯制直角，如图 2-133 所示；

当工件弯曲部位的长度大于钳口长度时，可以在带 T 形槽平板上弯制直角，如图 2-134 所示。

弯多个直角形工件，如图 2-135 所示：

按画线将板料夹入台虎钳的两块角衬内，弯成 A 角，如图 2-135(a) 所示；

再用衬垫① (木制垫或者金属垫) 弯成 B 角，如图 2-135(b) 所示；

最后再用衬垫②弯成 *C* 角，如图 2-135(c) 所示。

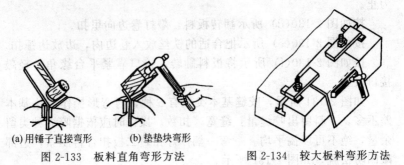

(a) 用锤子直接弯形　　(b) 垫垫块弯形

图 2-133　板料直角弯形方法　　　　图 2-134　较大板料弯形方法

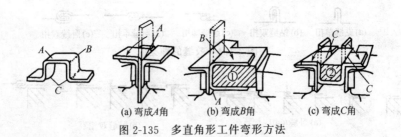

(a) 弯成*A*角　　(b) 弯成*B*角　　(c) 弯成*C*角

图 2-135　多直角形工件弯形方法

弯制如图 2-136 所示的圆弧形工件方法：

先在材料上画好弯曲处位置线，依线夹在台虎钳的两块角铁衬垫里，如图 2-136(a) 所示；

用方头锤子的窄头锤击，按照如图 2-136(a)～(c) 三步所示基本弯曲成形；

最后在半圆模上修整圆弧直至合格，如图 2-136 (d) 所示。

如图 2-137 所示的圆弧形工件弯制方法：

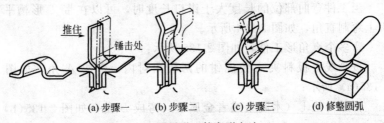

(a) 步骤一　　(b) 步骤二　　(c) 步骤三　　(d) 修整圆弧

图 2-136　圆弧形工件弯形方法（一）

先将圆弧中心线和两端转角弯曲线 Q 画出，如图 2-137(a) 所示；

沿着圆弧中心线 R 将板料夹紧在钳口上弯形，如图 2-137(b) 所示；

把心轴的轴线方向与板料弯形线 Q 对正，并且夹紧在钳口上，应使钳口作用点 P 与心轴圆心 O 在一直线上，并且使心轴的上表面略高于钳口平面，将 a 脚沿心轴弯形，使其紧贴在心轴表面上，如图 2-137(c) 所示；

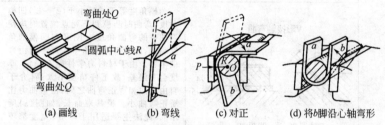

(a) 画线   (b) 弯线   (c) 对正   (d) 将b脚沿心轴弯形

图 2-137　圆弧形工件弯形方法（二）

翻转板料，重复以上操作过程，将 b 脚沿心轴弯形，最后使 a、b 脚平行，如图 2-137(d) 所示。

圆弧和角度结合的工件弯形，如图 2-138 所示：

先在板料上画弯形线，如图 2-138(a) 所示，并加工好两端的圆弧及孔；

按照画线将工件夹在台虎钳的衬垫内，如图 2-138(b) 所示，先弯好两端1、2两处；

最后如图 2-138(c) 所示，在圆钢上弯工件的圆弧。

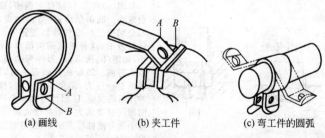

(a) 画线   (b) 夹工件   (c) 弯工件的圆弧

图 2-138　圆弧和角度结合工件弯形方法

② 机械弯形。常用机械弯形方法及适用范围见表 2-14。

表 2-14　常用弯曲方法及适用范围

类型	工序简图	适用范围
压弯	**V形自由弯曲** 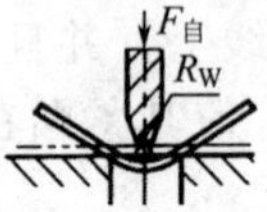 $F_{自}$　R_W	凸模圆角半径(R_w)很小,工件圆角半径在弯曲时自然形成,调节凸模下死点位置,可以得到不同的弯曲角度及曲率半径。模具通用性强。这种弯曲变形程度较小,弹性回跳量大,故质量不易控制,适用于精度要求不高的大、中型工件的小批量生产
	V形接触弯曲 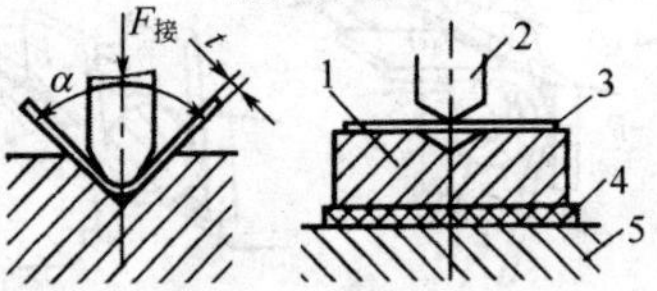 (a)　　　(b) t—工件厚度;1—凹模;2—凸模; 3—工件;4—强力橡胶;5—床面	凸模角度等于或稍小于(2°～3°)凹模角度,弯曲时凸模下到死点位置时应使弯曲件的弯曲角度 α 刚好凹模的角度吻合,此时工件圆角半径等于自由弯曲半径。由于材料力学性能不稳定,厚度会有偏差,故工件精度不太高[介于自由弯曲和矫正弯曲之间,但弯曲力比矫正弯曲小。模具寿命长,如图(a)所示]。此法主要适用于厚度、宽度都较大的弯曲件,如图(b)所示。用衬有强力橡胶的弯曲模,可以减少薄板弯曲时由于厚度不均等引起的弯曲角度误差
	V形校正弯曲  $F_{校}$ l $F_{校}=p_{校}A$　$A=lB$ B—料宽;A—工件受压部分投影面积	凸模在下死点时与工件、凹模全部接触,并施加很大压力使材料内部应力增加,提高塑性变形程度,因而提高了弯曲精度。由于矫正压力很大,故适用于厚度及宽度较小的工件。为了避免压力机下死点位置不准引起机床超载而损坏,不宜使用曲柄压力机。$p_{校}=80\sim120$MPa(详细数据参见有关资料)
	U形件弯曲 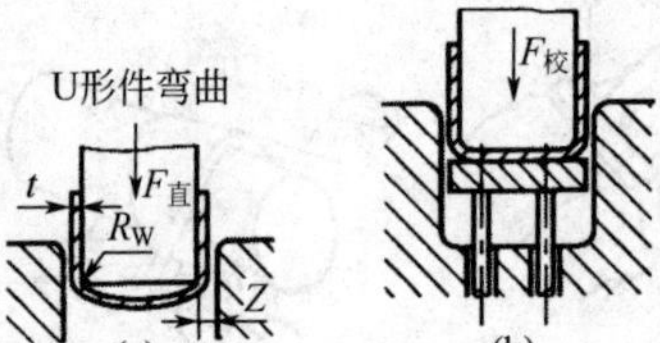 t　$F_{直}$　R_W　Z (a)　　　(b)　$F_{校}$	如图(a)所示 U 形件弯曲模,属于自由弯曲。底部呈弓形,弯曲结束,弓形部分回弹。U 形件两侧便张开。弯曲件精度低,这种模具结构简单,冲压力小,如图(b)所示,U 形件弯曲模,属于矫正弯曲。顶板在开始弯曲时对材料底部有一压力,避免弓形产生,保证了冲压后的质量,U 形件弯曲模凸凹模之间的间隙 Z 太大会引起过大的回弹量,过小则会使材料表面擦伤,并增加弯曲力。$Z\approx(1.05\sim1.2)t$

续表

类型	工序简图	适用范围
滚弯	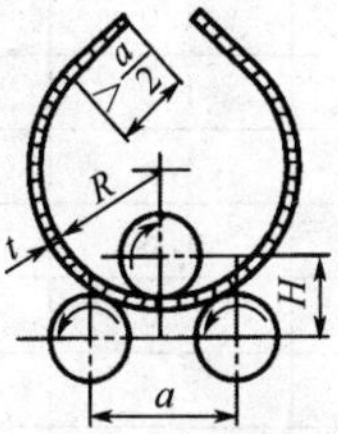 (a) 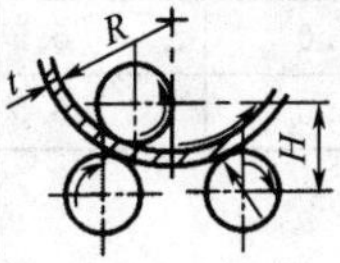 (b) 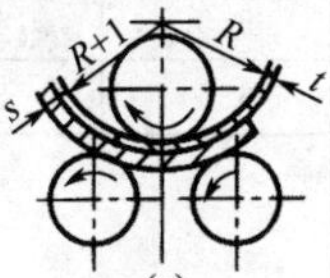　　(c)	板材置在一组(一般为 3 支)旋转着的辊轴之间,由于滚轮对板材的压力和摩擦力,使板材在辊轴间通过,在通过同时又产生了弯曲变形,滚弯属于自由弯曲,因此回弹较大,一次辊压难以达到精度,但可多次滚压,并调节 R 使工件弯曲半径达到一定精度。特点是不需要特殊的工具和模具,通用性大。对称型三辊轴滚圆机使用时,工件两端有 $a/2$ 长的一段未受到弯曲,如图(a)所示,因此必须在滚弯前先用压弯法将二端压出圆弧形,不对称三辊卷板机可以使直线部分减到最小,但弯曲力要大得多,且不能在一次滚压中将二端都滚弯,如图(b)所示。厚度较薄及圆筒直径较大时,可将板料端部垫上已有一定曲率半径圆弧的厚垫板一起滚压,使其二端先滚出圆弧,如图(c)所示
折弯	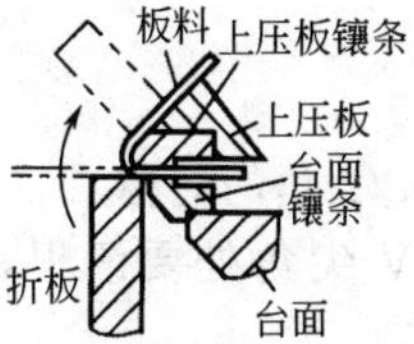	折弯是在折板机上进行的,主要用于长度较长、弯曲角较小的薄板件,控制折板的旋转角度及调换上压板的头部镶块,可以弯曲不同角度及不同弯曲半径的零件

③ 常用板材最小弯曲半径见表 2-15。

表 2-15　常用板材最小弯曲半径　　　　mm

材料	低碳钢	硬铝 2A12	铝	纯铜	黄铜
材料厚度	最小弯曲半径				
0.3	0.5	1.0	0.5	0.3	0.4
0.4	0.5	1.5	0.5	0.4	0.5
0.5	0.6	1.5	0.5	0.5	0.5
0.6	0.8	1.8	0.6	0.6	0.6

续表

材料	低碳钢	硬铝 2A12	铝	纯铜	黄铜
材料厚度	最小弯曲半径				
0.8	1.0	2.4	1.0	0.8	0.8
1.0	1.2	3.0	1.0	1.0	1.0
1.2	1.5	3.6	1.2	1.2	1.2
1.5	1.8	4.5	1.5	1.5	1.5
2.0	2.5	6.5	2.0	1.5	2.0
2.5	3.5	9.0	2.5	2.0	2.5
3.0	5.5	11.0	3.0	2.5	3.5
4.0	9.0	16.0	4.0	3.5	4.5
5.0	13.0	19.5	5.5	4.0	5.5
6.0	15.5	22.0	6.5	5.0	6.5

(2) 角钢弯形

① 角钢作角度弯形。角钢角度弯形有 3 种，如图 2-139 所示。大于 90°的弯曲程度比较小；等于 90°的弯曲程度中等；而小于 90°的弯曲程度大。

如图 2-140 所示为弯形步骤：

计算锯切角 α 大小；

画线锯切 α 角槽，锯切时应确保 α/2 角的对称。

两边要平整，必要时可以锉平。V 尖角处要清根，防止弯完了合不严实，如图 2-140(a) 所示。

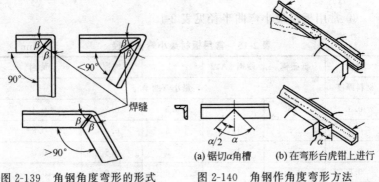

图 2-139 角钢角度弯形的形式

图 2-140 角钢作角度弯形方法
(a) 锯切α角槽 　(b) 在弯形台虎钳上进行

弯形通常可夹在台虎钳上进行；边弯曲边锤打弯曲处，如图 2-140(b) 所示，口角越小，弯作中锤打越要密些，力大点。对退火、正火处理的角钢弯作过程可以适当快些，未作过处理的角钢，弯曲中要密打弯曲处，避免裂纹。

② 角钢作弯圆。角钢的弯圆分为角钢边向里弯圆与向外弯圆两种。通常需要一个与弯曲圆弧一致的弯形工具配合弯作，在必要时也可采用局部加热弯作。

如图 2-141 所示为角钢边向里弯圆：将角钢 a 处同型胎工具夹紧；敲打 b 处使之贴靠型胎工具，并夹紧；均匀敲打 c 处，使 c 处平整。

如图 2-142 所示为角钢边向外弯圆：将角钢 a' 处同型胎工具夹紧；敲打 b' 处使之贴靠型胎工具，并夹紧；均匀敲打 c' 处，避免 c' 翘起，使 c' 处平整。

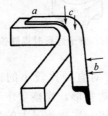 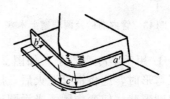

图 2-141　角钢边向里弯圆方法　　　图 2-142　角钢边向外弯圆方法

(3) 管子弯形分冷弯与热弯两种

直径在 12mm 之下的管子可采用冷弯方法，而直径在 12mm 以上的管子则采用热弯。但是弯管的最小弯曲半径，必须大于管子直径的 4 倍。

管子直径大于 10mm 时，在弯形之前，必须在管内灌填充材料，见表 2-16，两端用木塞塞紧，如图 2-143 所示。对于有焊缝的管子，弯形时必须将焊缝放在中性层位置上，如图 2-144 所示，防止弯形时焊缝裂开。

表 2-16　弯曲管子时管内填充材料的选择

管子材料	管内填充材料	弯曲管子条件
钢管	普通黄砂	将黄砂充分烘炒干燥后，填入管内，热弯或冷弯

续表

管子材料	管内填充材料	弯曲管子条件
一般紫铜管、黄铜管	铅或松香	将铜管退火后,再填充冷弯。应注意:铅在热熔时,要严防滴水,以免溅伤
薄壁紫铜管、黄铜管	水	将铜管退火后灌水冰冻冷弯
塑料管	细黄砂(也可不填充)	温热软化后迅速弯曲

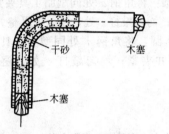

图 2-143　管内灌砂及两端塞上木塞

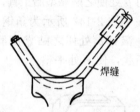

图 2-144　管子弯形时焊缝位置

① 用手工冷弯管子。如图 2-145 所示,对直径比较小的铜管手工弯形时,应将铜管退火后,用手边弯作边整形,修整弯作产生的扁圆形状,使弯作圆弧光滑圆整。切记不可一次弯作过大的弯曲度,这样反而不易修整产生的变形。

图 2-145　手工冷弯小直径铜管

钢管弯形如图 2-146 所示。首先应把管子装砂、封堵;并依据弯曲半径先固定定位柱,然后再固定别挡。

弯作时逐步弯作,把管子一个别挡一个别挡别进来,用铜锤锤打弯曲高处,也要锤打弯曲的侧面,用来纠正弯作时产生的扁圆形状。

热弯直径较大管子时，可在管子弯曲处加热之后，采用这种方法弯形。

② 用弯管工具冷弯管子。冷弯小直径管通常在弯管工具上进行，如图 2-147 所示。弯管工具由底板、转盘、靠铁、钩子以及手柄等组成。转盘圆周上和靠铁侧面上有圆弧槽，圆弧槽根据所弯的管子直径而定（最大直径可达 12mm）。当转盘与靠铁位置固定后（两者均可转动，靠铁不可移动）即可使用。使用时，将管子插入转盘和靠铁的圆弧槽中，钩子钩住管子，根据所需的弯曲位置，扳动手柄，使管子跟随手柄弯至所需角度。

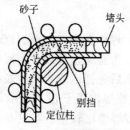

图 2-146　钢管弯形

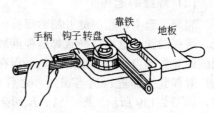

图 2-147　弯管工具

2.3　手工电弧焊操作技能

(1) 引弧

手工电弧焊时引燃焊接电弧的过程，称为引弧。引弧的方法有两种：划（擦）法与（直）击法。对于初学者来说，划擦法比较易掌握。

① 划擦法。划擦法的动作似擦火柴。先把焊条前端对准焊件，然后将手腕扭转，使焊条在焊件表面上轻微划擦一下，即可引燃电弧。当电弧引燃后，应立即使焊条末端同焊件表面之间保持 3～4mm 的距离，以后只要使弧长约等于该焊条直径，即可使电弧稳定燃烧，如图 2-148 所示。

② 直击法。直击法是把焊条前端对准焊件，然后将手腕下弯，使焊条轻微碰一下焊件，随即迅速把焊条提起 3～4mm，即可引燃

电弧。当产生电弧之后，使弧长保持在同所用焊条直径相适应的范围内，如图 2-149 所示。

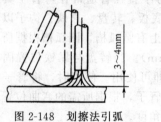

图 2-148　划擦法引弧　　　　图 2-149　直击法引弧

(2) 焊缝的起焊

起焊（起头）指焊缝开始的焊接。由于焊件在未焊之前温度较低，熔深较浅，这样会导致焊缝强度减弱。为避免这种现象，要对焊缝的起头部位进行必要的预热，即在引弧后先把电弧稍微拉长一些，对焊缝端部进行适当预热，之后适当缩短电弧长度作正常焊接，如图 2-150 所示。图中 A、B 两条起端焊缝比较整齐，这是由于采用了拉长电弧进行预热得到的结果，其中 A 做直线运条，B 做小幅横向摆动，而 C 缝却不整齐，这是因为电弧未作预热的缘故。

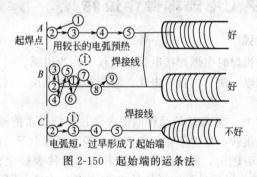

图 2-150　起始端的运条法

(3) 运条

① 焊条的基本运动。焊缝起焊后，即进入正常焊接阶段。在正常焊接阶段，焊条通常有 3 个基本的运动，也就是沿焊条中心线

向熔池送进、沿焊接方向逐渐移动及做横向摆动，如图 2-151 所示。

② 运条的方法。在实际操作中，运条的方法有多种，如直线往复运条法、直线形运条法、锯齿形运条法、月牙形运条法、三角形运条法、圆圈形运条法以及 8 字形运条法等，需要根据具体情况灵活选用。

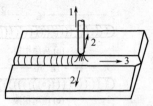

图 2-151 焊条的 3 个
基本运动方向
1—向熔池方向送进；2—横向
摆动；3—沿焊接方向移动

(4) 接头（焊缝的连接）

在操作时，因为受焊条长度的限制或操作姿势变换的影响，一根焊条往往不可能完成一条焊缝。焊缝的接头就是后焊焊缝与先焊焊缝的连接部分。焊缝的连接通常有以下 4 种方法。

① 后焊焊缝的起焊同先焊焊缝的结尾相接，如图 2-152（a）所示。其操作方法是在先焊焊缝弧坑稍前处（约 10mm）引弧，电弧长度要略微比正常焊接时长一些（使用低氢型焊条时，其电弧不可拉长，否则容易产生气孔），然后将电弧移到原弧坑的 2/3 处，填满弧坑后，就可转入正常焊接。此法适用于单层及多层焊的表层接头。

② 后焊焊缝的起头同先焊焊缝的起头相接，如图 2-152（b）所示。此种接头的方法要求先焊的焊缝起焊处略低些，在接头时，在先焊焊缝的起焊处前 10mm 处引弧，并要稍微拉长电弧，然后将电弧引向起焊处，并覆盖它的端头，当起头处焊缝焊平后再向先焊焊缝相反的方向移动。

③ 后焊焊缝的结尾与先焊焊缝的结尾相接，如图 2-152（c）所示。此种接头方法要求后焊焊缝焊到先焊焊缝的收尾处时，要适当放慢焊接速度，以便填满前焊焊缝的弧坑，然后以较快的焊接速度再略向前焊，超越一小段之后熄弧。

④ 后焊焊缝的结尾同先焊焊缝的起头相接，如图 2-152（d）所示。此种接头方法基本相同于第三种情况，只是在前焊焊缝的起头处同第二种接头一样，应稍微低些。

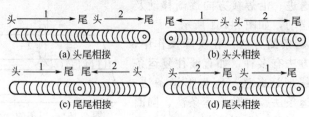

图 2-152 焊道接头的方式

1—先焊焊道；2—后焊焊道

（5）焊缝的收尾

焊缝的收尾指的是一条焊缝焊完时，应把焊缝尾部的弧坑填满。若收尾时立刻拉断电弧，则弧坑会低于焊件表面，焊缝强度减弱，易使应力集中而导致裂缝。因此，收尾动作不仅是熄弧，还要填满弧坑。收尾方法通常有以下 3 种。

① 画圈收尾法。收尾时，焊条做圆圈运动，直至填满弧坑后再拉断电弧，此法适用于厚板焊接的收尾，而对于薄板则有烧穿的危险。

② 反复断弧收尾法。当焊到焊缝终点时，焊条在弧坑上反复进行断弧、引弧动作 3～4 次，直到将弧坑填满为止。此法适用于薄板焊接与大电流焊接。但碱性焊条不宜采用此法，否则易产生气孔。

③ 回焊收尾法。当焊到焊缝终点时，焊条立即改变角度，向回焊一小段后熄弧。该方法适用于碱性焊条。

2.4 气焊操作技能

（1）焊前准备

① 氧-乙炔焰的点燃。

a. 准备焊接用气体（氧气与乙炔）。

b. 检查焊接用设备、工具及辅助工具（橡皮胶管与点火枪等）。

c. 按照焊件厚度，选择合适的焊炬和焊嘴。

d. 将气焊设备和工具连接好，如图 2-153 所示。

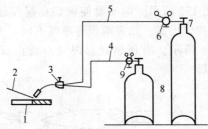

图 2-153 气焊设备和工具的连接示意图

1—焊件；2—焊丝；3—焊炬；4—乙炔胶管；5—氧气胶管；6—氧气
减压阀；7—氧气瓶；8—乙炔瓶；9—乙炔减压阀

e. 打开氧气瓶阀，调好氧气压力，进行射吸试验，合格后连接乙炔胶管与焊炬接头，并调好乙炔压力。

f. 经检查各处无泄漏：焊炬各气体通道无沾染油脂，方可点火。

g. 点火程序如下：点火之前用氧吹除气道中的灰尘杂质→微开氧气→开乙炔→点火。

② 氧-乙炔焰的调节和选择。氧-乙炔焰分为中性焰、碳化焰以及氧化焰 3 种。各种金属材料气焊时应选用不同的火焰，若低碳钢选用中性焰或轻微碳化焰。3 种火焰调节方法如下。

a. 中性焰的调节。点火之后缓慢调节氧气调节阀，直到火焰芯呈白色明亮、轮廓清楚的尖锥形，内焰呈蓝白色（内、外焰没有明显界限），如图 2-154(a) 所示。

b. 碳化焰的调节。点火之后，可以将乙炔阀开得稍大一点，然后控制氧气调节阀的开启程度。随着氧气供应量的增加，内焰外形逐渐减小，火焰的挺直度也随之增强，直到焰芯呈蓝白色，内焰呈淡白色，而外焰呈橘红色，如图 2-154(b) 所示。

c. 氧化焰的调节。在中性焰的基础之上逐渐增加氧气，整个火焰变短，内焰消失，焰芯变尖呈淡紫色，燃烧时发出"嘶、嘶"声，此时的火焰即为氧化焰，如图 2-154(c) 所示。

③ 焊丝和焊件表面处理。气焊前，对焊件的清理工作必须重视，清除焊丝和焊件接头处表面的油污、铁锈及水分等，以确保焊件接头的质量。

④ 预热。起焊前对起焊点进行预热。在预热时，焊嘴倾角为

80°～90°，如图 2-155 所示。同时要使火焰在起焊处往复移动，以确保焊接处温度均匀提高。如果两焊件厚度不同，火焰应稍微偏向厚件，如图 2-156 所示。当预热到起焊处形成白亮而清晰的熔池时，就可开始起焊。

(a) 中性焰   (b) 碳化焰   (c) 氧化焰

图 2-154　氧-乙炔焰的构造和形状

1—焰芯；2—内焰；3—外焰

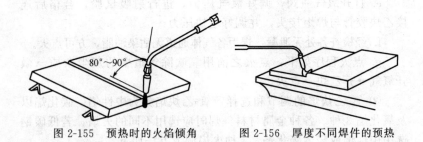

图 2-155　预热时的火焰倾角　　图 2-156　厚度不同焊件的预热

⑤ 点固焊为了确保施焊过程中工件之间相对位置不变，焊前需将工件点固。

a. 直缝的点固焊。当工件较薄时点固焊由工件中间向两端进行，点固焊的长度通常为 5～7mm，焊点间隔为 50～100mm。较厚的工件点固焊由两端开始，点固焊的长度为 20～30mm，而间隔为 200～300mm。

b. 管子的点固焊。管径为 300～500mm 时需点固 5～7 处，管径为 100～300mm 时需点固 3～5 处，而在管径小于 70mm 时，只需点固两处。

不论管径大小，起焊点都应由两相邻点固焊点之间开始。点固焊属焊前准备的辅助工序，但是其质量直接影响焊缝质量，应认真对待。

（2）焊接

① 施焊过程戴上护目镜，左手拿焊丝，右手拿焊炬，将调节好的

火焰移至焊接区，焰芯距工件表面为 2~4mm，稍许集中加热形成熔池，把焊丝送入熔池，接着迅速提起焊丝，同时火焰向前移动，形成新的熔池。当火焰离开熔池之后，熔池很快冷却凝固形成焊缝。

② 基本操作技术。

a. 始焊操作。始焊时因为焊件温度低，焊炬倾角应较大（80°~90°），以有利于对焊件预热。当始焊处形成熔池后就可向熔池送进焊丝。

b. 填充焊丝操作。当焊工在加热形成焊接熔池时，应同时将焊丝末端置于外层火焰下预热。当熔池形成而焊丝被送入后，应随即抬起焊丝并向前移动，焊丝被火焰加热而形成新的熔池，接着继续向熔池送进焊丝，依次循环，形成焊缝。焊接时，一般常用左焊法，也就是焊炬紧接在焊丝后面，从右向左移动。

c. 焊嘴和焊丝的摆动。焊接过程中，焊炬与焊丝应进行均匀协调的摆动，通过摆动，使焊缝金属便于熔透，避免焊缝过热，从而形成优质、美观的焊缝。在焊接过程中，焊丝除向前运动之外，主要做下移运动，在使用熔剂时，焊丝做横向摆动。

d. 接头与终焊操作。在施焊过程中，中断焊接后再进行起焊的操作称为接头。在接头时，应先用火焰充分加热原熔池周围，使已冷却的熔池及附近的焊缝金属重新熔化又形成熔池之后，方可熔入焊丝。要尤其注意新加入的焊丝熔滴与被熔化的原焊缝金属之间的充分结合。

焊接重要焊件时，为了确保焊接接头的致密性和强度，接头处必须重叠 9~10mm。

终焊俗称"收尾"，指的是结束焊接的过程。在收尾时应减小焊嘴倾角，加快焊速，多加焊丝。此外，吸尾时，要用外焰保护熔池，直到熔池填满，方可使火焰慢慢离开熔池。

2.5 气割操作技能

气割可分为手工切割和机械切割。手工气割因为灵活性好，设备简单，便于移动，所以得到广泛的应用。在此主要介绍手工气割的基本操作。

(1) 气割前的准备工作

① 检查工作场地符合安全生产要求与否。

② 根据割件厚度选择割炬与焊嘴型号。

③ 检查气瓶及割炬是否能正常工作，将氧气及乙炔的压力调节好。

④ 采取防止飞溅物造成事故的措施，不能直接在水泥地上切割工件。

⑤ 清理割件表面，放样画线。

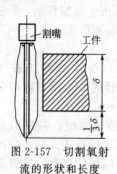

图 2-157　切割氧射流的形状和长度

⑥ 点火调到中性焰，检查切割氧射流（风线）垂直与否，并有一定长度。切割氧射流应为笔直而清晰的圆柱体，其长度通常应超出割件厚度的 1/3，如图 2-157 所示。

如图 2-158 所示，初学者练习时，双脚成外八字形蹲在工件的一侧，右臂靠住右膝盖，左臂放在两脚中间，上身不要弯得太低。右手握住割炬把手，并以右手的拇指与食指控制预热氧调节阀，以便调整预热氧的大小以及当发生回火时能够及时将预热氧切断。左手大拇指和食指把握住切割氧调节阀，其余 3 指托住射吸管，如图 2-159 所示。左手控制方向，沿着切割线从右向左进行。

 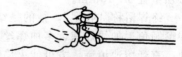

图 2-158　气割操作姿势　　　　　图 2-159　气割操作手势

（2）切割操作

① 气割火焰的点燃与调节。

a. 先将预热氧调节阀开启，然后稍许开启乙炔调节阀后点燃。

b. 调节好火焰种类与能率，检查切割氧的形状和长度，直到符合要求。

② 预热、起割、正常气割及终端气割。先预热割件，当预热

到发红（燃烧温度）时，打开切割氧并慢慢加大，看到割件下溅出火星或听到"啪、啪"声音时，说明割件已割穿，然后可以按一定割速向前正常切割。在气割过程中，应经常调节预热火焰，使其保持为中性焰或者轻微的氧化焰。

临近切割终点时，若割件厚度较大，应使割嘴逐渐向切割方向后倾 20°～30°，使切口下部的钢板先割穿，可使收尾切口较平整。同时还要注意割件下落位置，避免意外事故发生。

终端气割结束后，应迅速关闭切割氧调节阀，并将割炬收起，再关闭乙炔与预热氧调节阀。

2.6 起重吊装操作技能

管道安装工程中，人们常利用一些机具来完成扛、抬、拉、撬、拨、滑、滚、顶、垫、落、转、卷、捆、吊、测等操作，所以熟悉常用起重吊装机具的种类、性能，了解起重吊装的基本知识是十分必要的。

(1) 吊装工具的选用

① 吊装形式选择在管道安装工程中，一般根据现场情况和施工条件选择正确的、经济的吊装形式。室外露天起吊架空管道，起重机械受场地条件限制不能作业时，通常选择抱杆和葫芦配套的吊装形式。

室内架空管道吊装，必须具有牢固的支撑受力点，起吊高度过高、重量较小时可以采用绳索和滑轮组合的吊装形式。

② 滑轮、葫芦、抱杆的选用。在选用起吊工具时，应依据选择的吊装形式，起吊物体的重量和形状，合理确定数量与规格，满足单个工具的实际承受拉力不大于额定承受拉力的要求，同时，应考虑附件的重量。在多个葫芦或者滑轮同时工作时，应使其同时启动、均匀受力。

(2) 绳索的系结

绳索的系结俗称打绳扣。绳扣的形式有很多，各适用于不同的起重吊装操作要求，如图 2-160 所示为麻绳的各种绳扣的形式。

不管是麻绳还是钢丝绳，打绳扣有如下原则。

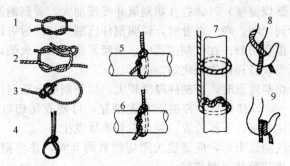

图 2-160　麻绳的绳扣形式

1—平结；2—活结；3—水手结；4—死结；5—单背扣；
6—双背扣；7—倒背扣；8—吊钩背扣；9—吊钩扣

① 绳扣打法应保证在使用过程中安全可靠，不管把扣结打成什么形式，禁止在起重吊装中出现松扣、滑脱、自动打结等现象。

② 绳扣要方便打法，便于拆卸。

③ 绳扣的打法不得使绳子结构受到损伤。

(3) 吊装搬运的基本方法

管道、设备搬运和吊装的方法很多，但是基本操作归纳起来有滑动、滚动、推运、抬运、撬别、点移、卷拉、顶重以及吊重等几种，其具体操作方法如下。

① 滑动。滑动就是将重物放在水平面或者斜面的滑道上，用卷扬机或人力拖或者推重物使其移动。由于摩擦力大，费力多，此法仅用于短距离移动重物。

② 滚动。滚动就是在重物下面垫滚杠，使重物在滚杠上移动。因为滚动比滑动阻力小，所以省力，如掌握好滚杠方向还可使重物做转向移动。该方法在水平方向上挪移物体时经常使用。

③ 抬运。当运输重量在 4900～9800N 之下的小型轻便的附件、设备以及较细的管子时，往往由于通道线路的狭窄或有障碍物等不便使用机械的场所，可以用肩扛人抬的方法。两人以上抬运时，动作要协调，步调要一致，统一指挥，脚步应同起同落，避免事故发生。下放重物时，应避免猛抛，以防管子变形，造成设备、附件损坏。

④ 推运。推运就是指用手推车运输重物的方法，装车时应注意车前面要稍重一些，这样在推运时手往下压车把，推动省力。卸车时，要避免重物突然从前边滑下，而车把翘起伤人。

⑤ 撬别。撬别就是根据杠杆的作用原理，用撬棍将重物撬起来，或者别在支点上使重物左右移动，此种方法适用于物体重量在 19.6～29.4kN，升起高度不大或者短距离移动的地方。

⑥ 点移。点移就是借助撬棍撬起重物之后，向前或向左右，使重物移动的方法。

⑦ 卷拉。卷拉就是将两根绳子分别缠绕在管子两端，绳一端固定，而另一端则由操作人员拉动，使管子在绳套里滚动，使其上卷或者下放的方法。这种方法简便易行，多用于地沟或直埋敷设的管道。

⑧ 顶重。顶重就是借助斤顶将重物顶起来，此种方法简便、省力、安全。

⑨ 吊重。常用的吊装方法有两种。一种是用绳子借助高于安装高度的固定点（滑轮），把管子吊到高处，此种方法适用于比较小管径的管道和重量较轻的设备及附件的吊装。另一种方法是借助人字架、三角架以及桅杆，通过倒链、滑轮和卷扬机把设备和管道吊到安装高度。其特点是起吊速度快，起吊重量与高度都较大，并且有一定范围的水平移动。

(4) 吊装作业的安全注意事项

① 在吊装作业前应编制吊装方案，制定安全技术措施，其中劳动力安排、施工方法的确定以及机具设备的选用均必须符合安全要求，并且应对操作人员进行安全技术交底。

② 检查工具、绳索等是否符合吊装重量、几何尺寸等要求，并进行核算验证。

③ 操作人员应是经专门培训的起重工种与相关工种，卷扬机的操作人员一定要熟悉力学性能、操作方法。

④ 在吊装时，应注意保护设备安全，防止接近各种架空电线、灯具等设施。

⑤ 配合吊装进行高空操作人员应注意防滑、防绊、防坠落，并且采取必要的安全措施。

⑥ 管子就位后应安装支架固定，不许浮放在支架上，避免滚下伤人。

⑦ 吊装区域内，应划分施工警戒区，并设标志，非施工人员不得入内，并且施工人员应熟悉指挥信号，不得擅离职守。

⑧ 起吊物体下不得有人行走或者停留，重物不能在空中停留过久。

⑨ 采用抱杆时，缆风绳与地锚必须牢固。雷雨季节，露天施工的桅杆应该装设避雷装置。

第**3**章

钢材的矫正

3.1 手工矫正

3.1.1 利用杠杆原理矫正

（1）矫正的基本原理

如图 3-1 所示，矫正的基本原理即为杠杆原理。A 为力点，B 为重点，C 为支点，从支点 C 至力点 A 的距离叫力臂 L_2，从支点 C 测重点 B 的距离叫重臂 L_1，根据杠杆原理，$PL_1 = FL_2$，也就是说重臂乘重力为重力的力矩，力臂乘动力为动力的力矩，且重力矩等于动力矩。

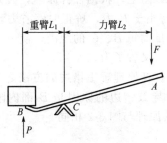

图 3-1　杠杆原理示意图

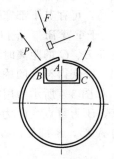

图 3-2　矫正错边方法（一）

另外，根据牛顿第三运动定律，两个物体之间的作用力总是同时存在的，它们的大小相等，方向相反。上述两原理结合使用，便是以下所叙述矫正方法的具体实践。

（2）矫正方法

现通过小直径且较薄板小筒体为例叙述其各种缺陷的矫正方

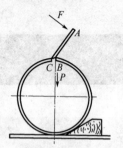

图 3-3　矫正错边方法（二）

法，同样适用于小锥台、小天圆地方，也可适用于大规格厚、薄板的机械矫正。

① 错边的矫正。

a. 如图 3-2 所示为用第三类杠杆（力点位于中间）原理矫正错边的方法之一，A 为力点，B 为重点，C 为支点，将错边的简体套在固定的槽钢上，错边的原因是 B 部曲率大，为了使 B 部减小曲率，可一手握住简体端部，而另一手用力猛击 A 处，B 处便向外出，使曲率变小。根据杠杆原理，$BC \cdot P = AC \cdot F$，由于 $BC > AC$，所以 $F > P$，故此第三类杠杆并不省力。但根据牛顿第三运动定律，A、B 两点越接近，F 与 P 相差越小。因此使用此类杠杆时，在允许的情况下，应尽量缩短 A、B 的距离，达到最大程度省力。

b. 如图 3-3 所示为用第三类杠杆原理矫正错边的方法之二，A 为力点，B 为重点，C 为支点，为了避免用力后产生不平衡而使简体转动，可在其下部塞以木楔以阻之。根据杠杆原理，因为力臂 AC 特大于重臂 BC，报以 F 力特小于 P 力，矫正时特省力，所以说在处理 B、C 的距离时，应尽量缩短 B、C 的距离，使 AC 的长度增加，既获得符合的矫正效果，又省了力。

c. 如图 3-4 所示为用第三类杠杆原理矫正错边的方法之三，A 为力点，B 为重点，C 为支点，导致错边的原因是 B 部内陷，用力猛击 A 部，B 部便向外出，其原理与图 3-2 相同。

图 3-4　矫正错边方法（三）

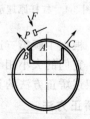

图 3-5　矫正错边方法（四）

d. 如图 3-5 所示为用第三类杠杆原理矫正错边的方法之四，A 为力点，B 为重点；C 为支点，导致内错边的原因是 A 处弧过，用力猛击 A 处，B 处外出，A 外曲率变大，错边得以矫正。其原理与图 3-2 相同。

② 过掩或间隙小的矫正。如图 3-6 所示，用第三类杠杆原理矫正过掩的方法，导致过掩的原因是 B 部范围曲率过小，为使曲率变大，在该范围内，内部

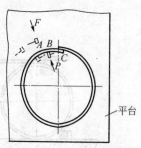

图 3-6 矫正过掩的方法

一人衬锤，外部一人沿筒体素线方向锤击，为了取得较大的反作用力，A、B 的距离应适当缩小（但不能对顶），并按虚线锤所示多打几条素线，便可以将过掩得以矫正。A 为力点，B 为重点，C 为省略了的模糊支点。

根据杠杆原理，尽管 A、B 离得很近，由于 $BC > AC$，所以 F 力必大于 P 力，因此只能放弧而不会上弧。若在 C 处再衬一把大锤，则矫正效果会更好。

有人为了图省事，只用一把锤从外侧锤击，也能放弧，这时内侧的、重点和支点全变为模糊重点和支点了，用筒体的自重代替了，矫正效果比上述两种情况要差一些。

间隙小的矫正，其原理相同于过掩矫正，放弧后间隙即扩大。

③ 间隙大的矫正。如图 3-7 所示，矫正间隙大的方法，属第二类杠杆，A 为力点，B 为重点，C 为支点，为了避免施力时筒体转动，可在筒体下方塞以木块，当杠杆压下时，间隙便会缩小。

根据杠杆原理，$AC > BC$，F 力必小于 P 力，在使用时应尽量使 BC 的长度缩小，加大 AB 的长度，矫正效果好并且省力。

④ 错口、扭曲的矫正。

a. 如图 3-8 所示，用第三类杠杆原理矫正错口的方法，A 为力点，B 为重点，C 为支点，此类杠杆并不省力。根据杠杆原理，由于 $BC > AC$，所以 F 力必大于 P 力，但若缩小 AB 两点的距离，F 力和 P 力就越接近。因此使用时，螺栓 A 的位置应尽量靠近 B 点，才能最大程度提高矫正效果及最大程度省力。

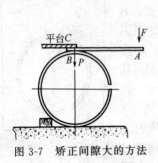

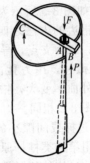

图 3-7　矫正间隙大的方法　　　图 3-8　矫正错口的方法

b. 如图 3-9 所示，用第二类杠杆原理矫正扭曲和错口的方法，图（a）为矫正半锥台扭曲的方法，图（b）所示为矫正圆筒体错口的方法，A 为力点，B 为重点，C 为支点，根据杠杆原理，AC＞BC，因此 F＞P，此类杠杆是省力的，使用时，应尽量使 BC 的长度缩短，加大 AB 的长度。

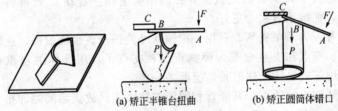

(a) 矫正半锥台扭曲　　　(b) 矫正圆筒体错口

图 3-9　矫正扭曲、错口的方法

这里主要阐述如图 3-9（a）所示扭曲的矫正方法，无论天圆地方的扭曲还是半（整）扇锥台的扭曲，是各种缺陷中最为难使用锤击调整的缺陷，一旦产生矫正就难了，但有一简易方法，那就是如图（a）所示的方法，使扭曲的最长两角放在压杠和地面之间（地面上较合适，不易滑动），利用压杠施力后，神奇般地得以矫正。

3.1.2　利用斜面原理矫正

铆工在组装结构时，除采用杠杆原理矫正各种缺陷外，还采用斜面原理来矫正，比较常用的工具主要有斜铁、圆锥以及斜角钢。

（1）矫正的基本原理

矫正的基本原理为斜面原理，如图 3-10 所示，是用斜铁矫正错边原理图，把龙门架焊于低的一边，斜铁的斜角为 λ，在斜铁的端头施以 F 力，龙门架便有一处与斜铁接触，其抗力是 P（P 为垂直斜面），此力可分解为两个分力：P_1 与 P_2，P_1 阻碍斜铁的打入，P_2 对斜铁起不到阻碍作用，要想打入斜铁，使 F 力等于 P_1 力便可以了（假设无摩擦力），P_1 力的计算公式是：$P_1 = P\sin\lambda$，即 $F = P\sin\lambda$。由于 λ 角的正弦值总是小于1，因此 F 力仅为 P 力的几分之几，使用斜铁总是省力的，在设计斜铁时，λ 角的角度越小越省力。

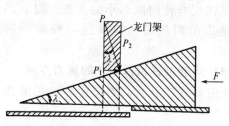

图 3-10 斜铁矫正错边原理图

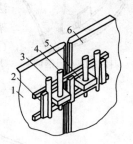

图 3-11 日字形卡具
1—球板 A；2—日字形框架；
3—调节圆锥销；4—固定圆锥销；
5—带孔方铁；6—球板 B

（2）矫正方法

斜铁的使用主要用在球罐的调整纵环缝的错边与间隙、储罐的纵环缝的错边与钢结构组对中的缩小间隙等。

① 日字形卡具立体图，如图 3-11 所示，它是一种使用范围较广的卡具，主要用在球罐的调整纵环缝的错边和间隙。把两个带孔方铁5焊在板的两侧，然后套入日字形框架2，圆锥销4调整错边，圆锥销3调整间隙。

② 如图 3-12 与图 3-13 所示为用斜角钢和斜铁矫正错边的情况，主要用于筒体、封头以及弯头的组对调错边。根据被矫构件的刚性决定使用角钢规格，通常从 ∟ 63×6 到 ∟ 100×10 不等。

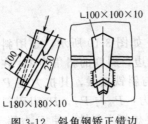

图 3-12 斜角钢矫正错边

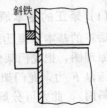

图 3-13 斜铁矫正错边

③ 如图 3-14 所示，是用圆锥销调整储罐底层壁板和底板的组对线，用圆锥或斜铁皆可。

图 3-14 圆锥调整位置线

④ 用斜铁调整钢结构的贴合间隙的方法如图 3-15 所示，图 3-15(a) 是活动龙门架与斜铁配合使间隙缩小的方法；图 3-15(b) 是用带斜度的鱼口铁使间隙缩小的方法。

(3) 焊疤位置和拆挡铁的施力方向

使用斜铁工具时，要把配合使用的挡

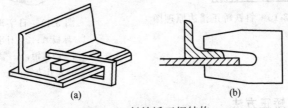

图 3-15 斜铁矫正钢结构

铁，如日字形卡具的带孔方铁、短角钢以及龙门架等点焊在被矫构件上，焊疤的位置及拆挡铁时的施力方向必须引起高度重视，根据图示位置点焊施力后，如图 3-16 所示，焊疤不容易开裂；按图示方向拆除挡铁时，被矫件上留下焊疤，可以用砂轮机磨掉而不损害母材；反之，按图示反方向点焊施力后，会把挡铁掀起而不能矫正；按照图示反方向拆除挡铁时，不但要费较大的力（短角钢无力矩），而且会把焊疤与母材一起带起而损及母材，这是绝对不允许的。

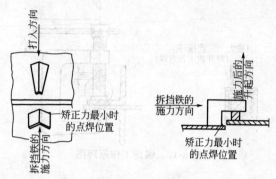

图 3-16 焊疤位置和拆挡铁的施力方向

对于点焊位置要依据被矫件的刚性而灵活运用,刚性小时接图示位置,刚性大时可向后顺延,矫正力最大时可以换用大规格挡铁并满焊方可满足矫正的需要。

3.1.3 利用螺旋原理矫正

铆工在组装钢结构时,除采用杠杆原理与斜铁原理来矫正各种缺陷外,还采用斜面原理中的螺旋原理。比较常用的工具有 C 形卡头、螺旋拉紧器、螺旋压紧器和螺旋推撑器等。

(1) 矫正的基本原理

矫正的基本原理为斜面原理中的螺旋原理,如图 3-17 所示,为螺旋工作原理图,把被矫件放入顶头下,用 F 力往下旋紧丝杠,加在顶头上的力为 P,从丝杠中心到加力杆端头的距离为 L,所以,每当螺旋转一周时,动力 F 所做的功是 $F \times 2\pi L$。

另一方面,当螺旋转一周时,丝杠下降一个螺距 h,所以螺旋每转一周时,克服压力 P 所做的功为 Ph。

若不考虑摩擦力,则根据功的原理得:

$$F \times 2\pi L = Ph$$

由于 h 总是比 $2\pi L$ 小得多,因此 P 比 F 要大得多,即是说在加力杆上加一个很小的力,就可将角钢压紧。加力杆越长越省力。

(2) 应用举例

① 如图 3-18 所示为 C 形螺旋夹的几种普通形式,在铆工作业

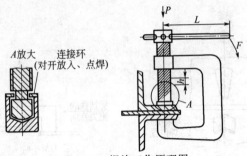

图 3-17 螺旋工作原理图

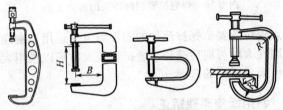

图 3-18 C 形螺旋夹

中经常使用，如筒体、封头纵环缝的间隙过大，筒体的错口，型钢接触不严等，可以用其徐徐下压的力而矫正。

② 如图 3-19 所示是螺旋拉紧器的几种普通形式，主要用在缩小结构的间隙，调错口错边、调长宽以及调对角线等。

③ 如图 3-20 所示是螺旋压紧器的两种普通形式，主要用于调错边、错口以及压紧固定结构。

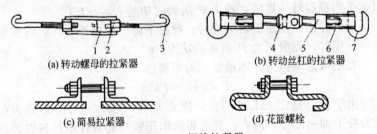

(a) 转动螺母的拉紧器   (b) 转动丝杠的拉紧器

(c) 简易拉紧器   (d) 花篮螺栓

图 3-19 螺旋拉紧器

1—扁钢或角钢；2—螺母；3—丝杠及钩；4—双头丝杠；

5—螺母；6—钢管；7—钩

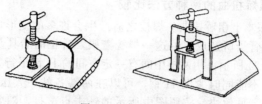

图 3-20　螺旋压紧器

④ 如图 3-21 所示是螺旋推撑器的几种常见形式，主要用在圆筒内部调错边、错口，钢结构的调长、宽以及对角线等，经改造还可用于砌炉固定耐火砖等。

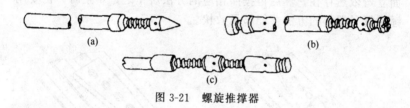

(a)

(b)

(c)

图 3-21　螺旋推撑器

3.1.4 矫正复合变形

如图 3-22 所示，在槽形的薄板上焊接若干 $\phi108$mm×6mm 的无缝钢管，焊接之后的变形情况如图 3-23 所示，既有大面的平弯，也有小面的立弯，还有整体的扭曲，多种形式的变形叠加在一起，给矫正增加了难度。按下述方法矫正后，取了满意效果，从而找出了矫正所有变形的规律。

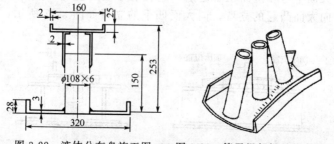

图 3-22　液体分布盘施工图　　图 3-23　管子根部焊后的多种变形

（1）粗矫扭曲的两种方法比较

① 从根本上粗矫扭曲。焊接之后产生会许多的变形，归根结底是由于焊接管子所造成，由这一根源着眼，矫正的胎具及方法便有了，如图 3-24 所示，用两根中间有一定空间的 H 钢平行并列，因为扭曲严重，不能同时紧贴 H 钢，可以在两端各站一人压下锤击之，这样回弹小、见效快。按照图中所示的锤击点击打，随着锤击的继续进行，大面平弯、小面立弯和整体扭曲便逐渐消失，打锤也更方便些了，当大面平弯完全消失时，小面立弯及扭曲也基本消失。

② 从表面上粗矫扭曲。用 F 型圆钢粗矫扭曲的方法如图 3-25 所示，此法对矫正扭曲见效很快，但是扭曲矫正后，大面手弯与小面立弯依然存在，然后再按照相应的方法矫正之。矫正时，仍要用锤击管子根部的方法才能够见效快。

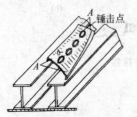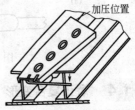

图 3-24 矫正大面平弯和粗矫扭曲的方法　　　图 3-25 矫正扭曲的方法
　　　　　A—双脚站立位置

两法比较，前者矫此利彼、相辅相成，后者矫此损彼、效率极低。

（2）细矫小面立弯

大面平弯和扭曲粗矫之后，还会有小面的立弯，如图 3-26 所示为向大面凸起的立弯，向大面凹下的立弯如图 3-27 所示，其矫

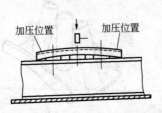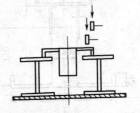

图 3-26 矫正小面立弯的方法（一）

正方法是：将分布盘在 H 钢上放定后，用锤击打小面立弯，同时配通过击打小面内侧根部以助之，是否达到平直，可从侧面观察小面翼沿及 H 钢上平面间的间隙确定。

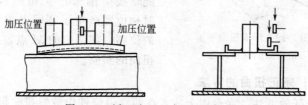

图 3-27 矫正小面立弯的方法（二）

（3）细矫正扭曲

矫正大面平弯和粗矫正扭曲之后，用手轻轻按动分布盘，若无撞击声，说明已经无扭曲；如果有撞击声，说明还有微量扭曲存在，如图 3-28 所示为其矫正方法。将扭曲的端头悬置于 H 钢外，在利用锤击打翘高的一角的同时，用脚踏住其对角以配重，同法矫正另一端。把分布盘退回 H 钢，再检查，再矫正，直到无扭曲，此法称为做悬空法。

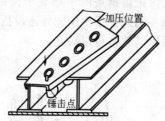

图 3-28 矫正大面扭曲的方法

3.1.5 矫正扭曲

在铆工、钳工工作中，常会遇到扭曲矫正，是矫正工作中难度最大的一种，以下分析总结出产生扭曲的基本原理与最佳矫正方法。

（1）产生扭曲的基本原理

形成扭曲和矫正扭曲原理分析图如图 3-29 所示。板条经在斜口剪床剪切后，因为受到一个斜方向的剪力，使剪后的扁钢条产生了扭曲。可以做这样一个试验：剪一块 $0.2mm \times 50mm \times 200mm$ 的铝板条，以手作压力，沿着 $A—A$ 方向槽制后形成正圆，沿 $B—B$ 或者 $C—C$ 方向槽制后分别得到以 $A—A$ 为对称轴的不同方

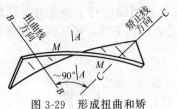

图 3-29 形成扭曲和矫正扭曲的基本原理

向的扭曲板。

产生扭曲的基本原理为：以 $A-A$ 为对称轴（或者近似对称，此轴线范围未产生扭曲），任一对称位置产生了宽度上的反方向的位移，如图中的 M 点，这即为扭曲的实质。

(2) 矫正扭曲的方法

① 低效方法。在台钳上或者在两立限位铁中放置扭曲板条，用扳手反方向扳折，从端头往中间逐段进行；而后调头，也是由端头至中间。这种方法也能实现矫正目的，但是效率很低。

② 高效方法。如图 3-30 所示，为高效手工矫正扭曲扁钢条方法，把扁钢条的中部夹于台钳上，此夹力应紧些，以增加矫正效果。通过扳手由中向外逐段扳扭，并遵循矫枉过正的原则进行，便可以高效地得以矫正。

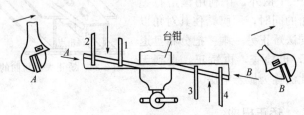

图 3-30 手工矫正薄扁钢条扭曲的最高效方法
1～4—矫扭曲顺序

3.2 机械矫正

3.2.1 板材的机械矫正

(1) 滚板机矫正钢板

矫正板材之前，应查看其变形的情况，并适当调整两排轴辊间隙，空转试车正常后，即可把板材输入轴辊之间进行平直。

有的板材在滚板机上往往一次很难矫平，而需要经过多次滚压。如经多次滚压后，仍达不到矫平时，可在工件变形的紧缩区域上面放置厚度是 0.5～2mm 的软钢板条（俗称加热）再滚，便可使工件的加热处获得比较大的延展。垫条去掉后，再经滚压即可矫平。

在矫正厚钢板时，也会遇到局部严重凸起，很难直接输入滚板机进行矫平。为此，可先用火焰对严重凸起处进行局部加热修平，待基本修平之后，再用滚板机进行矫正。如果钢板平直精度要求较高，在滚板机矫正之后仍不满足所要求的平直度，应采用手工矫正的方法进行精矫。

在没有薄板滚板机的条件下矫正薄板时，可在一般的滚板机上用大于工件幅面的厚钢板做垫，将薄板放在厚板上同时滚压。采用此方法时，要注意上下两排轴辊的间隙不宜太小，防止损坏设备，并且应在薄板变形区域的紧缩部位加放垫条，以利矫平。

较小规格的板材和未经煨凸成形的平板料，也可通过滚板机矫平。其方法是用大幅面的厚钢板做垫，将厚度相同的小块板料均匀地摆放在垫板上，同时滚压。如小块板料变形复杂时，待滚压一至两遍之后，翻转工件再滚压。对于滚压后仍不能矫平的板料，需另进行手工矫正。使用滚板机时，要随时注意安全，严防手及工具被带进滚板机而造成人身和设备事故。另外，在滚板机矫平前和过程中，要清除板面上的铁屑、杂物等，以免在滚压过程中，在板材表面压出压痕。

（2）滚圆机矫正板料

滚圆机主要是把板料卷曲为筒形零件的机械设备。在缺乏滚板机的情况下，通过滚圆机也可矫平板材。

① 厚板的矫正。先将板材放在上下轴辊间滚出适当弧度，然后翻转板材，调整上下轴辊距离，再滚压，使原有弧度反变形，几经反复滚压，就可矫平，如图 3-31 所示。

② 薄板与小块板料的矫正。相同于采用滚板机方法，即用大面积的厚钢板做垫，在垫板上摆放薄板或者厚度相同的小块板材合并一起滚压。

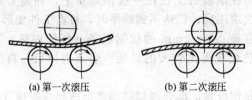

(a) 第一次滚压　　　　　　(b) 第二次滚压

图 3-31　用滚圆机矫平钢板示意图

(3) 压力机矫正厚板

① 对厚板弯曲的矫正。首先将变形部位找出，先矫正急弯，后矫正慢弯。基本方法是在凸起处施加压力，并用厚度相同的扁钢在凹面两侧支撑工件，使工件在强力作用之下发生塑性变形，以实现矫正的目的。

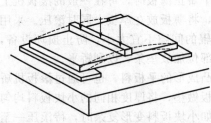

图 3-32　在压力机上矫平弯曲的厚板

在通过压力机对厚板凸起处施加压力时，要顶过少许，使钢板略呈反变形，以备除去压力后钢板回弹。为留出回弹量，要将工件上的压铁与工件下两个支撑垫板适当摆放开一些，如图 3-32 所示，当受力点下面空间高度比较大时，应放上垫铁，并且垫铁厚度要低于支撑点的高度，如图 3-33(a) 所示，而图 3-33(b)～(d) 则表示厚板出现局部弯曲的矫正方法。

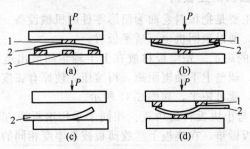

图 3-33　厚钢板弯曲的矫正

1—压杠；2—工件垫；3—支撑

② 对厚板扭曲的矫正。首先将扭曲的确切位置判断出来。凡钢板扭曲时，其特点均是一个对角附着于工作台上，而另一对角翘起。当矫平时，同时垫起附着于工作台上的对角，在翘起的对角上放置压杆，操作方法相同于厚板弯曲的矫正。要注意的是，摆放在工件下面的支撑垫，应平行于工件上面的压杠，距离大小应依据扭曲的程度而定，如图 3-34 所示。

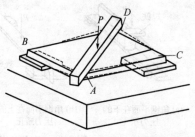

当施加压力后，可能因为预留回弹量过大，而出现反扭曲，对此，不必翻动工件，只需将压杠、支撑垫调换位置，再通过适当压力矫正。如扭曲变形不在对角线上而偏于一侧时，其矫正方法相同，但是摆放压杠、支撑垫的具体位置应作相应的变动。

图 3-34 在压力机上矫平扭曲的厚板

当厚板扭曲被矫正之后，如发现仍存在弯曲现象，再对弯曲进行矫正。总之，要先矫正扭曲，后矫正弯曲，方可将矫正工效提高。

3.2.2 型材的机械矫正

(1) 角钢的机械矫正

① 用型钢矫正机矫正角钢。角钢借助矫正机的滚压，就可以被矫正。矫正角钢时，选用不同辊轮的工作示意图如图 3-35 所示。

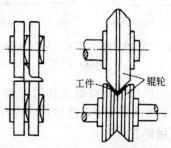

图 3-35 矫正角钢的辊轮工作示意图

② 用压力机矫正角钢。采用压力机并且配合使用规铁等工具，也常用来矫正角钢。其操作方法及注意事项如下。

a. 预制的垫板和规铁，应符合角钢断面内部形状及尺寸要求，以避免工件在受压时歪倒或撤除压力后回弹，如图 3-36 所示；操作时，要依据工件变形的情况调整垫板的距离和规铁的位置。

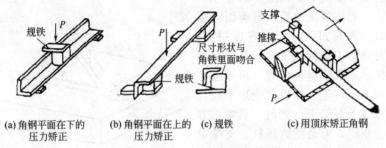

(a) 角钢平面在下的　(b) 角钢平面在上的　(c) 规铁　(c) 用顶床矫正角钢
　　压力矫正　　　　　压力矫正

图 3-36　在压力机上矫正角钢示意图

b. 用机械矫正角钢的两面垂直度时，常采用的操作方法如图 3-37 所示。

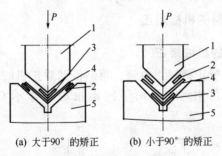

(a) 大于90°的矫正　　　(b) 小于90°的矫正

图 3-37　角钢两面不垂直的压力矫正

1—胎；2—垫板；3—规铁；4—工件；5—V 形下胎

c. 对工件变形的矫正，要根据具体情况经过反复试验，以观察施加压力的大小及回弹情况等，然后再进行矫正。

（2）槽钢的机械矫正

① 用型钢矫正机矫正槽钢。在使用型钢矫正机之前，应备好

相应槽钢规格的辊轮，并装在型钢矫正机上，其操作方法相同于矫正角钢。

② 用压力机矫正槽钢。因为槽钢腹板的厚度较薄，且偏于小面的一侧，受力时容易变形，所以在机械矫正时，要在槽钢内的受力处加上相应形状的规铁。

a. 槽钢对角上翘的机械矫正：在矫正槽钢对角上翘（或者称之对角下落）时，应将接触平台的对角垫起，在向上翘的对角放置一根有足够刚性的压铁，再把机械压力施加在压铁中心位置上，使工件略呈反向翘曲，如图 3-38 所示。除去压力之后，工件会有回弹，回弹量与反翘量相抵消，便可使槽钢获得矫正。回弹量的大小，要视具体情况和实践经验来确定。如除去压力后仍有翘曲，或呈反向翘曲，要通过同样的方法再进行矫正。

b. 槽钢立面弯曲的机械矫正：槽钢以立面弯为主，并且使两翼板平面也随之弯曲的叫做立面弯曲。矫正立弯时，将槽钢凸起处放在压力机顶压中心，在平台与工件之间的凹处两侧放置垫铁（支撑）及在工件受压处的槽内放置相应的规铁，摆稳之后，在工件的凸起处施加压力，并且使其略呈反变形，如图 3-39 所示，将压力除去后反变形被回弹，从而得到矫正。

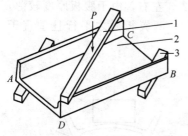

图 3-38 槽钢对角翘起的压力矫正
1—压铁；2—工件；3—垫铁

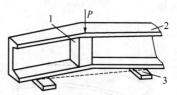

图 3-39 槽钢立面弯曲的压力矫正
1—规铁；2—工件；3—支撑

c. 槽钢向里（或者向外）弯曲的机械矫正：槽钢两翼板旁收起腹板随之弯曲的叫做向里（或向外）弯曲。如图 3-40 所示为具体矫正方法，两者均应留出回弹量。

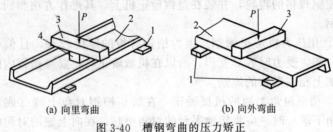

(a) 向里弯曲　　　　(b) 向外弯曲

图 3-40　槽钢弯曲的压力矫正

1—垫铁；2—工件；3—压铁；4—规铁

（3）工字钢的机械矫正

① 用型钢矫正机矫正。使用型钢矫正机之前，应将相应工字钢规格的辊轮备好，并装在型钢矫正机伸出的轴上。在滚压一侧翼板之后再滚压另一侧翼板，直到将工字钢矫正。

② 用压力机矫正工字钢。

a. 工字钢大面（或者小面）弯曲的压力机矫正：如图 3-41 所示，矫正的方法与槽钢的矫正方法相同。

b. 工字钢腹板的矫正：工字钢由于腹板慢弯而造成两翼板的不平行，矫正方法如图 3-42 所示。图中上垫铁的高度要比翼板宽度的一半大，宽度约为腹板高度的 2/3 左右，由于腹板厚度较薄，所以压力要适当，待其慢弯消除后，两翼板随之平行且垂直于腹板。

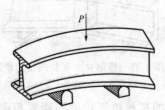

图 3-41　工字钢立弯的压力矫正　　图 3-42　工字钢腹板弯曲的压力矫正

1—上垫铁；2—工件；3—下垫铁

③ 工字钢翼板倾斜的矫正。工字钢翼板倾斜，有内向倾斜与外向倾斜两种。翼板向内倾斜时可以采用如图 3-43 所示的方法进

行矫正。

翼板向外倾斜时，可通过压力机直接顶压倾斜处进行矫正。若变形严重且不适合于冷作矫正时，可以在翼板与腹板相连的变形处用火焰加热，再施以机械压力矫正。

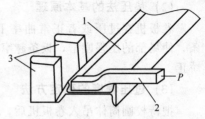

图 3-43 工字钢翼板倾斜的机械矫正
1—工件；2—接杆；3—支撑

（4）圆钢的机械矫正

圆钢弯曲变形可通过管子矫直机进行矫正。管子矫直机的关键部位是辊轮。辊轮成对排列，并且与被矫直工件的轴线成一定角度。辊轮两头粗、中间细，矫正时，先调好辊轮的间隙，机器开动之后，输入的圆钢与辊轮接触，在滚动压力的作用下，斜置成对的辊轮就致使圆钢沿螺旋线滚动前进，圆钢经受几次辊轮的反复滚压之后，便使其弯曲部位获得矫直。

3.3 卷板机矫正

3.3.1 卷板机校圆

不论锥台或圆筒体，焊后均要在卷板机上校圆，主要是矫正焊缝并调整整体曲率，以满足设计的几何形状及尺寸。

（1）过压卷制法的基本原理

校圆的目的就是将整体曲率调整并使其一致，主要缺陷表现于焊缝处内、外棱角度超差，内棱角的实质是曲率比设计曲率大，外棱角的实质是曲率比设计曲率小。不论哪种棱角，校圆的方法都是一样的，即为过压校圆法，其原理基本与平板机平板原理相同，即：

① 过压卷制后，板料在上下轴辊间上下蠕动后，可以释放整筒体的应力；

② 在封闭状态下过压卷制之后，任何一处都经过一个定压力卷制，因此曲率应该是处处相等。

（2）垫压法的基本原理

卷板机在过压或者正常曲率下，在板与下轴辊之间旋入一板条，使局部的压强剧增，板条越窄压强越大，所以局部缺陷便得以矫正。

（3）过压程度的确定方法

把待校圆筒体吊入卷板机后，过压上轴辊边转动下轴辊，当上轴辊开始转动后，此时的曲率就是设计曲率，如果再压下上轴辊即为超曲率，上轴辊压下越多，超曲率越大，同时配以电动机运转的负载声音和正断面观察端口的椭圆程度来确定。过压程度的大小，根据棱角度的超差程度决定。

（4）过压卷制的操作方法

过压卷制法可以适用于一切旋转体，常见的有正锥台与正圆筒。

① 矫正内棱角。过压矫正内棱角的方法如图 3-44 所示，将被矫筒体吊入卷板机，约在设计曲率转动一段距离后，再逐渐过压满足超设计曲率，不要一开始就压至过压曲率，以免出现急弯。在此曲率下转动 2～3 周，内棱角就可消除。

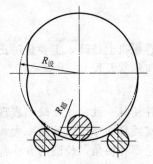 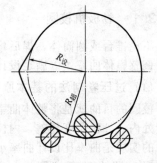

图 3-44　过压卷制矫正较大内棱角　　图 3-45　过压卷制矫正较大外棱角

② 矫正外棱角。过压矫正外棱角的方法如图 3-45 所示，其操作方法完全同矫正内棱角，此略。

通过上述操作，如果矫正效果不明显，可以再加一点压力一试，再不见效就要考虑采用垫压法。

(5) 垫压矫正严重棱角度和直段的操作方法

一般的筒体，通过以上方法矫正后，即可达到校圆的目的，但遇到严重棱角或者小急弯时，过压矫正也是无能为力的，只能配以垫压法矫正。

① 垫压法基本操作手法。需矫部位待转到下轴辊前，必先把垫铁按于其上，以保证正确的垫压位置。

② 垫压矫正严重外棱角。在过压情况下，如图 3-46 所示，在外侧垂直旋入垫条，局部外棱角局部垫压，全长外棱角全长逐段垫压，如果效果不明显时，可考虑加一点压力或换稍厚垫条（垫条厚度通常为 3～8mm，以下同），定能收到满意效果。

③ 严重内棱角的矫正。如图 3-47 所示，其矫正方法和矫外棱角稍有不同，图 3-47 (a) 为不通过垫条直接加压矫正，压下上轴辊之后配以前后转动，以观效果，如果效果

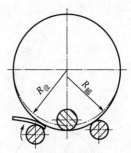

图 3-46 用垫压法矫正严重外棱角

不明显，可再加压配转动，定能收到预期效果（由此可以看出，预弯头时稍过比稍欠有利于矫正）；图 3-47(b) 为局部出现严重内棱角或直段，可以在内侧斜方向旋入垫条进行矫正（斜方向便于操作），如果效果不明显，或加压或者换稍厚垫条，缺陷即得矫正。

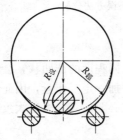

(a) 过压矫正全长内棱角

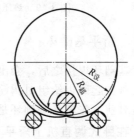

(b) 垫压矫正局部内棱角

图 3-47 严重内棱角的矫正

④ 用垫压法同时矫正局部外棱角与直段。如图 3-48 所示，在过压情况之下，随其转动将垫条垫于内外变形部位，垫压一次或者

几次就可见效。此法见效比分别垫压快。垫压操作正误方法分析如图 3-49 所示。

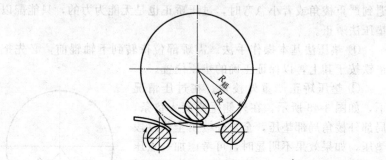

图 3-48 用垫压法同时矫正局部外棱角和直段

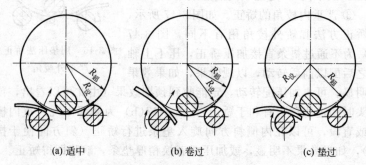

(a) 适中   (b) 卷过   (c) 垫过

图 3-49 垫压操作正误方法分析

3.3.2 矫平基础环

多片基础环焊接之后，会出现不同程度的凸凹状，会影响与裙筒体的组对，起码也给组对裙筒体增加一定工作量，因此基础环与裙筒体组对前，先矫平基础环是很有必要的。其方法大致有二。

(1) 在卧式调直机上矫平

如图 3-50 所示，把需要矫正的部位与挂绳扣部位呈径向布置，按矫正常规可以在其上顺利得以矫正。

(2) 在卷板机上矫平

如图 3-51 所示，两点径向系好绳扣，打开活动床头，使凸面朝上推入一侧基础环，然后合拢床头，将上轴辊压下，按常规操作便可顺利矫平。

上述两种方法的好处是不受直径的限制，而在立式压力机上受直径的限制。

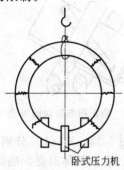

图 3-50 在卧式压力机上矫正基础环

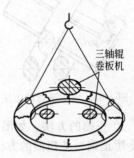

图 3-51 在卷板机上矫正基础环

3.3.3 卷板机矫正钢板条

热切后的钢板条易形成立弯，很少有平弯与扭曲，在斜口剪床上剪下的钢板条易形成复合弯形，即立弯、平弯以及扭曲，板越薄越明显。在平板机上只能矫正平弯和消除部分扭曲，在三轴辊卷板机上能矫正平弯与扭曲。立弯由它的断面形状所决定，在以上两种机械上都不能矫正，只能用卧式或者立式压力机矫正。下面叙述在三轴辊卷板机上矫正平弯与扭曲的方法。

（1）矫正平弯的方法

矫正在斜口剪床上剪下的 H 钢腹板的情况如图 3-52 所示，规格为 14mm×300mm×2560mm，把一 32mm 厚的垫板吊入卷板机，然后再将腹板条垂直轴辊卷入卷板机，压下上轴辊并且来回滚动，腹板条平弯便得以矫正，并消除部分扭曲。至于上轴辊压下程度，根据矫正情况定，但决不能使垫板上弧。

使用此法的前提是垫板要相当厚，通常在 30～40mm 之间，垫板和被矫板的刚性差越大越好。

（2）矫正扭曲的方法

① 错误的方法。如图 3-53 所示矫正扭曲是错误的，其中扭曲

板条斜置是对的，但是有垫板是不对的，由于垫板不能上弧，所以扭曲得不到矫正，故此法是错误的。

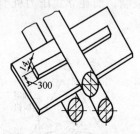

图 3-52　矫正平弯的方法

图 3-53　矫正扭曲错误的方法

② 正确的方法。如图 3-54 所示，图 3-54(a)、(b) 分别是右、左旋矫正钢板条扭曲的方法。我们知道，卷圆筒体时必须确保矩形板端与轴辊平行，卷制螺旋盘梯侧板时，必与轴辊呈一定角度，那么矫正钢板条的扭曲同理可以使钢板条与轴辊呈一定角度，但是同成形时的角度约成 90°。矫正时有关事宜如下。

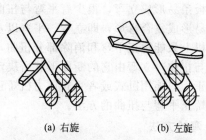

(a) 右旋　　　　　　(b) 左旋

图 3-54　矫正扭曲正确的方法 (从哪端放入无关)

a. 辨认左右旋的方法：用一条油毡纸折成扭曲板的形状，便可以很清楚地将左旋或右旋看出，同时也可很方便地决定放置位置了。从哪头放入与旋向无关。

在斜口剪床上剪下的钢板条总是右旋的，因此在斜口剪床剪下的钢板条必按如图 3-54(a) 所示的方向放置。

b. 这种钢板条不好确定螺旋角，只是大致反向斜置就可以了，只能通过压力的大小看矫正效果。

c. 按反旋向放入卷板机之后，由于扭曲程度的不同，应由轻到重用试验的方法观察其矫正效果，然后再成批矫正。千万不能压过，若压过就成了反扭曲，适得其反。

3.4 受热变形的矫正

3.4.1 钢材受热变形的矫正

钢材在焊接后易产生变形，铆工在实际工作中，取得了许多丰富的经验，有效地避免了焊件的变形，概括起来大致有：反变形法、对称受热法、自由胀缩法、加大断面法、热量集中法以及缩小温差法等。

(1) 反变形法

把焊件向将要变形的反方向摆放或者变形，焊接后与预先的反变形相抵消，而使焊件满足设计的平整度。

常用反变形的构件有组对 H 钢的翼板与对接板等，为了使读者有个基本的依据，列表 3-1 以供参考。这是由于焊接后的变形量与很多因素有关，如材质、焊接方式、焊接电流大小、焊接速度、冷却速度、腹板和翼板的板厚比和设计要求的焊角高度等，故除参考此表外，还应选一试件试验之后方可以决定实际的变形量最为合适。

表 3-1　手弧焊时的反变形值　　　mm

简图	板厚 t / 反变形值 a / 板宽 b	10	12	14	16	18	20	24	30	36	40
	100	2.5	1.95	1.6	1.35	1.19	0.9	0.9	0.6	0.6	0.53
	200	5	3.9	3.2	2.7	2.38	2.1	1.79	1.4	1.2	1.06
	400	10	7.8	6.38	5.4	4.75	4.2	3.58	2.8	2.3	2.13
	1000	25	19.5	16	13.5	11.9	10.5	9	7	6	5.3

① 胎具和方法。对于 H 钢翼板的反变形，如图 3-55 与图 3-56

所示，分别为在立式压力机和卧式压力机进行反变形的胎具及方法，下面仅通过如图 3-55 所示的在立式压力机进行反变形为例讲述。

②反变形量的确定。除参考表 3-1 之外，还应选一试件焊接后再确定，如本例，焊脚高度设计要求为 12mm，焊三遍，查表反变形量是 3.75mm，通过埋弧自动焊试验后是 6mm。应以试验数据为准。

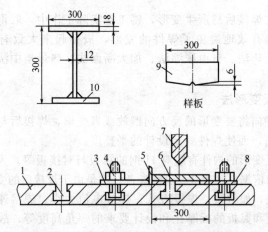

图 3-55　反变形板的立式压制胎具和方法
1—压力机底座；2—滑道；3—连接板；4—压紧螺栓；5—限位角钢；6—被压板料；
7—压力机顶头；8—限变形量下垫板（$t=6$）；9—样板；10—H 钢

③样板的作法。如图 3-55 所示，样板和翼板等宽，并在中心线处切出一缺口，以检验所压的线在板的中心与否。

④胎具的制作。用角钢 5 的目的，以立面作为横向限位铁，平面作为压下量的限位铁，其厚度等于反变形量 6mm；下垫板 8和角钢 5 的平面配合使用起到限制压下量的作用。在吊车的配合下，随时通过样板检查，适当调整压力机的压力便可以得到设计的反变形程度。

⑤对接板的搁置反变形。对焊一底板采用反变形方法示意图如图 3-57 所示，此法的关键是确定限位铁的厚度，可以根据经验参考表 3-1 确定。

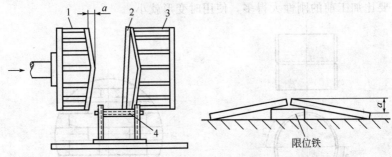

图 3-56 反变形板的卧式压制胎具和方法　图 3-57 对接板搁置反变形
1—上胎；2—被变形板；3—下胎；4—托辊

（2）对称受热法

任何形式的钢结构，在焊接时要对称受热才能改善防变形效果。如图 3-58 与图 3-59 所示为不对称受热引起变形的实例。如图 3-58 所示为从一大板上切下的长条板，一边是原始边，一边是气割边，割后向

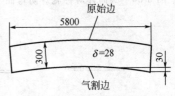

图 3-58 气割不对称变形实例

气割边弯曲了 30mm；图 3-59 为拼接法兰盘，因为焊工误操作不对称焊接而引起较大变形。根据这些经验，焊接一切结构时都应接受此经验行事。圆筒体对称施焊防弯曲的方法如图 3-60 所示；储罐底板由内向外对称分段退焊法防变形方法如图3-61所示。

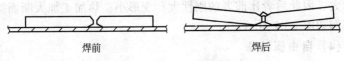

焊前　　　　　　　　　焊后
图 3-59 电焊不对称变形实例

（3）加大断面法

厚板变形小，薄板变形大，原因就是刚性问题，厚板的断面大，所以刚性就大；薄板的断面小，因此刚性就小。

如图 3-62 所示为冷加工加大断面防变形实例，由图中可看出，原始的板或筒体断面较小，经加工后断面增大，因此加工后的刚性

要比加工前的刚性大得多，使用时变形就小。

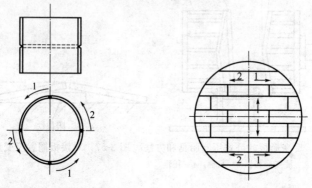

图 3-60　圆筒体对称施焊防弯曲　　图 3-61　储罐底板对称退焊法防变形

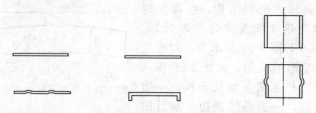

(a) 加大断面前后的板材　　(b) 加大断面前后的板材　　(c) 加大断面前后的筒体

图 3-62　冷加工加大断面防变形实例

　　如图 3-63 所示为热加工加大断面防变形实例，由图中可看出，原始的底板或筒体或法兰，其断面较小，经增加型钢或夹具后其断面加大，因此后者比前者的刚性大，变形小。热加工加大断面防变形实例如图 3-64 所示。

(4) 自由胀缩法

　　前面已经说过，构件产生变形的一个重要原因为不能自由胀缩而产生应力，根据这一原理，若能使焊缝自由胀缩，便可避免变形。

　　如图 3-65 所示，图(a) 是球罐壳体焊接顺序，图(b) 是储罐底板焊接顺序，皆应先纵后横。其原理是：把各瓜瓣（或中幅板）先焊为一环带（或长条），焊时由于不受横缝限制，能自由胀缩，当相邻所有纵缝焊完全冷却后，再焊其中间的横缝，又成了带与带

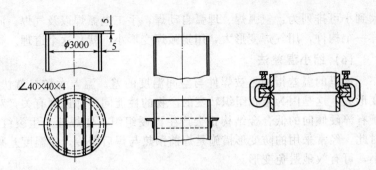

(a) 加大断面前后罐底板　　(b) 加大断面前后筒体　　(c) 加大对焊法兰断面

图 3-63　热加工加大断面防变形实例

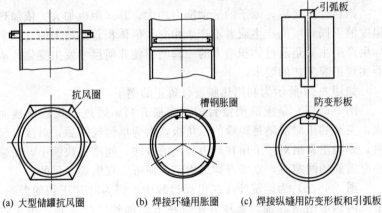

(a) 大型储罐抗风圈　　(b) 焊接环缝用胀圈　　(c) 焊接纵缝用防变形板和引弧板

图 3-64　热加工加大断面防变形实例

（或长条与长条）之间的自由胀缩，因此能达到防变形的目的。

（5）热量集中法

热量集中，一则加快了焊接速度，二则使热影响区减小了，因而产生金相组织转变的区域减小，因此能减小变形。按热量集中程度由

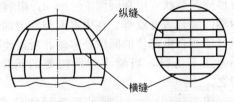

(a) 球罐壳体先纵后横　　(b) 储罐底板先纵后横

图 3-65　自由胀缩防变形实例

大到小可排列为：氩弧焊、埋弧自动焊、手工电弧焊以及气焊。同样一个构件，用气焊变形大，用氩弧焊变形小，就是这个道理。

(6) 缩小温差法

这里的温差指的是被焊件与空间温度的差。温差大散热就快，变形大，这是因为金相组织转变的产物的性能同冷却速度有关，对于有淬硬倾向的低合金结构钢会产生淬硬组织，使焊缝产生裂纹。对此，经常采用的防变形措施是焊前预热与焊后缓冷，使温度差减小，可有效地避免变形。

3.4.2 热胀冷缩在矫正中的应用

(1) 热胀的应用实例

钢材受热之后，原子的活动能力加大，其间距也加大。依加热温度的不同，可能产生或者不产生相变，但体积总是增大的，在实际生产中主要是通过体积增大的一瞬间而使几何尺寸发生变化，从而实现组焊工艺的要求。

如图 3-66 所示为利用热胀进行矫正的例子。

图 3-66(a) 是澄清槽锥台的一扇展开料，通过三块板拼接而成，主要的组对缺陷是边缘的三角板，因为单侧气割后，对接边起拱，影响正常组对。采用在对边加热的方法，间隙很快缩小，当缩小至需要的间隙时，立即点焊以固定，便可实现组焊的目的。

图 3-66(b) 为螺旋叶片在组焊过程中，因为叶片压制的误差，所以内侧不贴紧芯轴，处理方法可在下侧的外缘处加热，由于热胀，内缘自动靠近芯轴，间隙合适后点焊，从而实现组焊的目的。

图 3-66(c) 为用胎具压制的锥台，因为压制胎具有缺陷，使锥台形成腰鼓状，中部间隙 5～6mm，影响组焊，其处理方法为：将两端间隙合适处点焊，在中部两侧均匀加热，由于热胀，增大的体积只能往自由部位的间隙处移动，所以使间隙缩小，在缩小的同时用锤往下击打，当缩小到所需要的间隙时，立即利用小电流点焊之。

图 3-66(d)、(e) 是处理筒形件局部错边的例子，如图 3-66(d) 所示，因为内侧热胀，端头便往外移，当移至不错边时立即点焊；图 3-66(e) 为锥台和圆筒相对时，锥台上口出现局部错边，

可利用在上筒体对应部位加热的方法，致使体积膨胀减少错边量点焊之。

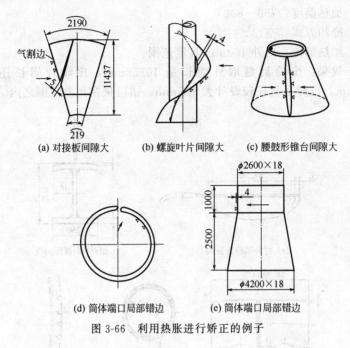

(a) 对接板间隙大 (b) 螺旋叶片间隙大 (c) 腰鼓形锥台间隙大

(d) 筒体端口局部错边 (e) 筒体端口局部错边

图 3-66 利用热胀进行矫正的例子

（2）冷缩的应用

这里所说的冷缩，指的是钢材加热至相变温度以上 30～50℃，产生相变，也就是由珠光体转变为奥氏体，冷却后奥氏体转变为断面收缩率较大的其他组织，因而产生收缩；如果加热温度在相变温度以下，只有表层部分达到或超过相变温度，产生相变，所以收缩力不大。因此利用冷缩矫正构件的几何尺寸或形状时，要加热至相变温度以上 30～50℃，使珠光体全部转变成为奥氏体，冷却后才能取得最大收缩效果。

利用冷缩矫正的例子如图 3-67 所示。

图 3-67(a) 是电脱盐罐所用封头，材质 16MnR，设计外周长 10254mm，实际外周长 10284mm，比设计周长大 30mm，直径上大 10mm，错边量超差，为解决这一难题，在端口 100mm 高度范

围内加热，使端口直径在允差范围之内。

加热工具：三个汽油喷灯，三台气焊烤把。

加热温度：750~800℃。

冷却方式：空冷。

加热部位：内外 100mm 高度范围。

效果：全冷后盘取外周长是 10268mm，比设计周长还大 14mm，也即是直径较设计大 4.5mm，错口量在允差范围之内。

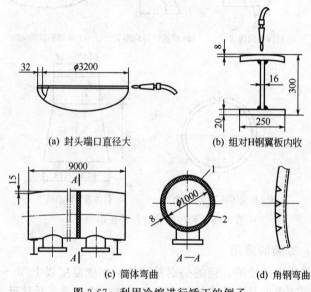

(a) 封头端口直径大　　(b) 组对H钢翼板内收

(c) 筒体弯曲　　　　　　　(d) 角钢弯曲

图 3-67　利用冷缩进行矫正的例子

1—另加半圈焊道；2—原焊道

图 3-67(b) 为组焊后的 H 钢，材质 Q235A，焊接后翼板内收 8mm，采取了加热之后收缩的方法，使之符合了设计要求。加热温度在 750~780℃，并且跟踪浇水，矫正量过大或过小时以加热调节。

图 3-67(c) 是筒体弯曲变形，原因是在下侧开孔焊接后收缩造成，可在凸侧加焊半道焊缝处理，经收缩后弯曲度由原来的 15mm 缩至 8mm，在允差范围，符合了设计要求。为使收缩率提高，可以在筒体两端垫以工字钢，使焊缝部位由于自重下垂，以帮助上部

收缩。这样处理若收缩量还不够，可以在平台与筒体间加一道链拉紧，以增加收缩量。

图 3-67(d) 是常用的以冷缩方法矫正角钢弯曲的情况，材质 Q235A，加热三角形的个数可根据变形程度定，加热温度也应根据变形程度定，最高不得超过 730~750℃，最低 300~500℃皆可，这是因为，300~500℃虽然不到相变温度但是表层的一部分深度已经达到了相变温度，因此还会有不同程度的收缩量。加热温度高或者低皆有不同程度的收缩量。加热三角形的高度也应视变形程度决定，最小时可以只加热边缘，最大时不能超过边宽，最起码应离开另一边的根部一定距离，以防造成另一边的立弯变形。

第**4**章

放样与号料

4.1 放样

根据图样，按工件的实际尺寸或一定比例画出该工件的轮廓，或将曲面摊成平面，以便于准确地定出工件的尺寸，作为制造样板、加工以及装配工作的依据，这一工作过程叫做放样。在化工容器设备的制造中，有的工件由于形状和结构比较复杂，如锅炉及离心机等，尺寸又大，它们的设计图纸一般是按 1∶5、1∶10 甚至更小的比例绘制的，因此在图纸上除了主要尺寸外，有些尺寸不能全部表示出来。而在实际制造中必须确定每一个工件的尺寸，这就需要借助放样才能解决；放样还能检验产品设计的图纸是否准确、合理；样板的形状也必须通过放样才能制造。所以，放样是冷作产品制造过程中的重要一环。

放样的方法有多种，但长期以来一直是采用实尺放样，随着工业技术的发展，也出现了光学放样及自动下料等新工艺，并在逐步推广应用。但是实尺放样仍是广泛应用的基本方法。

4.2 几何形体分析

在展开下料工作中，经常会遇到各种形状的工件。虽然它们的形状复杂多样，但都是各种简单几何体的组合。要掌握展开下料的技能，首先就要掌握各种常用几何体的特征及其投影规律。

基本几何体分平面立体与曲面立体两种。

4.2.1 平面立体

平面立体主要分棱柱体与棱锥体两种。棱柱体的棱线彼此平行；棱锥体的棱线交于一点。它们又分为三棱柱、四棱柱、…和三棱锥、四棱锥、…。如图 4-1 所示为常用的平面立体及组合实例。

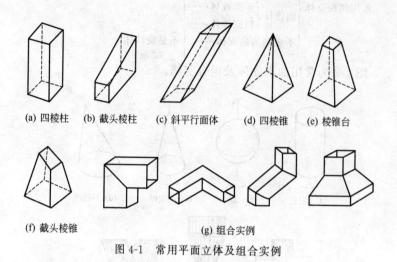

(a) 四棱柱　(b) 截头棱柱　(c) 斜平行面体　(d) 四棱锥　(e) 棱锥台

(f) 截头棱锥　　　　　　　(g) 组合实例

图 4-1　常用平面立体及组合实例

其中四棱锥是由一个底平面和四个三角形的侧面所组成。这四个三角形有一个公共点，叫做锥顶。从锥顶到底平面的垂直距离 H 是该锥顶的高。若四棱锥的底面是正四边形（正方形或矩形），它的高通过底平面的中心 O，这种棱锥叫正四棱锥，如图 4-2(a) 所示；若棱锥顶偏向一边，它的高不通过底平面的中心，这种棱锥就叫斜四棱锥，如图 4-2(b) 所示。

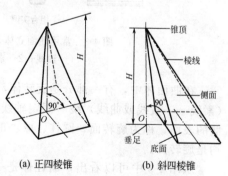

(a) 正四棱锥　　　(b) 斜四棱锥

图 4-2　两种四棱锥

4.2.2　曲面立体

在钣金制品中经常用到的曲面立体有下列几种：

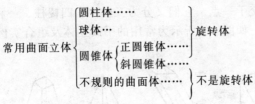

图 4-3 为常用曲面立体及组合实例。

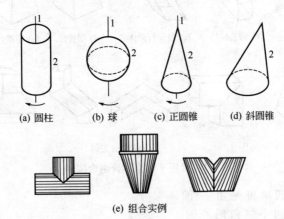

图 4-3　常用曲面立体及组合实例
1—轴线；2—素线

在曲面体中，有一部分是旋转体，也称为回转体。由一条母线（素线——直线或曲线）绕一固定轴线旋转形成旋转体。旋转体外侧的表面，称为旋转面。圆柱、球、正圆锥等都是旋转体，其表面均是旋转面。

从图 4-3 中可以看出，圆柱体是一条直线（母线），围绕着另一条直线，始终保持平行及等距旋转而成。正圆锥体是一条直线（母线）和轴线交于一点，始终保持一定的夹角旋转而成。球体的母线是一条半圆弧，以直径为轴线旋转而成。

形成圆柱和圆锥的母线都是直线，这类形体的表面称为直线表面。形成球面的母线是曲线，因此球面属于曲线表面。

形体表面分可展表面和不可展表面两种。凡是表面上相邻两条直线（素线）能构成一个平面时（即两条直线平行或相交），均可展开。属于这类表面的有平面立体、柱面以及锥面等。凡母线是曲线或者相邻两素线是交叉线的表面，都是不可展表面，比如圆球、圆环、螺旋面及其他不规则的曲面等。对于不可展表面，只能够作近似展开。

4.3 钣金展开基本方法

用金属板料制成各种制件，通常方法是依据制件的视图在金属板料上画出其展开图，再按展开图落料、卷制或冲压等加工成形，最后经焊接、咬接或者铆接等加工制成制件。如图 4-4(a) 所示为用金属板制成的集粉筒，它是由组成集粉筒各部分的表面按照实际形状和大小在金属板上依次画出图形 [如图 4-4(b)、(c) 所示为圆锥台筒的展开图]，经落料成形，然后经焊接而成。这种将体表面形状展开并画成平面的图形，叫做表面展开图，简称展开图。

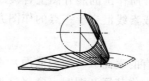
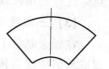

(a) 集粉筒制件的轴测图　　(b) 圆锥台筒展开图(放样图)　　(c) 圆锥台筒展开图

图 4-4　金属板制件展开示例

在实际绘制展开图时，制件所用的金属板厚度及工艺要求，对展开图的大小都有一定的影响，在研究展开图的画法时，常按照理想状态（没有厚度）的平面几何形状进行展开。

钣金制件的形状是多种多样的，有的形状还很奇异，因此展开图的作图较为复杂，但归纳起来通常有以下三种作图方法。

① 平行线法，通常适用于各种柱面制件的展开。

② 放射线法，通常适用于各种锥面制件的展开。

③ 三角形线法，通常般适用于不可展曲面制件的展开。

(1) 平行线法

钣金制件的侧面是棱柱面或者圆柱面所围成时，这种制件的表面系可展表面。若因为棱柱的侧棱和圆柱面的素线在空间互相平行，沿着制件表面的侧棱或素线将制件侧面剪开，然后把侧面沿着与棱柱或者素线所垂直方向依次摊平在一个平面上，所得表面（侧面）的展开，其各棱线或者各素线仍然互相平行。作展开图时，可借助这种平行特性来绘制制件表面展开图，其所得到的展开图上各棱线或者素线仍然平行。

这种根据平行线原理绘制展开图的方法，叫做平行线法。应用平行线法画制件表面的展开图，关键是找出这些互相平行的棱线或者素线的间距，以及各自的长短。

（2）放射线法

如果钣金制件的侧面是由棱锥面或圆锥面所围成时，则这种结构的表面也属于可展表面。因为棱锥面和圆锥面上的棱线和素线相交于锥顶，若着沿制件表面的棱线或素线剪开，然后将各棱线或各素线绕着锥顶摊平在一个平面上，则所得表面展开的各棱线或各素线依然汇交于一点，所作出的展开图上各棱线或各素线也汇交于一点。这种利用棱线或素线汇交于一点的作图方法，叫做放射线法。

（3）三角线法

在钣金制件上有的表面（平面或曲面）不宜或者不可以用平行线或放射线法直接求作其展开图时，常将这种表面划分成若干三角形平面或三角形曲面，然后求得三角形各边的实长，再根据已求得的三角形边长依次拼画出各个三角形，就能够作出制件的表面展开图。这种应用三角形作图原理求作展开图的方法，叫做三角形法或三角线法。

在钣金制件中有的表面形状由于功能需要而设计成各种奇异的形状。因为构件的形状不规则，如果采用平行线法或放射线法作其展开图时，不能作出或作图烦琐，此时，应采用三角线法作图。

（4）计算展开法

对于形状简单的构件，受放样台或者场地的限制，不能方便地得到构件的展开图形时，可以采用计算展开，先求展开图尺寸，后作放样图。计算展开比作图展开的准确性高，还能够检验作图展开的结果。计算法可通过理论计算进行展开放样，也可利用电子计算机进行放样计算。

① 放样计算法。放样计算法是利用理论计算进行放样展开的，比用作图法所得到的展开精度要准确。理论上只要能够作图展开的构件便可通过建立数学模型而计算得到。通过计算法来展开放样不受场地等条件约束，尤其是在大型构件上效率较为显著。

计算展开的步骤如下。

a. 绘出必要的制件视图，甚至能够徒手画出。

b. 将制件的断面作若干等份，等分点越多则展开图制作就越准确。

c. 由等份点向相关视图引素线至结合线上，若为相贯体还需大致求出相贯结合线。

d. 绘制出放样草图，并标注出待以计算的各线代号。

e. 把等份点折算成角度，即可按照计算公式依次进行计算，但是计算完后需要进行校验。

f. 将计算的结果按照放样图直接展开在钢板上。

进行钣金展开计算，要求放样者具备有一定的三角函数应用知识、一定的绘图水平以及一定的钣金展开经验。

② 计算机算法。随着计算机技术的发展，许多企业都配有中、小型计算机并且应用于实际工作中。利用计算机来计算各种钣金制品的展开图的尺寸，使得一些复杂构件的展开计算只要花几秒钟便可以完成。

计算机算法展开步骤如下。

a. 分析构件视图和要求，将断面的等分数确定出。

b. 上机编写程序，将已知条件输入。

c. 计算机运算操作并且打印运算结果。

d. 绘制展开放样草图，并将计算出各线的尺寸标注出。

e. 按照放样图尺寸在钢板上直接展开。

③ 钣金展开中的等分。在钣金展开中，不论是放样计算法、计算机计算法，还是作图展开法，均会遇到展开中的等分问题。毫无疑问，等分越细，等分点越多，展开图就越精确；但是相应地在实际操作中也就越繁琐，所以展开的等分应以符合构件要求即可。表 4-1 的数据可供参考。

表 4-1　钣金展开的等分数

展开件半径/mm	等分数	展开件半径/mm	等分数
50 以内	8	400～650	32
50～150	12	650～1000	48
150～250	16	1000～2000	64
250～400	24	200 以上	96

(5) 板厚处理

展开图都是假设根据构件的板厚为零时的放样图绘制的，但是生产中实际构件的板料都有一定的厚度。板料较薄时如果将板料厚度略去，对于展开图产生的影响较小，所得构件的误差可以控制在工程允许的公差范围内。当板料较厚时，则必须按照一定的规律来处理板料的厚度，将它的影响消除。

为消除板厚对构件尺寸及形状的影响，必须采取相应的处理措施，这些处理措施的实施过程叫做板厚处理。

① 板料弯曲中性层位置的确定。当板料弯曲时，外层材料受拉而伸长，内层材料受压而缩短，在伸长和缩短之间存在着一个长度保持不变的纤维层，叫做中性层。

a. 断面形状为曲线形构件的板厚处理。从构件断面角度剖析，构件的形状取决于它的正断面，正断面形状不同，板厚处理也就不同。如图 4-5 (a) 所示为一圆管，在平板弯曲过程中，圆管的外层由于受拉而伸长，内层受压而缩短，唯有中性层既不伸长也不缩短，等于平板原有的长度。所以，圆管的展开长度应等于中性层的长度。也就是以圆管构件的中性层长度为准。如图 4-5(b) 所示为圆管的板厚处理。

在塑性弯曲过程中，中性层的位置同弯曲半径 r 和 t 的比值有关。当 $\dfrac{r}{t} > 5$ 时，中性层近于板厚正中，即重合于板料中心层。若 $\dfrac{r}{t} \leqslant 5$ 时，中性层的位置靠近弯曲中心的内侧，如图 4-6 所示，而相对弯曲半径愈小，即变形程度愈大，则中性层离弯板内侧愈近，这是因为塑性弯曲时，弯板厚度变薄，其断面产生畸变的原因。

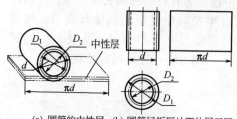

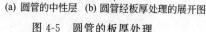

(a) 圆管的中性层 (b) 圆管经板厚处理的展开图

图 4-5 圆管的板厚处理

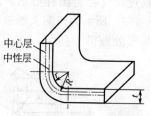

图 4-6 圆弧弯板的中性层

b. 断面为折线形状的构件的板厚处理。板料弯折成折线形状时的变形同弯曲成弧状的变形是不一样的。如图 4-7 所示为断面是方形的直管，板料仅在角点处发生急剧弯折，在折曲成形时里皮四边长度不变，所以，方管放样长度应以里皮为准。

若方管是由四块板料拼焊而成，则由于拼接的情况不同而又有不同的板厚处理。例如相对的两块板料夹住另外两块板料时，则相邻两板的下料宽度就有所不同，一块应按里皮下料，一块应按外皮或厚度中心下料。这也说明，在实际生产中，必须根据具体情况灵活恰当地处理板厚问题。

矩形断面构件的展开料长度通常按里皮长度为准的原则，这一原则也适于其他呈任意角度的折线形断面构件。如图 4-8 所示为折弯件的展开料长度以里皮为准。

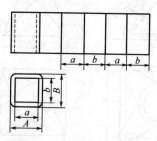

图 4-7 方管的板厚处理

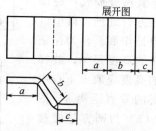

图 4-8 折弯件的板厚处理

② 单件的板厚处理。单件的板厚处理主要考虑展开长度与制件的高度。

a. 圆锥管的板厚处理。圆锥管的展开图为一扇形。厚板制成的圆锥管，展开弧长取大端中性层为直径的圆周长度。为保证制件高度尺寸符合图样要求，展开半径取中性层的圆锥母线长。如图 4-9(a) 所示为正截头圆锥管，已知尺寸为 D_0、d_3、t 及 h_0，通过板厚处理得 D_2、d_2、r 及 c_1。图 4-9(b) 为处理后的放样图。

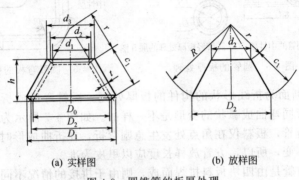

(a) 实样图　　　　　(b) 放样图

图 4-9　圆锥管的板厚处理

　　b. 圆方过渡接头的板厚处理。如图 4-10 所示为圆方过渡接头，也称天圆地方。它的几何形状具有三管（即圆管、方管、圆锥管）的综合特征。所以，它的板厚应按圆、方、锥三管板厚处理的方法进行。顶口按圆管处理，以中性层（一般为中心层）直径 d 为准确定其展开周长；底口按照方管处理，以里口四边长作展开。为保证构件的高度尺寸，放样图的高度应取上下口中性层的垂直距离 h。图 4-10(b) 为圆方过渡接头经过板厚处理的放样图。根据放样图的尺寸作出展开图，落料成形，便可以符合图样要求。

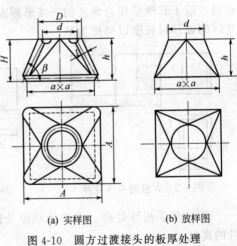

(a) 实样图　　　　　(b) 放样图

图 4-10　圆方过渡接头的板厚处理

③ 相贯件的板厚处理。相贯件的板厚处理,除应该解决各形体展开尺寸的问题之外,应着重处理好形体相贯的接口线。

a. 等径直角弯头的板厚处理。以厚板制成的两节等径直角弯头,如果不经过板厚处理,两管拼接时接口处就会产生轴线外部是里皮接触,轴线内部是外皮接触,中部有较大的间隙,也就是缺肉的现象。且板越厚则间隙越大,同时两管轴线交角及管长也都相应地发生变化,如图 4-11(a) 所示。若不进行板厚处理就不能确保构件的尺寸要求。

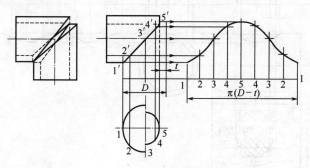

(a) 未经板厚处理   (b) 经板厚处理后作展开

图 4-11 等径直角弯头的板厚处理

通过以上分析不难看出,圆管弯头的板厚处理,应分别从断面的内、外圆引素线作展开。也就是两管里皮接触部分,以圆管里皮高度为准从断面的内圆引素线,外皮接触部分以圆管外皮高度为准由断面的外圆引素线,中间则取圆管的板厚中心层高度。具体做法如下。

• 用已知尺寸画出两节弯头的主视图与断面图,如图 4-11(b) 所示。

• 四等份内上断面半圆周,等分点为 1、2、3、4、5。从等分点引上垂线,得到同结合线的交点 $1'\sim5'$。

• 作展开。在主视图底口延长线上截取 1-1 等于 $\pi (D-t)$,并且作八等分。从等分点引上垂线,同由结合线各点向右所引水平线对应交点连成光滑曲线,便能得到弯头展开图。

b. 异径直交三通管的板厚处理。如图 4-12 所示为异径直交三通管。在考虑板厚时，由左视图可知支管的里皮及主管的外皮相接触，因此支管展开图中各素线长以里皮高度为准。主管孔的展开长度应以主管接触部分的中性层尺寸为准，大小圆管的展开长度均按照各管的平均直径计算。

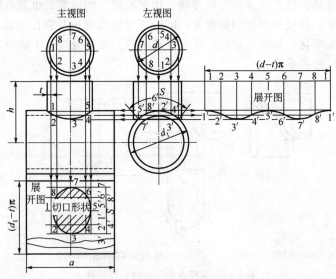

图 4-12　异径直交三通管的板厚处理

④ 构件接口的板厚处理。当曲面板的厚度为零时，两板间的结合线只有一条。厚度不等于零时，如果按材料里皮、外皮组合，总共能产生四条结合线。当然，依据构件上两板的实际衔接关系，真正接触的实际结合线只有一条。找出这条结合线，并按照它绘制放样图及展开图，这便是接口处理的实质内容。

一块板料或者由几块板料拼接而成的一块大板料在弯曲后，边与边对接而成的那条缝叫做接缝，而构件上两相邻部分对接处的接缝叫做接口。

a. 厚板构件接口处铲坡口的板厚处理。厚板构件在接口处铲坡口不仅能将施工条件改善，提高焊接强度，还能调整接口处的接触部位。坡口的形状依据构件形状、板料厚度以及施工条件的不同，常用的有 X 形和 V 形两大类，如图 4-13 所示。图中 X 形坡口

画出了图 4-13(a)、(b) 两种，V 形坡口也只画出了图 4-13(c)、
(d) 两种形式。

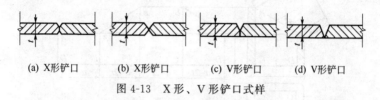

(a) X形铲口　　(b) X形铲口　　(c) V形铲口　　(d) V形铲口

图 4-13　X 形、V 形铲口式样

为简洁说明问题，本节只介绍图 4-13(b) X 形坡口即接触的
只有板厚中心层，和图 4-13(d) V 形坡口即板的表皮相接触。对
于管件，铲 V 形坡口后，若接触的是里皮，那么这时的坡口势必
铲去的是外皮，这样的坡口称为外 V 形坡口。若铲去里皮而使外
皮接触，这样的坡口叫里 V 形坡口。如图 4-13 所示是相连接的两
部分都在同一直线上的情况。如果相连接的两部分不在同一直线
上，而成任意角度，以上概念同样有效。

• 如图 4-14 所示为 90°圆管弯头，铲成 X 形坡口之后，显然为
板厚中心层接触，所以在放样图中只画出板厚中心层即可，展开图
的高度也按照板厚中心层处理。

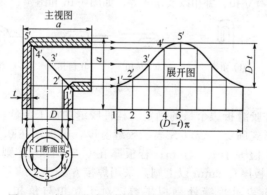

图 4-14　铲 X 形坡口等径圆管 90°弯头的板厚处理

• 如图 4-15 所示为一个任意角度的方管弯头。板厚处理是单
面外铲 V 形坡口，可以明显见到接口处为里皮接触，所以放样和
作展开图时只要画出里皮的尺寸就行。

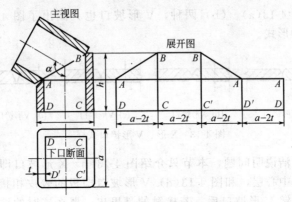

图 4-15　任意角度方管弯头的板厚处理

综上所述便可得到关于板厚处理的一个有用规则，也就是接口处在铲坡口的情况下，放样与作展开图的尺寸要以接触部位的尺寸为准。

b. 薄板构件的咬缝。板厚在 1.5mm 以下的薄板构件，两块板料的交接处经常采用咬缝连接。这种将薄板的边缘相互折转扣合压紧的连接方法，叫做咬缝，也叫咬口。

• 常见的咬缝种类。常见的咬缝种类就结构而言有单扣与双扣等，就形式而言有立扣、卧扣以及角扣等，如图 4-16 和图 4-17 所示。

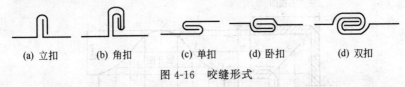

(a) 立扣　　　(b) 角扣　　　(c) 单扣　　　(d) 卧扣　　　(d) 双扣

图 4-16　咬缝形式

• 构件咬缝折边余量的确定。构件咬缝的加工余量，可依据板厚和结构形式确定。若以 S 表示咬缝宽度，则板厚在 0.5mm 以下的板料，S 值等于 $3 \sim 4$mm；若板厚在 $0.5 \sim 1$mm，则 S 值等于 $4 \sim 6$mm。板厚在 1mm 以上则宜采用焊接方法。

若以 n 表示咬缝处钢板层数，对于立扣与角扣，如图 4-16 (a)、(b) 所示，立扣 n 值等于 3，角扣 n 值等于 4，折边余量为 nS；对卧扣来讲，如图 4-16(d) 所示，其折边余量为 $(n-1) S$。

• 卷边的裕量计算。为了增加薄板构件边缘的刚度和消除毛刺，将构件边缘卷成圆弧的加工方法称为卷边。卷边的形式有空心卷边和夹丝卷边两种。夹丝卷边所用铁丝的直径，一般应为板料厚度的三倍。卷边零件由直线段和弧线段组成，如图 4-18 所示。直线段为 L_1 与 $\dfrac{d}{2}$，弧线段为 270°弧展开。卷边裕量的计算公式如下：

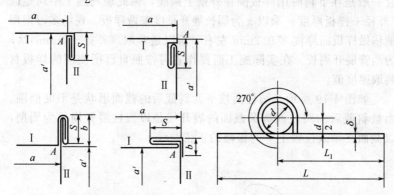

图 4-17 角接咬缝时放加工余量　　图 4-18 卷边板料的展开尺寸

$$L = L_1 + \frac{d}{2} + L_2 \tag{4-1}$$

式中　　L——卷边裕量；

　　　　d——铁丝直径；

　　　　L_n——弧线段展开长度。

　　因为　　　　$L_2 = \dfrac{3\pi}{4}(d+\delta) = 2.35(d+\delta)$

　　故　　　　　$L = L_1 + \dfrac{d}{2} + 2.35(d+\delta)$

式中　　δ——板料厚度。

4.4　展开计算

4.4.1　圆柱及相贯体的展开

　　圆柱面构件在制造中通常可分为钢板卷制和成品钢管两种。由于钢管有皮厚存在，所以在实际施工中有中径、内径、外径的分别，就是在展开中要使用其中的一个直径去放样及展开，也可能是用其中的一个直径去展开而用另一个直径去放样及求素线实长。这要按照构件的施工图样和施工要求去决定。但在通常情况下，钢板卷制的钢管在展开下料时都是以中径乘以 π 为周长展开长度。成品管一般是在下料时用样板围在外壁上画线，因此现场施工中均是以（外径＋样板厚度）乘以 π 为周长展开长度来做样板。现场多习惯用油毡做样板而厚度多在 2mm 左右，所以通常取（外径＋2 mm）×π 为圆管展开周长。在实际施工时操作者可按照自己所使用的样板材料取厚度值。

如图 4-19 所示，圆柱面被平面斜截后的截面形状是平面椭圆，而被斜截后的圆柱面椭圆截面的展开线是以圆柱展开周长为周期，以截面在轴线位置上 r 为振幅的正弦曲线。

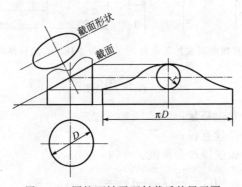

图 4-19　圆柱面被平面斜截后的展开图

这种形体的展开只要求出截面和圆柱轴线垂面的夹角后就可用计算公式编程计算展开，若能熟练掌握编程运算过程，此方法应为圆柱管构件展开中最实用而又快速准确的展开方法。

① 通用计算公式。被平面斜截圆柱管的展开计算通用公式：

$$X_n = \tan\alpha \ (L - R\cos\frac{180°l_n}{\pi r}) \tag{4-2}$$

式中　X_n——圆周 l_n 值对应素线实长值；

α——截面和圆柱管轴线的垂面间的夹角；

L——截面和圆柱管轴线的垂面的交线到圆柱管轴线的距离；

R——圆柱管放样图半径；

r——圆柱管展开图半径；

l_n——圆周展开长度、运算变量（$0 \sim 2\pi r$）。

此公式通用于圆柱管被平面斜截之后各种构件中这种形体的展开，对于放样半径与展开半径是否相同都不必考虑，直接套用公式就可将圆周展开的各素线实长值计算出来。而且在计算时直接用 $l_n = \pi r$ 或 $l_n = \dfrac{2\pi r}{3}$ 的值输入运算就可得出半圆周和 2/3 圆周等中心线位置的素线实长值，使作图非常方便。公式示意图如图 4-20 所示。

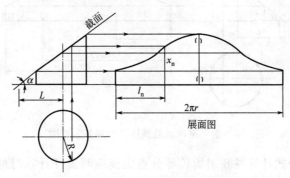

图 4-20　平面斜截圆柱管的展开示意图

② 专用计算公式。上述通用计算公式通常可以适合这种形体在各种构件中的展开计算，在展开运算时不必考虑放样半径和展开半径的不同会在做展开图时带来的错误，特别对施工中习惯求出圆周展开时 4 个中心线的位置也十分方便。但在通常展开书籍和现场施工中仍习惯用等分圆周或等分角度的作法，因此对这两种作法也列出计算公式，供读者参考。而且它们也只是前面公式的演变，也比较适合特殊情况的使用。公式示意如图 4-21 所示。

a. 斜截圆柱管的圆周等分展开计算公式：

$$x_n = \tan\alpha \left(L - R\cos\frac{180°n_x}{n} \right) \tag{4-3}$$

式中　x_n——圆周等分点对应素线实长值；

α——截面和圆柱管轴线的垂面间夹角；

L——截面和圆柱管轴线的垂面的交线到圆柱管轴线的距离；

R——圆柱管放样图半径；

n——圆柱管半圆周等分数；

n_x——等分变量（$0\sim2n$）。

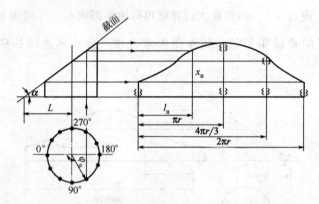

图 4-21　平面斜截圆柱管的展开示意图

此公式计算展开用周长等分点距离应与展开计算时的等分相同，其计算公式是：

$$l_n = \frac{\pi r n_x}{n} \qquad (4\text{-}4)$$

式中　l_n——圆周等分数 nr 对应展开长度；

r——圆柱管展开图用半径；

n——圆柱管半圆周等分数；

n_x——等分变量（$0\sim2n$）。

b. 斜截圆柱管的角度等分展开计算公式：

$$x_n = \tan\alpha(L - R\cos\varphi_n)$$

式中　x_n——角度九等分对应素线实长值；

α——截面和圆柱管轴线的垂面间夹角；

L——截面和圆柱管轴线的垂面的交线到圆柱管轴线的距离；

R——圆柱管放样图半径；

φ_n——圆心角等分变量（$0°\sim360°$）。

此公式计算用圆心角值在展开计算时应对应相同，其计算公式是：

$$l_n=\frac{\pi r\varphi_n}{180} \tag{4-5}$$

式中　l_n——圆周与圆心角 φ_n 对应展开长度；

r——圆柱管展开图用半径；

φ_n——圆心角等分变量（$0°\sim360°$）。

4.4.2　不可展曲面构件的展开

环面、球面以及螺旋曲面等均为曲线表面，它在两个方向同时弯曲。由于曲纹表面上不存在直素线，它的两条相邻曲素线不可能构成一个平面，因此是不可展表面。扭曲面和单叶双曲面虽然是由直素线组成，但是其相邻两条线是异面直线，既不平行也不相交，所以也是不可展表面。这些不可展表面不可能按其实际形状和大小不变形地依次摊平成平面，所以在生产实际需要时只能进行近似展开。

近似展开的方法，一种是将不可展曲面分成若干个曲面三角形，然后将它们近似地作为平面三角形来展开；另一种是把曲面分成若干部分，然后将它们近似于某种可展曲面来展开。

(1) 等径直角换向接头的近似展开

如图 4-22 所示为一等径直角换向接头（也称为压制弯头或争气弯头）的两投影及其展开图。该曲面是一柱状面，因为柱状面的相邻两素线是交叉的，所以它是不可展表面。若所取相邻两素线间的距离特别小，则两素线之间的曲面可近似地看成一个平面四边形，并且每一四边形又可分为两个三角形，因此画换向接头的近似展开图可应用三角形法，具体作图步骤如下。

① 把导线圆分成若干等份（本图为 12 等份），并且将它们的对应点连接起来，如 AH、BI 等，因为换向接头的形状前后对称，所以图上只画出了前面的一半。

② 把两素线间的曲面（如 $ABIH$）近似地看成平面四边形，

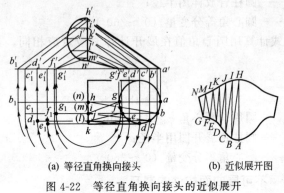

(a) 等径直角换向接头　　　　　(b) 近似展开图

图 4-22　等径直角换向接头的近似展开

连接其对角线 BH，分四边形 $ABIH$ 成三角形 ABH 及三角形 BHI。

③ 线段 AH、BI 是正平线，其正面投影 $a'h'$、$b'i'$ 反映实长。弧 AB 与 HI 等长，用弧长 ab 近似地代替，对角线 BH 为一般位置直线，用旋转法将其实长求出后，就可在展开图上画出三角形 ABH 及三角形 BHI，就得四边形 $ABIH$ 的展开图。

④ 用同样方法画出其余部分的展开图，采用曲线光滑连接所得各点，即得到换向接头表面的近似展开图，如图 4-22(b) 所示。

（2）正螺旋面的近似展开

圆柱形螺旋输送机又名搅龙，可用来输送颗粒状及粉末状等物质，也可以作搅拌机构，用途比较广。在加工制造时，需把螺旋叶片焊接在机轴上。它同螺纹一样有单、双线，左、右旋之分。单线螺旋周节等于导程；双线螺旋周节等于 1/2 导程。螺旋叶片通常按一个导程或稍大于一个导程的螺旋面展开下料，胎曲成形后将若干个螺旋面拼接成整体搅龙。除专门生产螺旋输送机的工厂之外，一般工厂都用圆柱螺旋面作为搅龙的叶片。现介绍正圆柱螺旋面近似展开的方法。

① 三角形法。圆柱螺旋面为不可展曲面，只可用近似的方法展开。即把螺旋面分成若干三角形面，然后将这些三角形的边长求出，再依次画出它们的实形。具体作图步骤如下。

a. 利用圆柱螺旋面的内外直径 d、D 画出俯视图，如图 4-23

所示，12 等分俯视图大小圆周，等分点为 1、3、5、…、13、0、2、4、…、12，用点画线与实线交替连接各点。在主视图取 12 等于导程，并作 12 等分。由等分点引水平线，同从俯视图大小圆周等分点所引上垂线所得的对应交点分别连成两条螺旋曲线，完成主视图。

b. 求实长，作展开。由主视图与俯视图可明显看出螺旋面上各三角形的实线边为水平线，其水平投影反映实长，并且各线实长相等；各点画线及大小圆的等分弧是一般位置直线与曲线，各线的两面投影均不反映实长，可通过直角三角形法求出。如实长图，取 $B2$、$B3$、$B2'$ 等于俯视图的 $\overparen{02}$、$\overparen{03}$、$1-2$，取 AB 等于 $\dfrac{h}{12}$，并连接 $A2$、$A3$、$A2'$ 为俯视图两圆等分弧所对应的螺旋线及各点画线的实长。之后再用各实长线作出展开图。

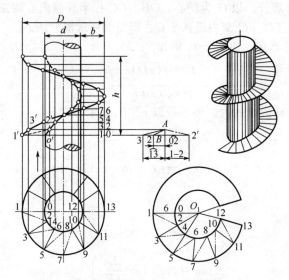

图 4-23　正螺旋面的近似展开

② 简便展开法。如图 4-24 所示，一个导程的圆柱螺旋面的展开图是一环形切口圆。如果已知正螺旋面的外径 D、内径 d 和导程 h，可以用简便法作展开图。用简便法展开，而不用画螺旋面的

投影。其具体做法如下。

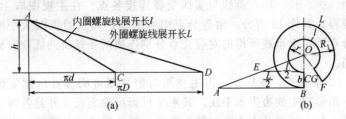

图 4-24　正圆柱螺旋面近似展开的简便画法

a. 用直角三角形法求出内外螺旋线的实长 l 与 L。

b. 作出一直角梯形 $ABCE$，使 AB 等于 $L/2$，CE 等于 $1/2$，BC 等于 $1/2$（$D-d$），且 AB 与 CE 平行，BC 与 AB 垂直。连接 AE、BC，并延长两线相交于 O。

c. 作展开。以 O 为圆心，OB、OC 作半径画同心圆弧，取 $\overset{\frown}{BF}$ 等于 L，连接 FO 交内圆弧于 G，即得到所求展开图。

③ 计算法。由图 4-24 得知

$$L=\sqrt{(\pi D)^2+h^2}$$

$$l=\sqrt{(\pi d)^2+h^2}$$

如果环形圆的内、外半径以 r、R_1 表示，则

$$\frac{l/2}{L/2}=\frac{r}{R_1}=\frac{r}{r+b}$$

$$l\,(b+r)=Lr \qquad lb=r\,(L-l)$$

所以　　$$r=\frac{lb}{L-l}$$

$$b=\frac{1}{2}\,(D-d)$$

$$\alpha=360°\left(1-\frac{L}{2\pi R_1}\right)$$

(3) 球表面的近似展开

球面是曲线表面，它在两个方向同时弯曲，因此不能自然地展开成为平面，为典型的不可展曲面，只能作近似地展开。假如不可展曲面构件的表面是由许多小块板料拼接而成，并且每一小块板料

是单向弯曲可展的，于是整个球面就被近似地展开。将各小块下料成形拼接便完成整个球体。

球面分割方式通常有分块法和分带法两种。球表面等分数愈多球而愈光滑，但是相应的落料成形愈频繁。等分数的多少应按照球直径大小而定。

① 球面的分瓣展开。球面分瓣法是沿着径线方向分割球面为若干块，并且每块大小相同，展开图为柳叶形，如图 4-25 所示。其具体做法如下。

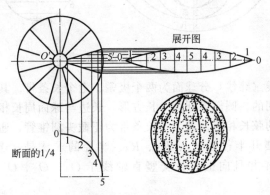

图 4-25 球面的分瓣展开

a. 用已知尺寸及 12 块板料等分数画出有极帽的主视图与 1/4 断面图。四等分断面 15 圆弧，等分点为 1、2、3、4、5。从等分点向上引垂线得到与结合线交点。

b. 作展开。在向右延长的水平轴线上截取 O0 等于断面图半圆周长，并且由中点 5 向左右取断面图 4、3、2、1 点。由各点引垂线，与从结合线各点向右所引水平线得对应交点分别连成光滑曲线，便得到球面展开图的 1/2。

② 球面的分带展开。球面分带法是沿着纬线方向分割球面为若干横条带，横条带的数量多少按照球直径而定，每一横条带可看成是正截头圆锥管，通过放射线法展开，如图 4-26 所示。具体做法如下。

a. 用已知尺寸画出球面的主视图，16 等分球面圆周，从等分

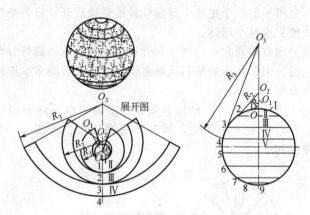

图 4-26　球面的分带展开

线引水平线（纬线）分球面为两个极帽、七个长条带。其中，中间
长条带为圆的，圆筒展开为一长方形，长边与球面周长相等，短边
与等分弧的弦长相等。其余各长条带为正截头圆锥管，通过放射线
法展开，展开半径为 R_1、R_2、R_3。半径的求法是：连接 1—2、
2—3、3—4 并且向上延长交竖直轴线于 O_1、O_2、O_3，得 R_1、
R_2、R_3。

　　b. 作展开。极帽展开是以 O 为圆心，R_0（R_0 等于 $\overset{\frown}{O1}$ 弧长）
为半径的圆，在经过 O 点的竖直线上取 1—2、2—3、3—4 等于球
面各等分弧的弦长。以 2、3、4 点为中心取 R_1、R_2、R_3 向上截取
得 O_1、O_2、O_3。再以 O_1、O_2、O_3 为圆心到 1、2、3、4 点的距
离为半径分别画圆弧，取各弧长对应等于球面各纬线为直径的纬圆
周长，各扇形带就为所求各长条带的展开图。

　　从上述可知，当作近似展开时，往往以直线代曲线，以平面代
曲面，也就是"以直代曲"与"以平代曲"，即以可展的单曲面逼
近不可展的双曲面，这是对于不可展表面作近似展开时经常应用的
方法。

（4）球体封头的展开

　　球体封头的组合形式有许多种，小型的可由整块板料加工成
形。大型或者大直径的球体封头，由于受原材料尺寸和加工条件所

限制，通常采用分块下料拼接制造。如图 4-27 所示的封头，为高炉用热风炉帽，由于直径较大，由六块板料与极帽拼接制成。展开方法有多种，在此仅介绍其中常用的球面分瓣，其具体做法如下。

① 用已知板厚中心半径 R 画出主视图与俯视图。六等分俯视图圆周（图中未注明符号），过圆心连接各等分点与极帽圆相交，是各块料结合线的水平投影。

② 四等分主视图 15，等分点是 1、2、3、4、5。过等分点引纬线，并且在俯视图中画纬圆，与结合线相交。各纬圆的 1/6 弧长分别用 a、b、c、e、f 表示。

③ 由 1、2、3、4 点分别引圆的切线交竖直轴延长线于 O_1、O_2、O_3、O_4，并且以 R_1、R_2、R_3、R_4 表示各切线长。

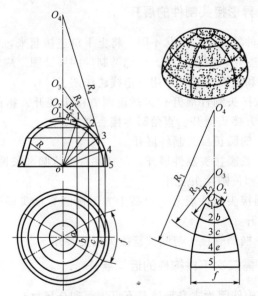

图 4-27　球体封头的展开

④ 作展开。画竖直线 1—5 等于主视图 15 弧伸直长度，并且照录 2、3、4 点。以 1、2、3、4 点为中心取 R_1、R_2、R_3 以及 R_4 长在 5-1 延长线上截取得 O_1、O_2、O_3、O_4，再以各点为圆心，R_1、R_2、R_3、R_4 为半径分别画圆弧，取各弧长对应等于俯视图

a、b、c、e 弧长，再从 5 点引水平线等于 f，得出各点后，分别连成光滑曲线，即为所求半球面的 1/6 瓣的展开图，如图 4-27 所示。

4.4.3 回转面构件的展开

曲线旋转面与螺旋面一样属于不可展曲面，这类形体的构件如储罐罐顶、球罐等都属于较大型结构，通常要用多块钢板拼接起来，在制造中往往是先下毛坯料成形后再二次下料。这类构件在制造中由于冷热加工方法的不同，成形后边缘尺寸与展开尺寸有很大差距，因此往往要在展开时用经验近似展开或修正。

4.4.4 异形接头制件的展开

此类制件的上下口形状不同，将上下口连接起来，它的正截面的形状不断变化，叫做异形。作此类制件的展开图，应将侧面划分为若干平面和曲面来展开，用三角线法作图。

① 圆头接头制件展开。包括正圆方接头展开、错位圆方接头展开、斜圆方接头展开、直角圆方接头展开。

② 圆、椭圆正接头制件展开。

③ 圆、长圆接头制件展开。包括左右错位圆和长圆接头展开、前后错位圆和长圆接头展开。

④ 方圆接头制件展开。包括上方下椭圆管接头展开、错位方圆管接头展开。

⑤ 方、椭圆管接头与圆柱管接头相交展开。

4.4.5 需二次下料构件的近似展开

有很多构件因为本身形体是不可展面和金属材料在加工成形工艺中的形变，使很多构件需先展开毛坯料加工成形后再二次净料处理，这类构件的展开通常用等体积法、等曲线法或者等面积法先作近似展开。本段中将介绍这类构件在实践中较成熟的近似展开和计算方法。展开的加工余量通常取 0～22mm，根据加工实测数值来决定。

4.5 号料

4.5.1 号料的一般技术要求

① 熟悉产品图样与制造工艺，合理安排各零件号料的先后顺序，零件在材料上位置的排布，应满足制造工艺的要求。

② 根据产品图样，严明样板、样杆、草图及号料数据；对钢材牌号、规格，确保图样、样板以及材料三者的一致。对重要产品所用的材料，还要核对其检验合格证书。

③ 检查材料有无裂缝、夹层、表面疤痕或者厚度不均匀等缺陷，并依据产品的技术要求酌情处理。当材料有比较大变形，影响号料精度时，应先进行矫正。

④ 号料前应把材料垫放平整、稳妥，既要有利于号料画线并确保画线精度，又要确保安全且不影响他人工作。

⑤ 正确使用号料工具、量具、样板以及样杆，尽量减小由于操作不当而导致的号料偏差。

⑥ 号料画线后，在零件的加工线、接缝线及孔的中心位置等处，应依据加工需要打上錾印或样冲眼。同时，按照样板上的技术说明，应用涂料标注清楚，为下道工序提供方便，并要求文字符号线条清晰。

4.5.2 合理用料

通过各种方法、技巧，合理铺排零件在材料上的位置，最大限度将原材料的利用率提高，是号料的一项重要内容。

(1) 材料利用率

所谓材料利用率指的是零件的总面积与板料的总面积之比，用百分数表示，即：

$$K = na/A \times 100\% \qquad (4-6)$$

式中 K——材料利用率，%；

a——每一零件的面积，mm^2；

n——板料上的零件数，个；

A——板料的面积，mm^2。

(2) 常用的排料方法

下料时必须采用各种途径，最大限度提高原材料的利用率。在生产中常用的排料方法有下列四种。

① 集中下料法。为了做到合理利用原材料，把各类产品中使用相同牌号及相同厚度的零件集中在一起，大小配合，统筹安排，充分利用原材料，提高材料的利用率。

② 长短搭配法。长短搭配法比较适用于型钢的号料。号料时先将较长的料排出后，再计算预料的长度，依据预料的长度再排短料，这样长短搭配，使预料最少。

③ 分块排料法。在实际生产中，为将材料的利用率提高，在工艺许可的条件下，常用"以小拼整"的结构。

④ 排样套料法。当零件下料的数量比较多时，为使板料得到充分利用，必须安排零件的图形位置，统一形状的零件或各种不同形状的零件进行排样套料，常用的排样方式有直排、多行排列、单行排列、斜排以及对头斜排，对于一定的零件形状，应选择最经济合理的排样方式。

必须指出，排样套料时，除考虑提高材料利用率之外，还要考虑采用何种切割方式。所以，排样时必须综合考虑，务必要做到既省料又合理。

4.5.3 型钢弯曲件的号料

(1) 型钢弯曲形式

型钢的种类很多，如等边角钢、不等边角钢、槽钢以及工字钢等。在金属结构的制造中，经常要把型钢弯曲成各种形状的零件。因为型钢横截面形状和弯曲方向及零件形式等不同，所以有不同的分法，常见的有下列几种形式。

① 内弯与外弯。当曲率半径在角钢（或槽钢）内侧的弯曲，称为内弯，如图4-28(a) 所示，槽钢见图4-28(c)。当曲率半径在角钢（或槽钢）的外侧的弯曲，称为外弯，如图4-28(b) 所示，槽钢见图4-28(d)。

对于不等边角钢还分下列4 种：比如大面弯后成为平面，就叫大

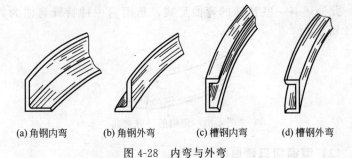

(a) 角钢内弯   (b) 角钢外弯   (c) 槽钢内弯   (d) 槽钢外弯

图 4-28   内弯与外弯

面内弯或大面外弯；如小面弯后成为平面，就叫小面内弯或者小面外弯。

② 平弯与立弯。当曲率半径与工字钢（或槽钢）的腹板处在同一平面内的弯曲，称为平弯，如图 4-29 (a) 所示。当曲率半径与工字钢（或槽钢）的腹板处在垂直位置时的弯曲，称为立弯，如图 4-29(b) 所示。

③ 切口弯与不切口弯。根据零件的结构及工艺要求，在型钢弯曲处需要切口的称为切口弯曲，不需要切口的叫做不切口弯曲。

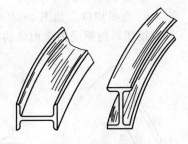

(a) 工字钢平弯   (b) 工字钢立弯

图 4-29   型钢平弯与立弯

切口的内弯均不需加补料，如图 4-30（a）、（b）所示。切口的内弯又可分为直线切口与圆弧切口两种。

切口的外弯均需加补料，这种通常被叫做弯曲后补角如图4-30（c）所示。

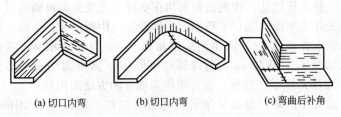

(a) 切口内弯   (b) 切口内弯   (c) 弯曲后补角

图 4-30   切口内弯与弯曲后补角

此外还有一些特殊的弯曲形式，角钢的一种特殊弯曲为如图4-31所示。

图 4-31　角钢的特殊弯曲

(2) 型钢切口弯曲的号料

① 型钢切口内弯号料。

a. 直线切口。如图 4-32(a) 所示的角钢件是由图 4-32(b) 所示直线切口角钢经内弯而成的。

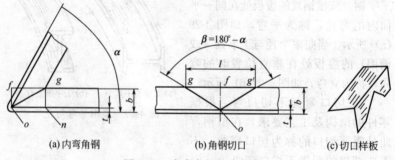

(a)内弯角钢　　　　　(b)角钢切口　　　　(c)切口样板

图 4-32　内弯角钢的直线切口

从两图中可以看出，切口角 $\beta = 180° - \alpha$ （α 为已知弯曲角），切口宽 $l = 2fg$，如图 4-32(a) 所示矩形 $ongf$。所以有如下作切口方法。

一种是作图法。作图法是利用作实样图先求出 l 再画切口，步骤是先作出如图 4-32(a) 所示的实样图，从中得出 fg 或 on，然后在角钢上作垂线 of，同角钢里皮相交于 o，与外缘相交，并在两侧取已得 fg，连接 og，则得到三角形 gog' 即为需切去的部位如图 4-32(b) 所示。另外，也可用作角度 β 的方法画出切口。

成批生产时，通常采用切口样板号切口。切口样板如图 4-32(c) 所示。

另一种是计算法。先将切口宽 l 计算出，再画切口。其公式为：

$$l = 2(b - t) \tan \frac{\alpha}{2} \tag{4-7}$$

式中　l——切口宽度，如图 4-32(b) 所示；

　　　b——角钢宽度；

　　　t——角钢厚度；

　　　α——弯曲角。

画切口的步骤同上。

b. 圆弧切口。如图 4-33 所示的角钢件，f、n 为里皮弧的两个切点，g 为弧 $\overset{\frown}{fn}$ 的中点，o 为弧心（角钢边缘的交点）。若把 $\overset{\frown}{fn}$ 和 og 切开并伸直，即成如图 4-33(b) 所示的弧形切口角钢。

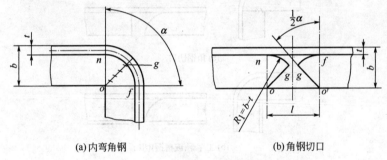

(a)内弯角钢　　　　　　　　(b)角钢切口

图 4-33　内弯角钢的圆弧切口

从图 4-33(a)、(b) 可知，此角钢件的圆角里皮半径 $R_1 = b - t$，中性层半径为 $b - \dfrac{t}{2}$ 号。为求出切口宽 l，除作实样图外，还可以利用计算求得。其计算式为：

$$l = 0.01745 \left(b - \frac{t}{2} \right) \pi \tag{4-8}$$

式中　l——圆弧切口宽；

　　　b——角钢宽度；

　　　t——角钢厚度。

当圆心角 $\alpha = 90°$ 时，切口宽 l 为：

$$l = \frac{1}{2}\left(b - \frac{t}{2}\right)\pi \tag{4-9}$$

求出切口宽 l 后，作切口的步骤如图 4-33 (b) 所示，在角钢面的一边取 oo' 等于 l，过 o'、o 点作角钢边的垂线分别同里皮相交于 n 和 f。以 o 为圆心，以 on（或 og）为半径画弧，在两弧上各取 g 点，使 $\angle gon = \angle gof = \frac{1}{2}\alpha$ 口，则 ogn 与 fgo 所围成的形状即为需要切去的部位。

图 4-34 (a)、(b) 分别为角钢与工字钢（或槽钢）的另一种圆弧切口形式。其作切口的方法基本与以上角钢圆弧切口的作法相同（作法从略）。

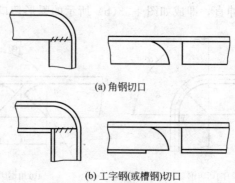

(a) 角钢切口

(b) 工字钢(或槽钢)切口

图 4-34 型钢弯曲的切口

② 型钢切口弯曲的料长计算。

a. 直线切口。图 4-35 为角钢内弯任意角度的零件，按照里皮取各边的下料长度，因此料长的计算公式为：

$$L = A' + B' = A + B - 2t\cot\frac{\alpha}{2} \tag{4-10}$$

当角钢内弯 90° 时，料长的计算公式为：

$$L = A' + B' = A + B - 2t \tag{4-11}$$

式中　A'，B'——角钢每边的里皮尺寸；

　　　A，B——角钢每边的外皮尺寸；

　　　t——角钢厚度；

α——弯曲角；

L——角钢内弯时任意角度时的料长。

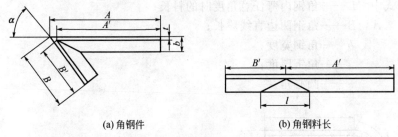

(a) 角钢件　　　　　　　(b) 角钢料长

图 4-35　内弯角钢的料长计算

如图 4-35(b) 所示的角钢切口宽 l 可按照式（4-8）求得。当内弯成矩形角钢框时，如图 4-36(a) 所示，其料长的计算公式为：

$$L=2（A+B）-8t \tag{4-12}$$

其每边的料长分别为 $A-2t$ 与 $B-2t$，如图 2-36(b) 所示。当内弯成正多边形角钢框时，其料长的计算公式为：

$$L=n\left(A-2t\tan\frac{\alpha}{2}\right) \tag{4-13}$$

式中　L——正多边形角钢框料长；

　　　n——边数；

　　　A——每边的外皮尺寸；

　　　t——角钢厚度；

　　　α——切口角。

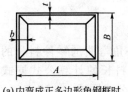

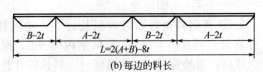

(a)内弯成正多边形角钢框时　　　　　　(b)每边的料长

图 4-36　内弯 90°角钢框料长计算

b. 圆弧切口。图 4-37 为角钢圆弧内弯任意角度的零件，其料长的计算公式为：

$$L = A + B + 0.01745\left(b - \frac{t}{2}\right) \tag{4-14}$$

式中 L——角钢内弯任意角度时的料长;

$\quad$ A, B——角钢两边直线段长;

$\quad$ b——角钢宽度;

$\quad$ t——角钢厚度;

$\quad$ α——圆心角。

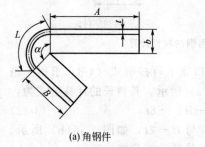
(a) 角钢件

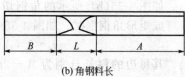
(b) 角钢料长

图 4-37　圆弧内弯角钢的料长计算

当圆心角 $\alpha = 90°$ 时,料长的计算公式为:

$$L = A + B + \frac{1}{2}(b - t)\pi \tag{4-15}$$

如图 4-38 所示为内弯圆角矩形角钢框,其料长计算公式为:

$$L = 2(A + B) - 8b + (2b - t)\pi \tag{4-16}$$

式中 L——圆角矩形角钢框的料长;

$\quad$ A, B——角钢框长、宽尺寸;

$\quad$ b——角钢宽度;

$\quad$ t——角钢厚度。

③ 角钢补角弯曲后的料长计算。角钢补角弯曲的零件料长的计算公式同式 (4-10);若角钢内弯 90°,则料长的计算公式同式 (4-11);当外弯成 90°角钢框时,料长的计算公式同式 (4-12)。

如果外弯矩形角钢框的长宽尺寸标注在里皮上,则料长的计算公式为:

$$L = 2(A' + B') \tag{4-17}$$

式中 L——角钢框料长;

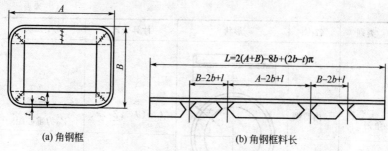

(a) 角钢框   (b) 角钢框料长

图 4-38 内弯圆角矩形角钢框料长计算

A'——里皮长度；

B'——里皮宽度。

（3）型钢不切口弯曲的号料

① 理论公式计算。

型钢中的扁钢、方钢、圆钢、钢管以及工字钢等的弯曲件的展开料长计算方法，相同于板料的弯曲件计算展开料长的方法，其计算公式见表 4-2。

角钢、槽钢的弯曲存在中性层，因为它们的中性层靠近各自的重心，所以产生了按角钢、槽钢重心距计算其展开料长度的理论公式，见表 4-2。

因为角钢、槽钢等的弯曲方法不同，理论公式的计算结果与实际有一定差异。外弯出来的料要长些，内弯出来的料要短些，所以在施工过程中应注意纠正。

表 4-2 型钢不切口弯曲件展开长度计算公式

类别	名称	形状	计算公式	式中说明
钢板 （扁钢、圆钢）	圆筒及圆环		$L = d\pi$	L 为计算展开料长 d 为圆中径

续表

类别	名称	形状	计算公式	式中说明
等边角钢	内弯圆		$L=(d-2Z_0)\pi$	d 为圆外径 Z_0 为重心距
等边角钢	内弯弧形		$L=\dfrac{\pi(R_{外}-Z_0)}{180}\alpha$	$R_{外}$ 为圆外半径 α 为圆心角 Z_0 为重心距
等边角钢	外弯弧形		$L=\dfrac{\pi(R_{内}+Z_0)}{180}\alpha$	$R_{内}$ 为圆内半径
等边角钢	外弯椭圆		$L=(d_1+2Z_0)PI$	d_1 为内长径 d_2 为内短径 PI 为椭圆圆周率 Z_0 为重心距
不等边角钢	大面内弯圆		$L=(d-2Y_0)\pi$	d 为外直径 Y_0 为重心距

续表

类别	名称	形状	计算公式	式中说明
槽钢	外弯圆	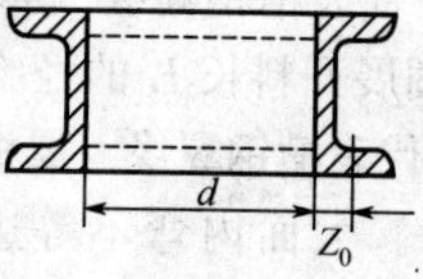	$L=(d+2Z_0)\pi$	d 为内直径 Z_0 为重心距
	平弯圆	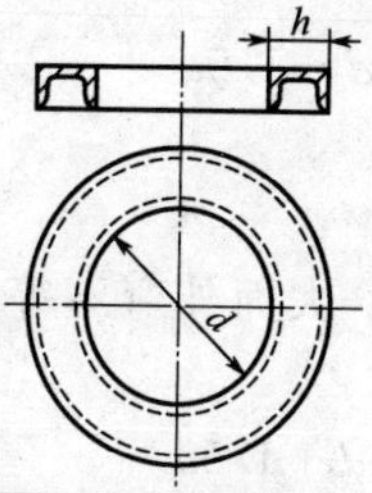	$L=(d+h)\pi$	d 为内直径 h 为槽钢高
工字钢	立弯圆	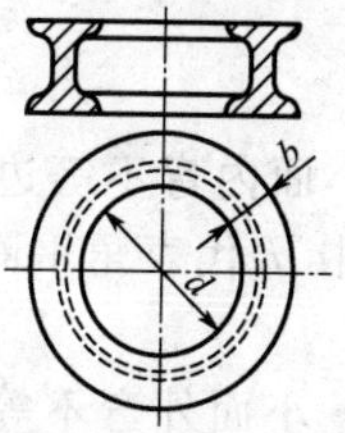	$L=(d+b)\pi$	d 为内直径 b 为工字钢平面宽

注：Z_0、Y_0 为重心距符号，其数值可查材料手册。

② 经验公式计算。

在生产实际中，在弯曲角钢圈、槽钢圈时，常常采用经验公式来计算料长。常用的经验公式如下。

a. 内弯等边角钢圈。如表 4-2 第 2 图所示，其钢圈展开料长的经验公式为：

$$L=\pi d-1.5b \qquad (4\text{-}18)$$

式中　d——角钢圈内径；

　　　b——角钢宽度。

b. 外弯等边角钢圈。外弯等边角钢圈展开料长 L 的经验公式为：

$$L=\pi d+1.5b \qquad (4\text{-}19)$$

式中　d——角钢圈内径；

b——角钢宽度。

c. 外弯槽钢圈。外弯槽钢圈展开料长的经验公式同式（4-18）。而式中 d 则代表槽钢圈内径；b 代表槽钢翼缘（翼板）宽度。

d. 内弯槽钢圈。内弯槽钢圈展开料长 L 的经验公式同式（4-19），而式中 d 则代表槽钢圈外径；b 代表槽钢翼缘（翼板）宽度。

e. 大面内弯不等边角钢圈。大面内弯不等边角钢圈其展开料长 L 的经验式为：

$$L = \pi d - 1.5a \tag{4-20}$$

式中　d——角钢圈外径；

　　　a——角钢大面宽。

f. 大面外弯不等边角钢圈。大面外弯不等边角钢圈其展开料长 L 的经验式为：

$$L = \pi d + 1.5a \tag{4-21}$$

式中　d——角钢圈内径；

　　　a——角钢大面宽。

g. 小面内弯不等边角钢，小面内弯不等边角钢圈展开料长 L 的经验公式同式（4-18），而式中 d 代表角钢圈外径；b 代表角钢小面宽。

h. 小面外弯不等边角钢圈。小面外弯不等边角钢圈其展开料长 L 的经验公式同式（4-19），而式中 d 代表角钢圈内径；b 代表角钢小面宽。

经验公式通常是手工热弯得到的结果，它计算方便，已被铆工广泛应用。因为手工弯曲与压力机械弯曲的不同，冷弯与热弯的不同，操作方法与操作者的熟练程度等原因，经验公式计算的材料长度有时略长些，特别在冷压弯曲时较明显。所以，在生产实践中应不断地积累经验和数据，来充实及完善经验公式，使其准确程度更高。

4.5.4　预防加工后尺寸变化的划线方法

这里所说的加工，主要是指卷制、压制、剪切、热切以及焊接等工序的加工，按设计尺寸划线后，经卷制、压制以及剪切后尺寸会变大；经热切和焊接后尺寸会变小。切割分冷切与热切，冷切会使板料伸长，而热切会使板料缩短，一边冷切一边热切会使板料弯曲。

焊缝的收缩量。钢结构焊接后都会产生收缩，包括纵向收缩与横向收缩，纵向的较小，横向的较大，收缩量的大小与各种因素（如板厚、材质、焊接方法、焊接速度、电流大小等）有关。见表4-3与4-4。

表 4-3　焊缝纵向收缩量　　　mm/m

焊缝类型	对接焊缝	连续角焊缝	间断角焊缝
收缩量	0.15~0.3	0.2~0.4	0~0.1

注：表中所表示的数据是在宽度大约为15倍板厚的焊缝区域中的纵向收缩量。适用于中等厚度的低碳钢板。

表 4-4　焊缝纵向收缩近似值

接头类型	钢板厚度/mm									
	5	6	8	10	12	14	16	18	20	24
	横向收缩量/(mm/m)									
V形坡口对接焊缝	1.3	1.3	1.4	1.6	1.8	1.9	2.1	2.4	2.6	3.1
X形坡口对接焊缝	1.2	1.2	1.3	1.4	1.6	1.7	1.9	2.1	2.4	2.8
单面坡口十字角焊缝	1.6	1.7	1.8	2.0	2.1	2.3	2.5	2.7	3.0	3.5
单面坡口角焊缝	0.8	1.7	0.8	0.8	0.7	0.7	0.6	0.6	0.6	0.4
无破口单面角焊缝	0.9	0.8	0.8	0.8	0.8	0.8	0.7	0.7	0.7	0.4
双面间断角焊缝	0.4	0.3	0.3	0.25	0.2	0.2	0.2	0.2	0.2	0.2

4.5.5　二次号料

对于某些加工之前无法准确下料的零件（如某些加工零件及有余量装配等），常常都在一次号料时留有充分的余量，待加工后或者装配时再进行二次号料。

在进行二次号料前结构的形状必须矫正准确，将结构上存在的变形消除，精确定位后方可进行。

4.5.6　号料允许误差

金属结构中的所有零件，几乎都要经过号料工序，为保证工件质量，号料不得超过允许误差。号料的常用允许误差见表4-5。

表 4-5 常用号料允许误差   mm

序号	名称	允许误差	序号	名称	允许误差
1	直线	±0.5	6	料宽和长	±1
2	曲线	±0.5~1	7	两孔(钻孔)距离	±0.5~1
3	结构线	±1	8	铆接孔距	±0.5
4	钻孔	±0.5	9	样冲眼和线间	±0.5
5	减轻孔	±2~5	10	扁铲	±0.5

4.6 样板制作

由于零部件等加工的需要，一般需制作适应于各种形状和尺寸的样板和样杆。

(1) 样板的种类

① 号孔样板。专用于号孔的样板，如图 4-39 所示。

② 卡型样板。用于煨曲或者检查构件弯曲形状的样板，分内卡型样板与外卡型样板两种，如图 4-40 所示。

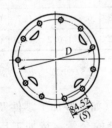

图 4-39 圆周等分法

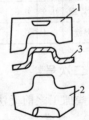

图 4-40 内、外卡型样板
1—外卡型样板；2—内卡型样板；3—构件

③ 成形样板。用于煨曲或者检查弯曲件平面形状的样板。此类样板不仅用于检查各部分的弧度，同时还可以作为端部割豁口的号料样板，如图 4-41 所示为是其中一例。

④ 号料样板。用于号料或者号料同时号孔的样板，如图 4-42 所示。

图 4-41 成形样板

1—样板；2—弯曲件

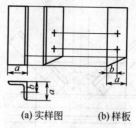

(a) 实样图   (b) 样板

图 4-42 不覆盖过样法

（2）样板、样杆的材料

制作样板的材料通常采用 0.5～2mm 的薄钢板（铁皮）。当工件较大时可用板条拼接成花架，以减轻重量；中、小件的样板通常多采用 0.5mm 或 0.75mm 薄铁皮制作。为节约薄钢板，对一次性的样板，可用油毡纸制作。样杆通常用 25mm×0.8mm 或 20mm×0.8mm 扁钢条或铁辊、木杆等材料制作。

（3）号料样板的制作

对不需要展开的平面形零件的号料样板有下列两种制作方法。

① 画样法。即按零件图的尺寸直接在样板料上作出样板，如图 4-39 所示。

② 过样法。这种方法亦叫移出法，它有不覆盖过样与覆盖过样两种。不覆盖过样法就是借助作垂线或平行线，将实样图中的零件形状过至样板料上的作样板方法。如图 4-42（b）所示的角钢号孔样板，就是通过图 4-42（a）的实样图取得的。覆盖过样法就是将样板料覆盖在实样图上，再按照事前作出的延长线，画出样板的方法。若要作出如图 4-43（a）所示的连接板的样板，可将连接板边缘的轮廓线和各孔的纵横中心线延长，将略大于连接板的样板料覆盖在实样图上，再将露出的延长线的两端，用平尺或粉线连接起来，即将实样图上的形状画到样板料上。最后剪去样板的多余部分，在交叉线有孔的位置上打上冲眼，就是孔的中心，从而做成连接板的样板，如图 4-43（b）所示。

采用覆盖过样法，通常是为了保存实样图。当不需要保存实样图时，上面的连接板样板就可采用画样法制作。

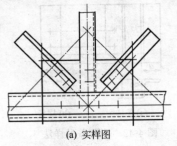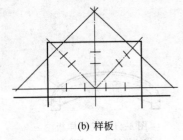

(a) 实样图　　　　　　　　　　(b) 样板

图 4-43　覆盖过样法

以上样板的制作方法同样适用于号孔、卡型以及成形等样板的制作。样板制出后，必须在上面注上零件件号、件数及加工符号等，有的还需将名称、材料牌号注明。

（4）样杆的制作

对于又长又大的型钢号料、号孔，采用卷尺测量，既麻烦又容易错，所以在批量生产时常用样杆来号料。

如图 4-44 所示的角钢实样图，可利用过样法将角钢孔和长短位置过到样杆上，孔的记号方向（记号的开口方向）同角钢两面的孔相对应。

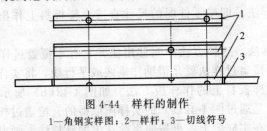

图 4-44　样杆的制作

1—角钢实样图；2—样杆；3—切线符号

孔的记号有半圆形（如图 4-44 所示样杆中的记号）、半方形、角形、双半圆形、双角形以及双方形等。号料时，向记号的开口方向号孔为正号，反之则为反号。

样杆制成后，必须在上面注明零件的件号、边心距、正反号的数量、孔径及加工符号等。

号料时，较大的样杆要用卡子卡住样杆，并挂在型钢上进行号料。若所号的角钢两端具有一定形状时，可以做个成形样板补充样杆的号料。当型钢较短并且两端具有一定的形状时，可直接做号料样板。

第**5**章

加工成形

5.1 零件的预加工

5.1.1 孔的加工

用钻头在实心材料上加工出孔叫做钻孔。钻孔时，工件固定不动，钻头装在钻床或其他工具上，依靠钻头与工件之间的相对运动来完成切削加工。切削加工时，钻头绕轴所作的旋转运动叫做主体运动，它使钻头沿着圆周进行切削，而钻头对着工件所作的前进直线运动叫做进给运动，它使钻头切入工件，连续地进行切削，因为这两种运动是同时连续进行的，所以钻头是按照螺旋运动来钻孔的，如图 5-1 所示。

（1）钻头

钻头多用高速钢制成，并以淬火与回火处理，钻头的种类有很多，虽然外形有些不同，但切削原理基本一样。

① 麻花钻的组成部分。麻花钻是最常用的一种钻头，它由柄部、颈部以及工作部分组成，见图 5-2。

a. 柄部。柄部是钻头的夹持部分，用来传递钻孔时所需的转矩与轴向力，并且使钻头的轴心线保持正确的位置。

图 5-1 钻孔

b. 颈部。它是制造钻头时砂轮磨削退刀之用，通常也在这部位的表面上刻印商标、钻头直径以及材料牌号。

c. 工作部分。它是由切削部分与导向部分组成。切削部分包括横刃及两条主切削刃，起着主要的切割作用，两条相对的螺旋槽用来形成切割刃，并起到排屑与输送切削液的作用。

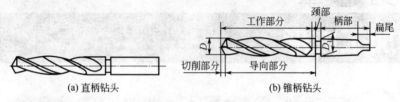

(a) 直柄钻头　(b) 锥柄钻头

图 5-2　标准麻花钻

② 切削部分的几何参数（图 5-3）。

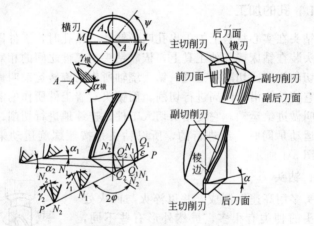

图 5-3　麻花钻的几何参数

a. 顶角 2φ：钻头的两主切削刃之间的夹角。

b. 螺旋角 ω：它是螺旋槽上最外缘的螺旋线展开成直线后同钻头轴线的夹角。

c. 后角 α：钻头主切削刃上任意点的切削平面与后面的夹角叫做后角。后角的大小在主切削上各点都不相同，越靠近中心处后角应越大。

d. 前角 γ：主切削刃上任意一点的前角，是该点前面的切线与基面在主截面上投影之间的夹角。

e. 横刃斜角 ψ：钻头横刃和主切削刃之间的夹角，通常取 $50°\sim55°$。

（2）装夹钻头的工具

① 钻头夹。钻头夹用来装夹直径为 13mm 之内的直柄钻头，其结构如图 5-4 所示。

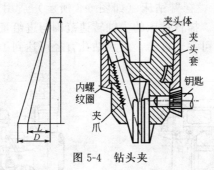

图 5-4　钻头夹

② 钻头套。钻头套用来装夹锥柄的钻头，按照钻头锥柄莫氏锥度的号数选用相应的钻头套，如图 5-5 所示。

（3）钻孔设备

① 台式钻床。简称台钻，是一种小型钻床，通常安装在工作台上或铸铁方箱上，台钻的规格有 6mm 和 12mm 两种。图 5-6 为应用比较广的一种台钻。

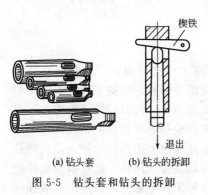

(a) 钻头套　(b) 钻头的拆卸

图 5-5　钻头套和钻头的拆卸

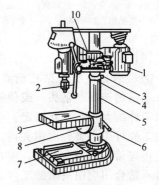

图 5-6　台式钻床

1—电动机；2,6—手柄；3—螺钉；4—保险环；5—立柱；7—底座；8—转盘；9—工作台；10—本体

② 立式钻床。简称立钻，通常用来钻中型工件的孔，其最大钻孔直径有 25mm、35mm、40mm 及 50mm 几种。图 5-7 是目前应用比较广的立式钻床。

③ 摇臂钻床。摇臂钻床（如图 5-8 所示）适用于加工大型工件及多孔的工件。摇臂钻床的主轴转速范围与进给量范围很广，主轴可自动进给也可手动进给，最大钻孔直径可达到 100mm。

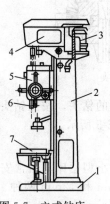

图 5-7 立式钻床

1—底座；2—床身；3—电动机；4—变速箱；
5—进给箱；6—手柄；7—工作台

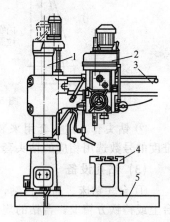

图 5-8 摇臂钻床

1—立柱；2—立轴变速箱；3—摇臂；
4—工作台；5—底座

（4）钻孔工艺

① 工件的夹持。钻孔前必须将工件夹紧固定，避免钻孔时工件移动或旋转折断钻头，或使钻孔位置偏移，夹持工件的方法主要根据工件的大小和形状而定。小而薄的工件可以用钳子钳牢；小而厚的工件可用小型台虎钳夹持。若在较长的型钢件上钻孔，可以用手直接握持，为安全起见，应在钻床台面上用螺栓靠住。钻大的孔或者不适合用虎钳夹紧的工件，可以直接用压板、螺栓以及垫铁把它固定在钻床的工作台上。在圆柱形工件上钻孔时要将工件放在 V 形铁上，然后用压板将其压紧，以免转动。

② 钻孔方法。钻孔前先用样冲将孔中心眼冲大一些，这样就可使横刃预先落入样冲眼的锥坑中，钻孔时钻头就不易偏离中心。

钻孔时使钻头对准钻孔中心，先试钻一浅坑，实现找正的目的。钻通孔在将要钻穿时，必须减小进给量，若采用自动进给的，则最好改换手工进给。钻不透孔时，可按照钻孔深度调整挡块，并利用测量实际尺寸来检查所需的钻孔深度。钻深孔时，通常钻进深度达到直径的 3 倍时，钻头就要退出排屑。

③ 钻孔时的冷却和润滑。在钻削过程中，因为切屑的变形和钻头与工件的摩擦所产生的切削热，严重地降低了钻头的切削能力，甚至造成钻头切削部分退火，对钻孔质量也有一定影响，为了延长钻头的使用寿命及保证钻孔质量，除采用其他方法之外，在钻孔时注入充足的切削液也是一项重要的措施，注入切削液有利于切削热的散发，避免刀刃产生积屑瘤和加工表面冷硬；同时因为切割液能流入钻头的前刀面与切屑之间，使钻头的后刀面与切屑表面和孔壁之间能够形成吸附性的润滑油膜，起到减少摩擦的作用，从而降低了钻屑阻力和切削温度，提高了钻头的切割能力和孔壁的表面质量。

④ 切削用量。切削用量是切削速度、进给量以及切削深度的总称。钻孔时的切削速度 v 为钻头直径上的一点的线速度，可由下式计算：

$$v = \pi D n / 1000 \text{ （m/s）} \tag{5-1}$$

式中　D——钻头直径，mm；

　　　n——钻头的转速，r/s。

钻孔时的进给量 s 是钻头每转一周向下移动的距离，单位以 mm/r 计算。

在实心材料上钻孔时，切削深度就是吃刀深度，等于钻头的半径。合理地选择切削量，可防止钻头过早磨损或损坏，防止机床过载，提高工件的钻削精度与表面粗糙度。

5.1.2 攻螺纹与套螺纹

(1) 攻螺纹

用丝锥（螺纹攻）在孔壁上切削出内螺纹叫做攻螺纹。

① 攻螺纹工具。

a. 丝锥。丝锥是由合金工具钢或者高速钢制成，并经热处理淬硬。丝锥由工作部分和柄部组成，如图5-9所示。

• 切削部分，丝锥的前端呈圆锥形，有锋利的切削刃，起到主切削作用。

• 校准部分，此部分的螺纹牙形是完整的，用以修光及校准已切出的螺纹，并且是丝锥的备磨部分，其后角 $\alpha = 0°$。

• 柄部通常为方榫，用来传递转矩。

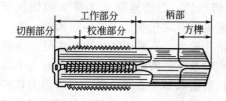

(a) 外形　　　　　　(b) 切削部分和校准部分的角度

图 5-9　丝锥

　b. 铰手。攻螺纹绞手是用来夹持丝锥的工具，铰手有普通铰手与丁字铰手两类，各类铰手又可分为固定式与活动式两种，如图5-10所示。

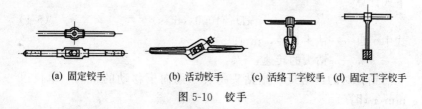

(a) 固定铰手　　(b) 活动铰手　　(c) 活络丁字铰手　(d) 固定丁字铰手

图 5-10　铰手

　② 攻螺纹方法。

　a. 攻螺纹前底孔直径的确定。攻螺纹时丝锥除起到切削作用之外，还对金属材料产生挤压，如图5-11所示，使材料扩张，材料的塑性愈好，扩张量愈大。在钻螺纹底孔时，可利用查表法或用经验公式计算来确定底孔直径。

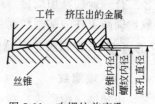

图 5-11　攻螺纹前底孔直径的确定

对于钢和塑性较大的材料： $D = d - t$

对于铸铁或脆性材料： $D = d - (1.05 \sim 1.1)t$

式中 D——底孔直径，mm；

　　 d——螺纹外径，mm；

　　 t——螺距，mm。

攻盲孔螺纹时，因为丝锥切削部分不能切出完整的螺纹牙形，所以钻孔深度要大于所需的螺孔深度，通常取：钻孔深度＝所需螺纹深度＋0.7d（d 为螺纹外径）。

b. 攻螺纹步骤和方法。攻螺纹的基本步骤如图 5-12 所示。

• 选用相应的钻头钻底孔，并且对孔口倒角。

• 工件的装夹位置必须正确，应使螺孔中心线置于水平或者垂直位置使丝锥中心线与底孔中心线重合，然后对丝锥稍加压力并且顺时针转动铰手。

• 攻螺纹时，当切削刃切进之后就不必再加压力，两手用均衡平稳的旋转力进行攻螺纹。

• 攻锥时，必须以头锥、二锥、三锥为顺序攻削。

• 攻螺纹时要经常润滑，以减小切削阻力，减少螺纹表面粗糙度。

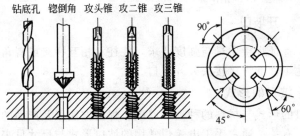

图 5-12　攻螺纹的基本步骤

(2) 套螺纹

用板牙在圆杆、管子外径上切削出外螺纹叫做套螺纹。

① 套螺纹工具。

a. 圆板牙。圆板牙是加工外螺纹的刀具，它是由碳素工具钢或者高速钢制成，并经热处理淬硬。其构造如图 5-13 所示，是由切削部分、定径部分以及排屑孔组成。圆板牙除了普通套螺纹用的一种外,还有管螺纹板牙,圆柱管螺纹板牙相仿于普通圆板牙构造,而圆锥管螺纹板牙是单面制成切削锥,只能单面使用。

b. 板牙铰手架。圆板牙铰手架用以安装板牙,并且带动板牙旋转进行套螺纹的工具,如图 5-14 所示。

图 5-13　圆板牙

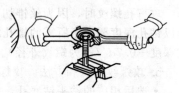

图 5-14　圆板牙铰手

② 套螺纹方法。套螺纹前圆杆直径的确定。套螺纹和攻螺纹一样,因为材料也要受挤压,切削阻力增大,如圆杆直径选择不当,不仅板牙容易坏,还要影响螺纹的质量。所以,圆杆直径应用下列经验公式来确定。圆杆直径公式为:

$$D = d - 0.13p \qquad (5-2)$$

式中　d——螺纹外径,mm;

p——螺距,mm。

5.1.3　开坡口

为了保证焊接质量与强度要求,往往对相互拼接或者角焊中的厚或其他工件的焊接接头处开坡口。

(1) 坡口的形式

坡口的形式与材料的种类、厚度、焊接方法以及产品的力学性能等因素有关。通常手工电弧焊常用的坡口形式与尺寸见表 5-1。

表 5-1　手工电弧焊常用的坡口形式与尺寸

序号	坡口名称	坡口形状	各部尺寸				
			尺寸/mm			角度/(°)	
			δ	p	b	α	β
1	齐边坡口		3~4		1±0.5		

续表

序号	坡口名称	坡口形状	各部尺寸				
			尺寸/mm			角度/(°)	
			δ	p	b	α	β
2	V形坡口		6~20	2	2~3	60	
3	X形坡口		20~30	2	4	60	60
4	K形坡口		20~40	2	4	45	60
5	偏X形坡口		20~40	2	4	60	60
6	半K形坡口		8~16	2	4	45	
7	U形坡口		20~60	2	4	10	

(2) 开坡口的方法

① 风铲加工。风铲加工 V 形或者 X 形坡口时，风铲头的切削角度以 50°左右为宜，角度小了强度低，强度大了切削阻力大。为了将铲削阻力和摩擦减小，铲头要适当蘸润滑剂。

② 机械加工。机械加工是在刨边机或者铣边机上进行的，它可以刨、铣各种形式的坡口。

③ 气割坡口。气割坡口包括手工气割与半自动气割机切割，其操作方法和使用的工具相同于气割。

④ 碳弧气刨坡口。碳弧气刨是目前已使用广泛的一种工艺方法，它是利用碳极电弧的高温把金属的局部加热到熔化状态，同时再用压缩空气的气流把这些熔化金属吹掉，实现刨削或切割金属的目的，图 5-15 为碳弧气刨的示意图。

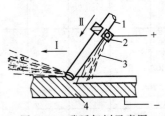

图 5-15　碳弧气刨示意图
1—碳棒；2—刨钳；3—高压空气流；4—工件

5.1.4　磨削

用砂轮对工件表面进行加工叫做磨削。

(1) 磨削工具

磨削工具主要有风动砂轮机与电动砂轮机两种。

① 风动砂轮机。风动砂轮机是机械化手工工具之一，它以压缩空气为动力，使用安全可靠（不会触电），携带方便，得到了广泛使用，如图 5-16 所示。

② 电动砂轮机。电动砂轮机由罩壳、砂轮、长端盖、电动机、开关以及手把组成，如图 5-17 所示。

(2) 磨削方法

① 磨削前要戴上护目镜，并应检查砂轮是否有裂纹或破碎，防护罩是否完好。

② 应使风动砂轮机使用压缩空气的工作压力保持在 $(4.5 \sim 5.5) \times 10^5$ Pa。

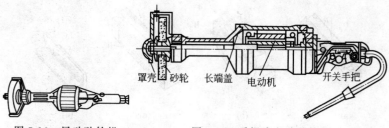

图 5-16 风动砂轮机　　图 5-17 手提式电动砂轮机

③ 风管内的脏物应先用压缩空气吹净后才能同风动砂轮机连接，管路应设有气水滤清器、调压阀及油雾器，在管路没有设油雾器时，每天必须从接风管内注入润滑油 3～4 次。

④ 在磨削时用力不得过猛，要平稳地上下、左右移动磨削。

⑤ 工作完毕后，将切断风源或电源并清理干净工作场地四周。

5.2 手工成形

5.2.1 弯曲

手工弯曲是采用必要的工夹具利用手工操作来弯曲板料。下面举例介绍手工弯曲操作过程。

(1) 角形件的弯曲

首先按展开图下料、划线，然后放在规铁上，并压上压铁，要注意板料的弯曲线同规铁、压铁的棱边相重合，用相应的夹紧装置夹紧，如图 5-18 所示。用手锤或者木槌先将板料的两端弯成一定角度，以便定位，使板料在锤击中不至于窜动。之后，一点挨着一点地从一端向另一端移动，锤击时要轻。所要求的弯曲角度要分多次进行锤击而成。

(2) 弯制封闭的角形件

如图 5-19 所示的口形工件，弯曲时首先在展开料上划线，之后以 ab 线定位，用规铁夹在虎钳上，并使弯曲线重合于规铁的棱边，规铁高出垫板 2～3mm，然后用手锤锤击，先弯曲 ab 相邻两

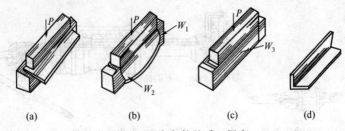

图 5-18　直角件的手工煨弯

边，如图 5-20(a)、(b) 所示。锤击时用力要均匀，并有向下压的分力，防止把弯曲线拉出而跑线。然后再弯曲 cd 合拢边。这时使用的规铁的形状尺寸必须相同于图样上的口形工件内部尺寸。将规铁放在 L 形工件里，底部同工件靠严，

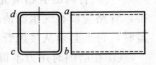

图 5-19　口形工件

规铁上部仍要高出垫板 2～3mm，夹紧之后，用手锤弯曲成形，如图 5-20(c) 所示。

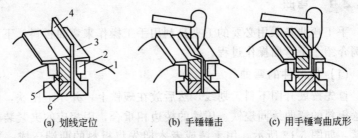

(a) 划线定位　　　(b) 手锤锤击　　　(c) 用手锤弯曲成形

图 5-20　口形工件的弯曲

1—虎钳；2—钳口；3—垫板；4—板料；5—规铁；6—垫块

(3) 弯制圆筒

无论是用薄板还是用厚板弯制圆筒，均应先把端头弯制好。在圆钢上打直头时，应使板边与圆钢平行放置，再锤打，如图 5-21 (a) 所示。然后对于薄板可用木板或者木槌逐步向内锤击，当接口重合，即施点固焊焊后再修圆，如图 5-21(b) 所示。对于厚板可

用弧锤和大锤在两根圆钢间从两端头向内锤打，基本成圆后焊接，再修圆，如图 5-21(c) 所示。

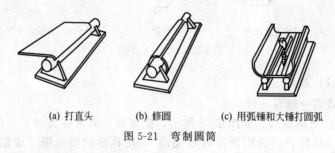

(a) 打直头　　　　　(b) 修圆　　　　　(c) 用弧锤和大锤打圆弧

图 5-21　弯制圆筒

（4）弯制锥形工件

如图 5-22 所示的圆方接头。首先要画好弯曲素线，做好弯曲样板。用弧锤和大锤按弯曲素线锤击，先弯两头，后弯中间，如图 5-22(a) 锤击的力量应有轻有重并且不断用样板来检查。待接口重合后如果歪扭，用工具找正，如图 5-22(b) 所示，固焊、修圆以及找方直至尺寸合格。

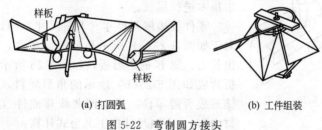

(a) 打圆弧　　　　　　　　　　(b) 工件组装

图 5-22　弯制圆方接头

5.2.2　放边与收边

使坯件的某一边变薄伸长来制造曲线弯边零件的方法叫做放边。收边与它相反，即用使坯料某一边长度缩短、厚度变大的方法来制造曲线形零件的方法。如图 5-23 所示用角钢制造的两个零件，图 5-23(a) 用放边方法外弯，图 5-23(c) 用收边方法内弯，以下都以角材为例说明。

(a) 用放边方法外弯　　　(b) 角钢　　　(c) 用收边方法内弯

图 5-23　收边与放边

(1) 放边

放边一般有三种方法。

① 打薄放边。如图 5-24 所示，把角材一翼放在方铁上，使其内侧可靠贴合（否则锤击时易翘曲），用稍软的錾口锤（如铝锤）对弯曲部锤击。錾口稍外斜，锤痕长约为 3/4 翼宽，并且呈放射状分布；边锤击边用样板检查。如果加工硬化严重，还要退火后再锤击。这样可将坯料逐渐锤放成曲线弯曲边的零件，效果显著。

② 拉薄放边。把要放的一边置于厚橡皮或木墩上锤放。当锤击时，锤痕两侧的材料还对受击线有拉伸作用，因此零件被击表面较光滑，但成形速度低。为免拉裂，可交替进行放边和弯曲。

图 5-24　放边

③ 型胎放边。把坯件放入型胎中借助锤击顶木进行展放。

零件放边展开尺寸（下料尺寸）的计算。对于如图 5-23(a) 所示角形断面零件，先裁出长 L、宽 B 的矩形板，如图 5-25 所示，再折弯成如图 5-23(b) 所示的角形坯料，最后锤放成所需零件。适于凹曲线弯曲件（如角材内弯）。下料尺寸按下列公式计算：

$$B = a + b - \left(\frac{r}{2} + t \right) \tag{5-3}$$

$$L = \frac{\pi \theta}{180} \left(R + \frac{t}{2} \right) + 直线部分长度 \tag{5-4}$$

式中　a——锤放边宽度；

　　　b——另一边宽度；

　　　θ——锤放圆弧的角度，(°)；

　　　R——弯曲半径。

(2) 收边

① 收边操作。用起皱钳（尖头钳）使要收的部位起皱，皱纹要密、匀；比如坯料厚，放在硬木上用錾口锤錾出皱纹。然后在规铁上用木拍板或硬橡皮拍板将皱纹打平，如图 5-26 所示。起皱钳用 10mm 钢棍制成。

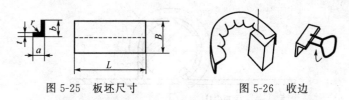

图 5-25 板坯尺寸   图 5-26 收边

② 收边下料尺寸。

$$B = a + b - \left(\frac{r}{2} + t \right) \tag{5-5}$$

$$L = \frac{\pi \theta}{180} (R + t) \tag{5-6}$$

式中，符号同放边下料公式。

收边与放边之前要将坯料毛刺锉光。操作过程中随时用样板或量具检查。

5.2.3 卷边咬缝

卷边咬缝按分工讲，应属于通风工或者钣金工，但铆工也应略知一二，如常用的盆、桶、壶、锅等，也应会下料及制作。因此本段就常用的白铁件进行叙述。

(1) 卷边咬缝的基本原理

卷边咬缝通常适用于 1.2mm 以下的普通钢板、小于 1.5mm 的铝板、小于 0.8mm 的不锈钢板。

① 卷边的基本原理。卷边的方法大致有三种，实心卷边、空心卷边、实折边。因为板很薄，刚性小，强度低，通过卷边可增加结构的断面面积，所以增加结构的刚度和强度，达到结构轻而强度大的目的。

② 咬缝的基本原理。借助薄板的扳折咬合而增加其接触面，

从而增加其摩擦力，再配以咬缝处的形状改变，既抗拉又止退，进而实现连接的目的。

(2) 卷边和纵缝的咬合方法

① 卷边的咬合方法。

a. 料计算：如图 5-27 所示为卷边部分长度计算图。

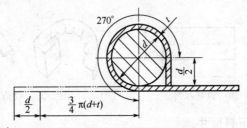

图 5-27　卷边长度计算原理

$$l = \frac{d}{2} + \frac{3}{4}\pi(d+t) \tag{5-7}$$

式中　d——卷边直径；

　　　t——板厚。

b. 卷边操作过程和方法。如图 5-28 所示为锥台洗衣盆卷边过程及方法，为了提高效率而又不伤及板材，用拍板扳边最好，可以用平面也可以用棱部；使用道士帽锤的钝刃部也可以，但是易伤板。此方法的关键是图 5-28(c)，左手用无齿手钳夹住铁丝与卷边部分，右手用拍板往小端方向拍打。开始时先将一端咬住，继而左转盆体拍打，注意不要一次拍成，遇纵缝重叠层数比较多时，可适当用铁锤将其压下。

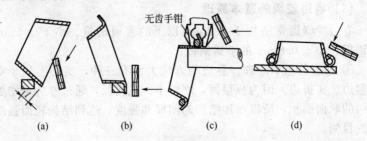

图 5-28　卷边操作过程和方法

c. 卷曲长度欠或过的处理方法。在卷边过程中，因为下料或操作手法的不同，很可能出现卷边长度欠或者过的缺陷，其处理方法如图 5-29 所示。如欠 [如图 5-29(a) 所示]，把盆体往下倾斜，用拍板往下往外打，铁丝及卷边部分会同时向小端移，卷曲部分自然变长；如过 [如图 5-29(b) 所示]，也将盆体往下倾斜，用拍板往下打，铁丝及卷边部分会同时向大端移，卷曲部分自然变短。

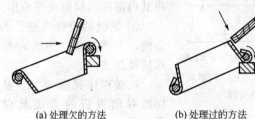

(a) 处理欠的方法　　　　(b) 处理过的方法

图 5-29　卷曲长度欠或过的处理方法

② 纵缝的咬合方法。纵缝的咬合方法很多，有单平咬缝，有单立咬缝，还有单双平咬缝等，但一般常用的就是单平咬缝。

料长计算：图 5-30(a) 为 0.5～0.75mm 镀锌板通常用钣金件的咬缝长度安排形式，此法叫五、五、六形式，也就是咬接部分长度为 5mm，外面的覆盖部分为 6mm。具体安排见图 5-30(b)。

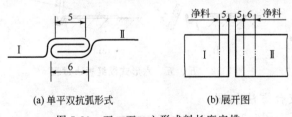

(a) 单平双抗弧形式　　　　(b) 展开图

图 5-30　五、五、六形式料长度安排

大件或 1mm 的镀锌板可以适当加大至六、六、七形式，如 0.5mm 以下的小件可适当缩小至四、四、五形式，制作时灵活掌握。

以上为咬缝长度的理论安排，但在实际工作中，牵扯到咬缝的反正与错开咬缝等因素（如多节弯头），并不这样安排，其安排方法就是：在净料的两端各加出咬缝量和的一半，如五、五、六形式，每端加出 8mm，为了确切地显示出咬缝长度，下列各例仍按理论长度安排。

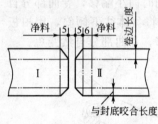

图 5-31 五、五、六形式缺口安排

③ 缺口的安排。上下缺口的安排，见图 5-31，为尽量将翻边时的难度减少，而又不致翻边后漏底，因此将其内部的两层剪成三角形为合适。

④ 纵缝的咬接方法。为了叙述的方便，本例按五、五、六形式的单平双抗弧叙述。

咬接程序见图 5-32。从图中可以详细看出扳折的方法及程序，此不详述。

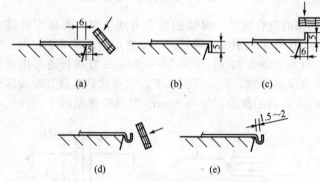

图 5-32 五、五、六形式纵缝扳边过程

其咬合方法如图 5-33 所示。图 5-33(a) 为圆筒体的咬合，图 5-33(b) 为平板对接咬合，两者在咬合过程中，并且注意不要触及抗弧，以防打平抗弧，通过反、正面

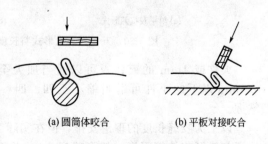

(a)圆筒体咬合   (b)平板对接咬合

图 5-33 纵缝的咬合方法

击打，便可把两端头严密、美观地咬合在一起。

5.2.4 拔缘

拔缘是指在板料的边缘，借助手工锤击的方法弯曲成弯边，如图 5-34 所示。

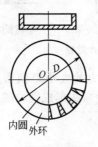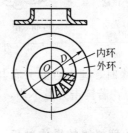

(a) 外拔缘折角弯边　　　　(b) 内拔缘圆角弯边

图 5-34　拔缘的种类和形式

外拔缘时，圆环部分要沿着中间圆形部分的圆周径向改变位置而成为弯边。但是它由于受到其中三角形多余金属的阻碍，采用收边的方法，使外拔缘弯边增厚。在内拔缘时，内侧圆环部分要沿外侧圆环部分的圆周径向变换位置而成为弯边，因为受到内孔圆周边缘的牵制不能顺利地延伸，所以采用放边方法，使内拔缘弯边变薄。拔缘可以采用自由拔缘与胎型拔缘两种方法。自由拔缘通常用于薄板料、塑性好，在常温状态之下的弯边零件；胎型拔缘多用于厚板料、孔拔缘及加温状态下进行弯边的零件。

(1) 自由拔缘的操作过程

① 计算出坯料直径 D，划出加工的外缘宽度线（即分出环形部分和圆形部分），通常坯料直径 D 与零件直径 D 之比在 0.8～0.85，随后剪切毛坯，去毛刺。

② 在铁砧上，根据零件外缘宽度线，用木槌敲打进行拔缘，首先将坯料周边弯曲，在弯边上制出皱褶，再将皱褶打平，使弯边收缩成凸边。薄板拔缘时，需经多次反复打平皱褶，才能制成零件。因此在每次打平皱褶后，可以在弯边的边缘上先制出 10mm 宽的向内折角圆环，以加强弯边的稳定性，操作过程如图 5-35 所示。

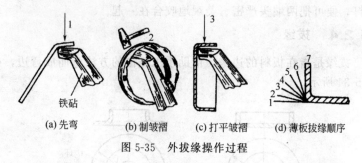

(a) 先弯　　(b) 制皱褶　　(c) 打平皱褶　　(d) 薄板拔缘顺序

图 5-35　外拔缘操作过程

③ 拔缘时，锤击点的分布与锤击力的大小要稠密、均匀，不能操之过急，若锤击力量不均，可能使弯边形成细纹皱褶而最后引起裂纹。

（2）胎型拔缘的操作过程

① 利用胎型外拔缘时，通常采用加温拔缘的方法。拔缘前，先在坯料的中心焊装一个钢套，以便于在胎型上固定坯料拔缘的位置，如图 5-36(a) 所示。坯料加热温度为 750～780℃，每次加热线不宜过长，加热线略比坯料边缘的宽度线大，按照前述外拔缘过程分段依次进行，一次弯边成形。

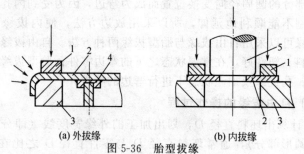

(a) 外拔缘　　　　　　　　(b) 内拔缘

图 5-36　胎型拔缘

1—压板；2—坯料；3—胎型；4—钢套；5—凸块

② 借助胎型内拔缘时〔如图 5-36(b) 所示〕，弯边比较困难。内孔直径不超过 80mm 的薄板拔缘时，可采用一个圆形木锤一次冲出弯边；较大的圆孔与椭圆孔的厚板内拔缘时，可以制作一个圆形的钢凸模进行一次冲出弯边。

5.3 机械成形

5.3.1 弯曲

(1) 压（折）弯

根据所使用的弯曲设备不同，弯曲工艺可分为折边、折弯以及模具压弯三种。

① 折边。将板件边缘压成叠边，以提高制件的强度与刚度的弯曲方法叫做折边。折边通常在折边机上进行，适用于简单直线大尺寸弯曲件。

折边机的折板可以绕上工作台面回转，使夹在上下台面间的板件弯曲。折板的下镶条与压块上的上镶条可依据制件需要更换。

图 5-37 是用折板机折出直线匹茨堡扣的工艺步骤。

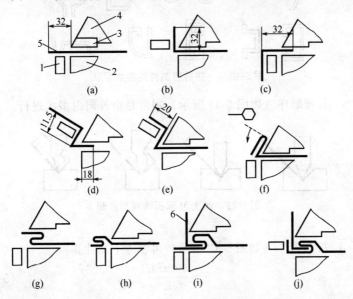

图 5-37　用折边机加工匹茨堡扣的步骤

1—下镶条及折板；2—下工作台；3—上镶条；4—压块；5—工件 A；6—工件 B

②折弯。在折弯机上利用折弯模具对制件进行弯曲的方法称为折弯，适用于复杂制件。

a. 折弯模具分通用折弯模具（图 5-38）与专用折弯模具（图 5-39）。

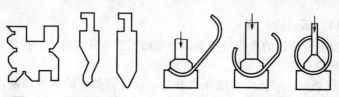

图 5-38　通用折弯模具　　图 5-39　用专用折弯模折弯圆管

b. 折弯机弯曲制件的一些断面形状，如图 5-40 所示。

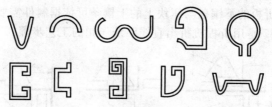

图 5-40　一些折弯制件的断面形状

c. 折弯顺序（如图 5-41 所示）通常是由外向内多次进行。

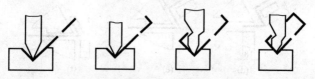

图 5-41　四次 V 形折弯成形步骤

d. 折弯力 F（如图 5-42 所示）可参考下式计算：

$$F = \frac{650t^2B}{L} \tag{5-8}$$

式中　B——板宽，mm；

　　　L——V 形槽口宽，mm；

　　　t——板厚，mm。

该式适用于 $\sigma_b = 450\text{MPa}$ 的钢板。

③ 用压力机压弯。常用的压力机有机械式压力机与液压机两种。所用模具有 V 形模（又称单角模）、U 形模（又称双角模）以及半圆模组成的通用模具及按制件形状设计的专用模具。其中后者可压制双向曲率曲面的复杂形状制件。

a. 压弯模。单角、双角压弯模的工作部分尺寸见图 5-43、表 5-2～表 5-5。U 形弯曲压弯模双边间隙 $2Z$ 按下式计算，但是当工作精度要求较高时，取 $Z = t$。

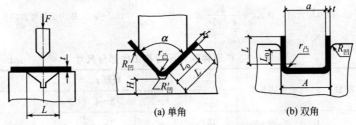

图 5-42　折弯力计算　　图 5-43　单、双角压弯模工作部分尺寸

有色金属：$Z = t - \delta_t + ct$

黑色金属：$Z = t + \delta_t + ct$

式中　δ_t——板厚的正负偏差；

　　　c——与制件高 H 和弯曲线长度 B 有关的系数，见表 5-5。

表 5-2　V 形件单角压弯模工作部分尺寸　　　　mm

压弯件边长 L	板厚 t					
	≤2		2～4		>4	
10～25	20	10～15	22	15	—	—
25～50	22	15～20	27	25	32	30
50～75	27	20～25	32	30	37	35
75～100	32	25～30	37	35	42	40
>100	37	30～35	42	40	47	50

续表

压弯件边长 L		板厚 t		
		≤2	2~4	>4
凹模尺寸	$R_凹$	$(3\sim6)t$	$(2\sim3)t$	$2t$
	$R_凹{}'$	$(0.6\sim0.8)\times(r_凹+t)$ 或开方槽代替		
	l_0	$\geqslant8t$		
凸模 $r_凸$		工件内壁圆半径,但 $r_凸\geqslant r_{min}$		

注:1. 钛合金应取 $r_凸$ 与 $R_凹$ 均 $\geqslant(2R_{min}+t)$,R_{min} 为最小弯曲半径。

2. 回弹较大时,取 $r_凸=\dfrac{1}{\dfrac{1}{R}+\dfrac{3\sigma_s}{Et}}$ 及 $\alpha=180°-\dfrac{R}{r_凸}(180°-\alpha)$,$R$ 为工件弯曲内半径。

表 5-3　U 形件双角压弯模工作部分尺寸　　mm

项目	弯曲件边长 L	板厚 t				
		<1	1~2	>2~4	>4~6	>6~10
凹模深度 L_0	<50	15	20	25	30	35
	50~75	20	25	30	35	40
	75~100	25	30	35	40	40
	100~150	30	35	40	50	50
	150~200	40	45	55	60	65
图 5-43(b)	$R_凹$	$(3\sim6)t$	$(2\sim3)t$		$2t$	
	$R_凸$	通常等于工件内壁圆角半径,但应 $r_凸>r_{min}$				

表 5-4　双角压弯模工作部分尺寸计算　　mm

工件简图	凹模宽度 A	凸模宽度 a
$L\pm\frac{1}{2}TS$	$A=\left(L-\dfrac{1}{4}TS\right)_0^{+ES(A)}$	按凹模尺寸配制,保证双面间隙为 $2Z$ 或 $(A-Z)_{-ei(a)}^{0}$
L_{-ei}^{0}	$A=\left(L-\dfrac{3}{4}ei\right)_0^{+ES(A)}$	

续表

工件简图	凹模宽度 A	凸模宽度 a
$L\pm\frac{1}{2}$Th	A 按凸模尺寸配制,保证双面间隙为 $2Z$ 或 $A=(a+Z)^{+\text{ES}(A)}_{0}$	$a=\left(L+\dfrac{1}{4}\text{Th}\right)^{0}_{-\text{ei}(a)}$
$L^{+\text{ES}}_{0}$		$a=\left(L+\dfrac{3}{4}\text{ES}\right)^{0}_{-\text{ei}(a)}$

注:ES(A)、ei(a) 为凹模、凸模宽度制造偏差,按 IT7~IT9 级选择。$2Z$ 为双边间隙,$2Z>2t$,但 Z 过大则回弹大,过小则压弯力大,坯料变薄。

表 5-5　间隙系数 c 的值

弯曲件高度 H/mm	<0.5	0.6~2	2.1~4	4.1~5	<0.5	0.6~2	2.1~4	4.1~ 7.5	7.6~12
	$B\leqslant 2H$				$B>2H$				
10	0.05	0.05	0.04	—	0.10	0.10	0.08	—	—
20				0.03					
35	0.07				0.15		0.06	0.06	
50	0.10	0.07	0.05	0.04	0.20	0.15	0.10	0.08	
75									
100	—			0.05	—		0.10		
150	—	0.10	0.07		—	0.20	0.15	0.10	
200	—			0.07			0.15		

　　V 形弯曲的间隙靠压力机调整闭合高度得到,同模具无关。
　　模具设计要求如下。
- 板坯有可靠的定位,防止弯曲时偏斜。
- 板坯所受外力对称,防止错位。
- 板坯尽可能只受纯弯曲变形,防止大的局部变薄。
- 弯曲区能获得校正。
- 有补偿回弹的可能。

　　b. 橡皮弯曲。用橡皮或者橡皮囊作为弹性凹模（或凸模），使金属按刚性凸模（或凹模）弯曲的方法叫做橡皮弯曲。用该方法弯曲的制件可得到较高的成形精度且模具制造费用较低。

　　c. 压弯工艺举例。图 5-44 是压制弧形柱面制件的方法与模具，该类制件又叫做瓦片。采用自由弯曲时，压弯之前要对板坯划线（间距为 $20\sim40\mathrm{mm}$ 的平行线），作为压弯时的定位基准。若模具长度小于制件长度，在长度方向要分段压弯。采用扇形模压时的操作比较简单，经几次压制就可成形。自由弯曲和扇形模压都是逐步成形的且为冷压。整体成形法为热压一次成形，比较适于大批量生产。确定热压模尺寸时应增加一个冷却收缩量，也就是取凹模尺寸 $A=1.01L-2.73$；L 为制件相应的名义尺寸。凸模的相应尺寸为 $a=A-2t-2Z$，$2Z$ 为双边间隙，取 $Z=(0.05\sim0.10)t$。

　　压制小于 $90°$ 的角形件可以采取图 5-45 所示的闭角弯曲模一次成形。

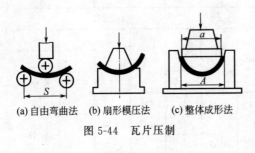 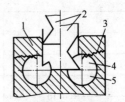

(a) 自由弯曲法　(b) 扇形模压法　(c) 整体成形法

图 5-44　瓦片压制

图 5-45　闭角弯曲模
1—凹模；2—凸模；3—拉簧；
4—定位箱；5—活模块

　　d. 压弯力计算。

　　• 自由弯曲力。对 V 形件（即单角弯曲）

$$F_\text{自}=\frac{0.6KBt^2\sigma_\text{b}}{r+t} \tag{5-9}$$

对 U 形件（即双角弯曲）

$$F_\text{自}=\frac{0.7KBt^2\sigma_\text{b}}{r+t} \tag{5-10}$$

式中　$F_\text{自}$——冲压行程结束时的自由弯曲力，N；

　　　　B，t——弯曲件的宽度和厚度，mm；

r——弯曲件内弯半径，mm；

σ_b——材料的抗拉强度，MPa；

K——安全系数，一般取 1.3。

- 校正弯曲力。

$$F_{校}=qA \qquad (5-11)$$

式中 $F_{校}$——弯曲件在行程结束时，受到的模具校正力，N；

A——被校正部分与行程垂直方向的投影面积，mm^2；

q——单位校正弯曲力，MPa，见表 5-6。

表 5-6 单位校正弯曲力   MPa

材料	厚度 t/mm			
	<1	$1\sim3$	$3\sim6$	$6\sim10$
铝	$15\sim20$	$20\sim30$	$30\sim40$	$40\sim50$
黄铜	$20\sim30$	$30\sim40$	$40\sim60$	$60\sim80$
$10\sim20$ 钢	$30\sim40$	$40\sim60$	$60\sim80$	$80\sim100$
$25\sim30$ 钢	$40\sim50$	$50\sim70$	$70\sim100$	$100\sim120$

④ 曲面自由压弯。

$$F_{自压}=\frac{Bt^2\sigma_b}{S}$$

⑤ 顶料力或压料力。

$$Q\approx0.8F_{自}$$

⑥ 压力机压力。

自由弯曲时：$F_{压机}\geqslant F_{自}+Q=1.8F_{自}$

校正弯曲时：$F_{压机}\geqslant F_{校}$

(2) 板弯件工艺性

① 90°直边高 $H>2t$。若不满足该条件，则应先压出凹槽 [如图 5-46(a) 所示的 A 处] 后压弯或加高直边后切去加高部分。若带有斜角侧边 [如图 5-46(b) 所示]，应确保 $H=(2\sim4)\,t>3mm$。

② 孔边距 [如图 5-47(a) 所示]。当 $t<2mm$ 时，$L\geqslant t$；当 $t\geqslant2mm$ 时，$L\geqslant2t$。若不满足，则应在弯曲线上冲出工艺孔（图中的 B 处）之后再弯曲。

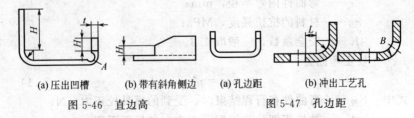

| (a) 压出凹槽 | (b) 带有斜角侧边 | (a) 孔边距 | (b) 冲出工艺孔 |

图 5-46 直边高   图 5-47 孔边距

③ 转移弯曲线［如图 5-48（a）所示］、开工艺槽［如图 5-48（b）所示］及工艺孔（也叫止裂槽、止裂孔）。其尺寸如下：$l \geqslant r$；$k \geqslant t$，$L = t + r + k/2$，止裂孔 $d \geqslant t$。

④ 尽量使圆角半径成对相等布置。

⑤ 薄弱处的缺口弯之后冲出。

⑥ 复杂制件之间应加定位孔，防止冲偏。

(3) 板弯件工序安排的一般原则

① V 形、U 形、Z 形等形状简单的弯曲件，应采用一次压弯成形。

② 形状较复杂的弯曲件可以采用两道工序或多道工序（图 5-49）成形。但是对于某些小而薄的复杂形状弹性接触件，应尽可能一次复合弯曲成形，防止多次定位而使误差加大。

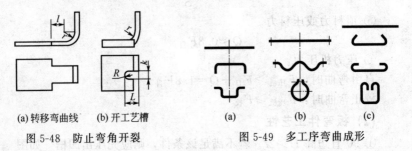

| (a) 转移弯曲线 | (b) 开工艺槽 | (a) | (b) | (c) |

图 5-48 防止弯角开裂   图 5-49 多工序弯曲成形

③ 大批量、小尺寸弯曲件的生产中，为提高生产率，可以采用冲裁、弯曲以及切断多工序连续加工工艺。

④ 具有一个对称轴的单面几何形状弯件，宜采用成对弯曲成形，防止弯曲时坯料偏移。

（4）弯曲件的质量分析及改进措施（见表 5-7）

表 5-7 弯曲件常见质量问题及对策

缺陷名称	缺陷简图	产生原因	对策
弯裂		①$r_凸$过小 ②板的弯曲外侧有缺陷 ③板坯塑性差 ④下料产生过大硬化层 ⑤弯曲线与截面积突变线重合,弯曲线两端裂纹	①加大 $r_凸$ ②将毛刺与缺陷放在内侧 ③板坯退火后再弯 ④移开弯曲线 ⑤使弯曲线与板纤维垂直
翘曲		变形区的应变状态引起,板宽较大(钢板 $B > 3t$)时容易产生	①采用校正弯曲 ②按弹性变形量,修正凸、凹模,进行补偿
变形区断面呈扇形		变形区的应变状态引起,窄板($B \leqslant 3t$)较易产生	①在弯曲线两端预制圆弧切口 ②按图加侧压
U 形件底不平		应变状态引起。在自由弯曲 U 形件时易出现	按图加顶料压板(反压);减小凸模端部接触面积等多种措施
尺寸偏移		弯曲时毛坯滑动,引起孔、轴尺寸变化。如:制件几何中心与模具压力中心不重合;制件两侧所受摩擦阻力不相等,操作失误。多出现在对称弯曲	①采用顶料压板模具 ②毛坯在模具中适当定位,如开定位工艺孔、设定位挡块 ③设计时尽可能采用对称弯曲件 ④严格操作规程
孔变形		孔边离弯曲线太近	按图处理

续表

缺陷名称	缺陷简图	产生原因	对策
制件表面擦伤		①凹模圆角 R_1 过小 ②模具间隙 Z 过小 ③屑、尘等硬粒污物黏附在模具工作表面或毛坯表面	①对凹模进行抛光，加大凹模圆角半径 ②在冲压过程中要时刻检查模具的间隙变化
弯曲角 α 变大		回弹引起	参考减小回弹的方法采取对策

(5) 型钢弯曲

① 型钢弯曲时的变形。型钢弯曲时，因为重心线与力的作用线不在同一平面上，如图 5-50 所示，所以型钢除受弯曲力矩外，还要受到转矩的作用，使型钢断面产生畸变。角钢内弯时夹角缩小，角钢外弯时夹角增大。

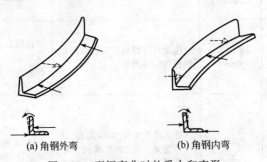

(a) 角钢外弯　　　　　　　　　(b) 角钢内弯

图 5-50　型钢弯曲时的受力和变形

此外，因为型钢弯曲时，材料的外层受拉应力，内层受压应力，在压应力作用下易出现皱褶变形，在拉应力作用下，容易出现翘曲变形。

型钢的弯曲变形情况如图 5-51 所示，变形程度取决于应力的大小，而应力的大小又决定于弯曲半径，弯曲半径越小，畸变程度越大。为了控制应力及变形，规定了最小弯曲半径，其数值可按照

表 5-8 中所列的公式进行计算，式中，x 为型钢的重心距。由于型钢热弯时能提高材料的塑性，因此最小弯曲半径可比冷弯小。型钢结构的弯曲半径应大于最小弯曲半径。

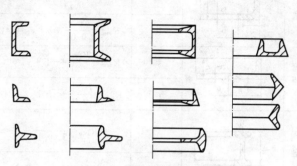

图 5-51　型钢弯曲时的断面变形

表 5-8　型材最小弯曲半径计算公式

名称	简图	状态	计算公式
等边角钢外弯		热	$R_{\min} = \dfrac{b - z_0}{0.14} - z_0 \approx 7b - 8z_0$
		冷	$R_{\min} = \dfrac{b - z_0}{0.04} - z_0 = 25b - 26z_0$
等边角钢内弯		热	$R_{\min} = \dfrac{b - z_0}{0.14} - b + z_0 \approx 6(b - z_0)$
		冷	$R_{\min} = \dfrac{b - z_0}{0.04} - b + z_0 = 24(b - z_0)$
不等边角钢小边外弯		热	$R_{\min} = \dfrac{b - x_0}{0.14} - x_0 \approx 7b - 8x_0$
		冷	$R_{\min} = \dfrac{b - x_0}{0.04} - x_0 = 25b - 26x_0$
不等边角钢大边外弯		热	$R_{\min} = \dfrac{b - y_0}{0.14} - y_0 \approx 7b - 8y_0$
		冷	$R_{\min} = \dfrac{b - y_0}{0.04} - y_0 = 25b - 26y_0$

续表

名称	简图	状态	计算公式
不等边角钢小边内弯		热	$R_{\min}=\dfrac{b-x_0}{0.14}-b+x_0\approx6(b-x_0)$
		冷	$R_{\min}=\dfrac{b-x_0}{0.04}-b+x_0=24(b-x_0)$
不等边角钢大边内弯		热	$R_{\min}=\dfrac{B-y_0}{0.14}-B+y_0\approx6(B-y_0)$
		冷	$R_{\min}=\dfrac{B-y_0}{0.04}-B+y_0=24(B-y_0)$
工字钢以 y_0-y_0 轴弯曲		热	$R_{\min}=\dfrac{b}{2\times0.14}-\dfrac{b}{2}\approx3b$
		冷	$R_{\min}=\dfrac{b}{2\times0.04}-\dfrac{b}{2}=12b$
工字钢以 x_0-x_0 轴弯曲		热	$R_{\min}=\dfrac{h}{2\times0.14}-\dfrac{h}{2}\approx3h$
		冷	$R_{\min}=\dfrac{h}{2\times0.04}-\dfrac{h}{2}=12h$
槽钢以 x_0-x_0 轴弯曲		热	$R_{\min}=\dfrac{h}{2\times0.14}-\dfrac{h}{2}\approx3h$
		冷	$R_{\min}=\dfrac{h}{2\times0.04}-\dfrac{h}{2}=12h$
槽钢以 y_0-y_0 轴外弯		热	$R_{\min}=\dfrac{b-z_0}{0.14}-z_0\approx7b-8z_0$
		冷	$R_{\min}=\dfrac{b-z_0}{0.04}-z_0=25b-26z_0$
槽钢以 y_0-y_0 轴内弯		热	$R_{\min}=\dfrac{b-z_0}{0.14}-b+z_0\approx6(b-z_0)$
		冷	$R_{\min}=\dfrac{b-z_0}{0.04}-b+z_0=24(b-z_0)$
圆钢弯曲		热	$R_{\min}=d$
		冷	$R_{\min}=2.5d$

续表

名称	简图	状态	计算公式
扁钢弯曲		热	$R_{\min} = 3a$
		冷	$R_{\min} = 12a$

② 型钢的弯曲方法。型钢的弯曲方法基本上有手工弯曲、卷弯、回弯、压弯以及拉弯等几种。

手工弯曲是在工作平台上，利用弯曲模具、大锤、卡子以及定位圆楔（或方楔）操作来进行弯曲。如图 5-52 所示。

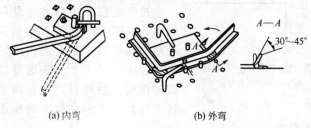

(a) 内弯　　　　　　　　　(b) 外弯

图 5-52　角钢的手工弯曲

卷弯可在专用的型钢弯曲机上进行，比如采用三辊型钢弯曲机弯曲，如图 5-53 所示。在卷板机的辊筒上套上辅助套筒也可以进行弯曲，套筒上开有一定形状的槽（视型钢形式而定），便于将需要弯曲的型钢边嵌在槽内，避免弯曲时产生皱褶，如图 5-54 所示。

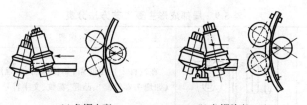

(a) 角钢内弯　　　　　　　　(b) 角钢外弯

图 5-53　型钢弯曲机工作部分

回弯是把型钢的一端固定在弯曲模具上，模具旋转时型钢沿槽

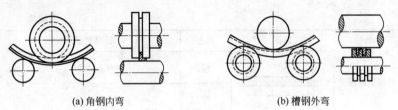

(a) 角钢内弯　　　　　　　　(b) 槽钢外弯

图 5-54　在三辊卷板机上弯曲型钢

具外形而发生的弯曲变形。

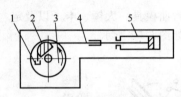

图 5-55　型钢拉弯机

1—夹头；2—靠模；3—工作台；
4—型材；5—拉力油缸

模具发生弯曲。

压弯是在压力机或者撑直机上，通过模具进行一次或多次压弯，使型钢发生弯曲变形。

拉弯是在专用的拉弯设备上进行的，如图 5-55 所示。型钢两端利用两夹头夹住，一个夹头固定于在工作台上，另一个夹头通过拉力油缸的作用，使钢材产生拉应力，旋转工作台，型钢在拉力的作用下沿

5.3.2　局部成形

用不同塑性变形性质的各种局部变形方法，改变毛坯或制件的形状叫做局部成形。

(1) 局部成形工艺方法的分类（表 5-9）

表 5-9　局部成形主要工艺方法分类

工艺	制件示例	说明
起伏		在制件上压出肋条，如拉深肋、加强肋、凹窝（如埋头螺钉窝）、凸起、花纹、文字符号等
翻边		将制件某段边缘（封闭的或不封闭的）翻成外凸或内凹曲边，又分外缘翻边与翻孔两种

续表

工艺	制件示例	说明
扩口缩口胀形		将管端扩大(左图)为扩口;将管端缩小(中图)为缩口;将管中部胀出凸的或凹的曲面(右图)为胀形
压印		在制件表面上压出字符或花纹,但只在一面成形(凸起或凹下)
切口		一边开口的起伏成形如百叶窗
旋压		将转动的板坯用旋棒或其他滚压工具在胎模上逐渐滚压成各种旋转体
落压		用落锤逐次冲击的半机械化成形方式

（2）起伏成形

在模具作用下，借助局部变薄伸长，在制件某些部位压出凸起或者凹下的所需结构规范，以提高制件强度、刚度，满足设计与工艺的要求，如加强肋、拉深肋以及压窝等。其变形特点是，变形区内外的材料在变形过程中，通常不互相转移。起伏成形在每个工序的成形极限 $\delta_{极}$ 为（图5-56）：

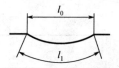

图 5-56　起伏成形截面长度

$$\delta_{极} = \frac{l_1 - l_0}{l_0} < (0.5 \sim 0.75)\delta_{单} \qquad (5\text{-}12)$$

式中　l_0，l_1——变形前后沿截面测量的长度；

　　　$\delta_{单}$——单向拉伸时的伸长率。

如果不能满足上式，则应增加起伏工序。改善模具工作表面质量、施加润滑或在底部预制出切孔（减轻孔）都有利于 $\delta_{极}$ 的提高，球形截面比梯形截面的 $\delta_{极}$ 值要大些。

压窝尺寸见表 5-10。用球头凸模对低碳钢及软铝等材料压窝的极限高度 $h/D \approx 1/3$，若用平头凸模，则与 $r_凸$（凸模圆角）有关，其概略尺寸见表 5-11。加强肋（加强槽）的形式及尺寸见表5-12。在制造时，如果压窝直径 d 或加强肋的槽宽较小时常需用硬模制造，否则就用橡皮凹模（压力大于或等于 15MPa）。

表 5-10　压窝尺寸　　　　mm

简图	D	L	l
	6.5	10	6
	8.5	13	7.5
	10.5	15	9
$h=(1.5\sim2)t$	13	18	11
$\alpha=15°\sim30°$	15	22	13
	16	26	16
	24	34	20
	31	44	26
	36	51	30
	43	60	35
	48	68	40
	55	78	45

表 5-11　平头凸模压窝高度　　　　mm

材料	h/D
软钢	0.15～0.20
铝	0.10～0.15
黄铜	0.15～0.22

表 5-12　加强肋形式与尺寸　　　　　　mm

截面图形	R	h	B 或 D	r	α
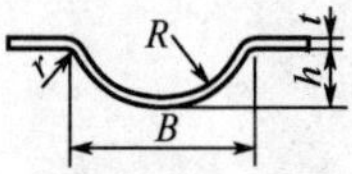	$(3\sim4)t$	$(2\sim3)t$	$(7\sim10)t$	$(1\sim2)t$	—
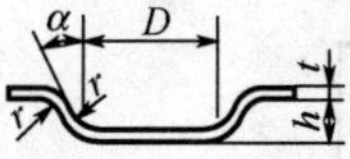	—	$(1.5\sim2)t$	$\geqslant3h$	$(10.5\sim11.5)t$	$15°\sim30°$

注：若肋与边框距小于 $(3\sim3.5)t$，应留切边余量，最后切除。

起伏力：压筋时　$F=K_1Lt\sigma_b$

压窝时　$F=AK_2Lt^2$

式中　L，t——肋长、板厚；

A——起伏面积；

K_1——压肋系数，取 $K_1=0.7\sim1$；

K_2——压窝系数，取钢 $K_2=200\sim300$，黄铜 $K_2=150\sim200$；

σ_b——材料抗拉强度，MPa。

(3) 翻边

用模具把制件的外边缘或孔边翻出竖直的边缘的方法。外缘可以是非封闭的外凸或者内凹曲线边缘；孔可以是圆孔或非圆孔。当制件外缘的曲线曲率为零时，翻边就成为弯曲。翻边后的制件提高了强度和刚度，而且可以用翻出的竖边和其他零件连接。根据材料变形的性质可将翻边分成拉伸类翻边（如平板件的内凹外缘曲线翻边和孔的翻边，前者叫做凹弯边，后者叫做翻孔）和压缩类翻边（如平板件外凸边缘的翻边，亦叫做凸弯边）两种。

① 外缘翻边。如图 5-57 所示，凸弯边［如图 5-57(a) 所示］近似于无压边的浅拉深，凸缘内存在压应力，材料容易起皱；凹弯边［如图 5-57(b) 所示］主要为切向拉伸，边缘容易被拉裂。这两种弯边的应力分布及大小决定于工件形状，它们的变形程序可用 $E_凸$ 与 $E_凹$ 表示：

$$E_凸 = \frac{b}{R+b}$$

$$E_凹 = \frac{b}{R-b}$$

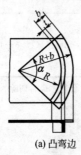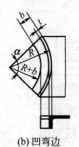

(a) 凸弯边   (b) 凹弯边

图 5-57 平板上圆孔翻边

$E_凸$ 与 $E_凹$ 的极限值见表 5-13。

表 5-13 外缘翻边的极限变形程度   %

材料		$E_凸$		$E_凹$	
		橡皮成形	模具成形	橡皮成形	模具成形
铝合金	L4M	25	30	6	40
	L4Y1	5	8	3	12
	LF21M	23	30	6	40
	LF2MY1	5	8	3	12
	LF2M	20	25	6	35
	LF3Y1	5	8	3	12
	LY12M	14	20	6	30
	LY12Y	6	8	0.5	9
	LY11M	14	20	4	30
	LY11Y	5	6	0	0

续表

材料		$E_凸$		$E_凹$	
		橡皮成形	模具成形	橡皮成形	模具成形
黄铜	H62 软	30	40	8	45
	H62 半硬	10	14	4	16
	H68 软	35	45	8	55
	H68 半硬	10	14	4	16
钢	10	—	38	—	10
	20	—	22	—	10
	1Cr18Ni9 软	—	15	—	10
	1Cr18Ni9 硬	—	40	—	10
	2Cr18Ni9	—	40	—	10

外缘翻边力：$F_外 \approx (0.25 \sim 0.38) L t \sigma_b$ （N）

式中 L——翻边曲线长度，mm；

σ_b——材料抗拉强度，MPa；

t——料厚，mm。

② 孔的翻边（翻孔）。将孔边或者部分孔边翻出凸缘称为翻孔。变形特点主要是拉深，凸缘的边缘（通常是竖边）受切向拉应力最大，除了变薄外，还有被拉裂的危险。

圆孔翻边介绍如下。

•结构尺寸见图 5-58。具体计算公式如下：

翻边高度 $H = \dfrac{D-d}{2} + 0.43r + 1.72t$

或 $H = \dfrac{D}{2}(1-K) + 0.43r + 1.72t$

最小翻边高度 $H_{min} = 1.5r$

凸缘最小宽度 $B_{min} = H$

圆角半径 $t < 2$ 时 $r = (2 \sim 4)t$

$t \geqslant 2$ 时 $r = (1 \sim 2)t$

翻螺纹底孔时 $r = (0.5 \sim 1.0)t$，但不小于 0.2；

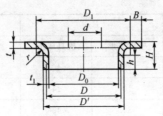

图 5-58 平板上圆孔翻边

口部变薄后厚度 $t_1 \approx t\sqrt{d/D_0}$

预制孔直径 $d = D_1 - \left[\pi\left(r + \dfrac{t}{2}\right) + 2h\right]$

口部不裂要求：$d/t > (1.2 \sim 2)$，有毛刺一侧朝向凸模。

③ 翻边系数 K：用 K 来衡量翻孔的变形程度，K 值愈小变形程度愈大。

$$K = d/D$$

式中，D 为按中心层计算翻出的竖边直径，或者如图 5-58 所示。翻边系数见表 5-14～表 5-16。影响极限翻边系数的主要因素有五：

a. 材料塑性好，则 $K_{\min}$ 可小；

b. 预制孔表面质量高，没有裂缝或毛刺则 $K_{\min}$ 可小；

c. 板坯愈厚则 $K_{\min}$ 可小（见表 5-16）；

d. 凸模形状，按照小圆角圆柱凸模、大圆角圆柱凸模、球头凸模、锥形凸模和抛物线凸模的顺序，其翻边系数依次减小，也就是抛物线凸模的 K 最小，允许的变形程度最大；

e. 非圆孔因为应变分散效应，其 K 值约为圆孔的 85%～95%。

④ 圆孔的翻边力 F 孔：

$$F_孔 = 3.46t\sigma_b(D-d) \qquad (\text{N})$$

或 $$F_孔 = 3.46t\sigma_b(1-K) \qquad (\text{N})$$

式中 $F_孔$——有预制孔用圆柱凸模时的翻边力，若无预制孔则乘以 $1.33 \sim 1.75$；

D, d, t——翻边直径（中径）、预制孔内径和板厚，mm；

σ_b——材料屈服强度，MPa；

K——翻边系数，查表 5-14～表 5-16。

表 5-14　低碳钢翻孔的极限翻边系数

翻边凸模	预制孔情况	比值 d/t										
		1	3	5	6.5	8	10	15	20	35	50	100
球头	钻孔去毛刺	0.20	0.25	0.30	0.31	0.33	0.36	0.40	0.42	0.52	0.60	0.70
	冲孔	—	0.42	0.42	0.43	0.44	0.45	0.48	0.52	0.57	0.65	0.75
圆柱形	钻孔去毛刺	0.25	0.30	0.35	0.37	0.40	0.42	0.45	0.50	0.60	0.70	0.80
	冲孔	—	0.47	0.48	0.50	0.50	0.52	0.55	0.60	0.45	0.75	0.85

表 5-15　部分材料首道工序翻孔的翻边系数

材料		翻边系数	
		K	K_{min}
白铁皮		0.70	0.65
软钢	$t=0.25\sim2.0$	0.72	0.68
	$t=2.0\sim4.0$	0.78	0.75
黄铜 H62,$t=0.5\sim4$		0.68	0.62
铝 $t=0.5\sim5$		0.70	0.64
硬铝合金		0.89	0.80
钛系	TA1(冷态)	0.64～0.68	0.55
	TA1(加热 300～400℃)	0.40～0.50	0.35
	TA1(加热 300～400℃)	0.85～0.90	0.75
	TA5(加热 500～600℃)	0.70～0.65	0.55

表 5-16　低碳钢非圆形孔工件的极限翻边系数

圆弧段的圆心角 α	比值 d/t						
	3.3	5	6.5	12.5～8.3	20	33	50
180°～360°	0.45	0.46	0.48	0.5	0.52	0.6	0.8
165°	0.41	0.42	0.44	0.46	0.48	0.55	0.73
150°	0.375	0.38	0.40	0.42	0.43	0.50	0.67

圆弧段的圆心角 α	比值 d/t						
	3.3	5	6.5	12.5~8.3	20	33	50
135°	0.34	0.35	0.36	0.38	0.39	0.45	0.60
120°	0.30	0.31	0.32	0.33	0.35	0.40	0.53
105°	0.26	0.27	0.28	0.29	0.30	0.35	0.47
90°	0.225	0.23	0.24	0.25	0.26	0.30	0.40
75°	0.185	0.19	0.20	0.21	0.22	0.25	0.33
60°	0.145	0.15	0.16	0.17	0.17	0.20	0.27
45°	0.11	0.12	0.12	0.13	0.13	0.15	0.20
30°	0.08	0.08	0.08	0.08	0.09	0.10	0.14
15°	0.04	0.04	0.04	0.04	0.04	0.05	0.07
0°	为压弯变形						

a. 孔的变薄翻边。孔的变薄翻边和小螺纹底孔的翻边在翻边的同时进行减薄（减小模具间隙），可以不用先拉深再翻边来获得较高的筒壁，以符合小螺纹底孔深度或其他零件孔深的要求。在同一道工序内，其变形程度可以达到 0.4~0.5（采用阶梯凸模）。小螺孔变薄翻边数据见表 5-17。

表 5-17 金属板上翻边普通螺纹孔结构尺寸　　　　　mm

螺纹	板厚 t	预制孔径 d	翻边孔径 D_0	翻边高度 H	翻孔外径 D'	凸缘半径 r
M2	0.8	0.80	1.6	1.6	2.3	0.2
	1.0			1.9	2.4	0.4
M2.5	0.8	1.0	2.1	1.8	2.9	0.2
	1.0			2.0	3.0	0.4
	1.2			2.3	3.1	0.4
M3	0.8	1.2	2.5	2.0	3.6	0.2
	1.0			2.1	3.8	0.4
	1.2			2.2	4.0	0.4
	1.5			2.4	4.5	0.4

续表

螺纹	板厚 t	预制孔径 d	翻边孔径 D_0	翻边高度 H	翻孔外径 D'	凸缘半径 r
M4	1.0	1.6	3.3	2.6	4.7	0.4
	1.2			2.8	5.0	0.4
	1.5			3.0	5.4	0.4
	2.0			3.2	6.0	0.6
M5	1.0	2.0	4.2	2.4	5.5	
	1.2			2.7	5.6	
	1.5			3.1	5.8	
	2.0			3.8	6.0	
	2.5			4.4	6.25	

注：1. 本表适用于低碳钢、黄铜、紫铜及铝。

2. 符号见图 5-58。

　　b. 非圆孔翻边。非圆孔系由不同曲率的曲线（或直线）段封闭而成，因为应变分散效应，孔形曲线的最小曲率半径处的应变有向相邻曲率半径大的地方转移的可能，所以按其最小曲率半径处计算的翻边系数必小于相同半径圆孔翻边的翻边系数。理论上，非圆孔的预制孔形的各段曲线为相应孔形曲线的等距曲线。实际上，由于应变的不均匀，为确保翻边后凸缘高度处处一致，不同曲率的曲线之间、曲线与直线之间所预留的等距曲线宽度均不同，如图 5-59 所示，$b_2 > b_1$，常取 $b_2 = (1.05 \sim 1.1)b_1$。

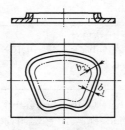

图 5-59　非圆孔翻边

　　带底孔矩形盒件的翻边见图 5-60 与表 5-18。

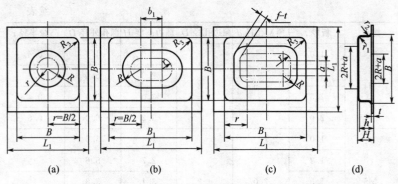

图 5-60　三种带预制底孔板坯翻边成矩形箱

表 5-18　带预制底孔板坯翻边成矩形箱计算举例［参见图 5-60(b)、(d)］

步骤	项目	计算	结果与说明
1	检验翻边可能性	①矩形箱孔内壁最小圆角半径 $R_{0min}=4t=4\times1=4$ ②矩形箱宽度 $B_{min}=14$　$R_0=14\times6=84$	①$R_0=6>R_{0min}$ ②$B=90>B_{min}$ 结论:可翻边
2	求底孔圆心位置	①$x=7$　$R_0=7\times6=42$ ②$x\leqslant B/2=90\div2=45$	$x=42$[成图 5-60(c)形状],若取 $x=B/2$ 则翻边后底部孔为长圆形,较简单[成图 5-60(d)形状]
3	求计算过渡值	$y=r_1+r_2+t=2.5+1.5+1$	$y=5$
4	求最大翻边高度(计算值)	$h_{max}=0.16x+0.4y=0.16\times45+0.4\times5$	$h_{max}=9.2(8.7)$
5	求翻边后实际总高度的最小值	$H_{min}=(1.1\sim1.2)(h_{max}+t)$ 当 $R_0=R_{0min},B=B_{min}$ 时,取小值否则取较大值 $\therefore H_{min}=1.2(h_{max}+t)=1.2$ $(9.2+1)=12.4$	$H_{min}=12.4(11.7)$

续表

步骤	项目	计算	结果与说明
6	求预制底孔半径	$r=4(h_{max}-0.4y)=4\times(9.2-0.4\times5)$	$R=28.8(26.9)$ 取 $r\approx29(27)$
7	求底孔边缘移动距(不开裂的限制)	$f_{min}=0.6x=0.6\times45=27$	取 $f=27(25)$
8	翻边后底孔圆角半径 R	$R\approx1.414x-f-t=1.414\times45-27-1=35.63$	$R\approx36(33)$

注：1. 本例原始数据为：低碳钢板 08F，$t=1$，$R_0=6$，$B=90$，$r_1=2.5$，$r_2=1.5$。要求校核翻边可能性并计算其他值。

2. 结果栏中的括弧内数值为按图 5-60(c)，$x-42$ 计算所得。

c. 翻边模具。

• 结构。有硬模和橡皮凹模两种。凹模圆角半径 $R_凹-r$（图 5-58）。凸模头部形状如图 5-61 所示，图(a)～(e)的翻边力依次减小，圆柱凸模的圆角半径常取 $r_凸\geqslant4t$；拉深—冲孔—翻边的圆柱凸模圆角半径 $r_凸=(D_0-d-t)/2$。若模具中不设压边圈，则凸模头部应有是向定位结构。具体尺寸如图 5-62 所示。

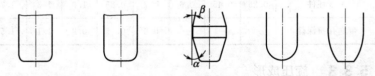

(a) 小圆角圆柱端 (b) 大圆角圆柱端 (c) 锥端(变薄翻边 $\alpha=10°～20°$，$\beta=3°～7°$) (d) 球端 (e) 抛物线形

图 5-61 翻边凸模头部形式

• 小螺纹底孔翻边用凸模形状及尺寸见相关表。

• 模具间隙 Z。翻边时，竖壁厚度沿高度方向逐渐变薄，因此模具的单面间隙 $Z/2$ 通常小于板厚。小螺纹底孔翻边时常取 $(Z/2)=0.65t$。表 5-19 的数据可供查阅。

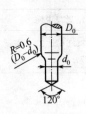
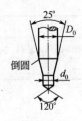
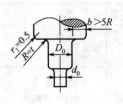

(a) 无预制孔不精确翻边　(b) 兼起定位作用，$D_0 <$10mm　　(c) 冲孔，翻边 $D_0 <$40mm

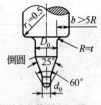
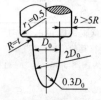
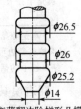

(d) 兼定位作用，$D_0 >$10mm　(e) 不兼定位作用的回转面凸模　(f) 变薄翻边阶梯形凸模

图 5-62　用于不同场合的翻边凸模

表 5-19　翻孔凸、凹模单面间隙 $Z/2$　　mm

板厚 t	0.3	0.5	0.7	0.8	1.0	1.2	1.5	2.0
平板坯件	0.25	0.45	0.6	0.7	0.85	1.0	1.3	1.7
带底孔拉深件	—	—	—	0.6	0.75	0.9	1.1	1.5

5.3.3　旋压成形

(1) 基本原理

旋压用以制造各种不同形状的旋转体零件，如图 5-63 所示为基本原理。毛坯 1 用尾顶针 5 上的压块 4 紧紧地压在模胎 2 上，当主轴 3 旋转时，毛坯和模胎一起旋转。操作旋棒 7 对于毛坯施加压力，同时旋棒又作纵向运动，开始旋棒同毛坯是一点接触，因为主轴旋转和旋棒向前运动，毛坯在旋棒的作用下，产生由点到线，由线到面的变形，逐渐地被赶向模胎，直至最后同模

胎贴合为止。

　　材料在旋压过程中，产生切向收缩和径向延伸，这一点可以借助如图 5-64 所示的实验得到验证。将一圆形毛坯，划出等距离的同心圆与由中心向外辐射的半径线，经旋压之后，在零件的直筒部分的半径线，变成互相平行的母线，而各同心圆，变成同零件底相互平行的同心圆，圆与圆之间距离则增长显著，离开底面愈远则增长程度愈大。旋压前的扇形阴影区，经旋压变成一个长方形。

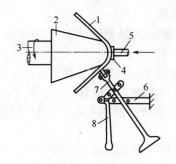

图 5-63　旋压原理图
1—毛坯；2—模胎；3—主轴；4—压块；5—尾
顶针；6—支架；7—旋棒；8—助力臂

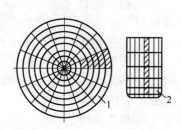

图 5-64　毛坯上网格的变形
1—毛坯；2—零件

（2）旋压工具及模具

　　① 旋压工具及其用途。旋压用的工具主要是旋棒。旋棒可分为单臂式与双臂式，双臂式是由助力臂与主力臂组成，如图 5-63 所示，图中旋棒 7 即为主力臂。助力臂利用销钉固定在旋压床的支架上，主力臂通过销钉固定在助力臂上，助力臂绕支架转动，主力臂又绕助力臂转动。旋压时用手可以同时操作两个旋棒运动。单臂式旋棒则仅有主力臂而无助力臂。双臂式比单臂式灵活，省力。

　　旋棒本身可分为头、尾两个部分，尾部是锥形，头部为工作部分，锥形用于锒木质手柄。旋棒工作部分有各种不同的形式，如图 5-65 所示，被用于旋压不同形状的零件。

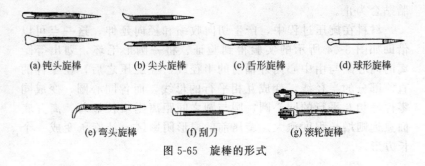

(a) 钝头旋棒　　　(b) 尖头旋棒　　　(c) 舌形旋棒　　　(d) 球形旋棒

(e) 弯头旋棒　　　　(f) 刮刀　　　　(g) 滚轮旋棒

图 5-65　旋棒的形式

如图 5-65 所示各种旋棒的用途如下。

a. 钝头旋棒 [图 5-65(a)]：旋压接触面积大，被用于初旋成形。

b. 尖头旋棒 [图 5-65(b)]：被用于旋压凹槽、辗平等。

c. 舌形旋棒 [图 5-65(c)]：被用于内表面成形。

d. 球形旋棒 [图 5-65(d)]：旋压时接触面积小，比较适用于表面要求精细的零件成形。

e. 弯头旋棒 [图 5-65(e)]：被用于内表面成形。

f. 刮刀 [图 5-65(f)]：被用于切割余料。

g. 滚轮旋棒 [图 5-65(g)]：凸形的用于旋光表面或者初旋成形，凹形的用于卷边；滚轮旋棒的滚轮部分在旋压过程中，受模胎的带动而旋转，这样就将摩擦减少，操作时比较省力。滚轮圆角半径愈大，滚轮与毛坯接触面积也愈大，零件表面也就愈光滑，材料变薄较小，但是操作费力。相反滚动圆角半径愈小，滚轮与毛坯接触面积愈小，赶料省力，但是表面不光滑，易产生纹沟。目前工厂通常采用的滚轮尺寸见表 5-20。

表 5-20　滚轮直径及圆角半径　　　　　　　mm

滚轮直径 D	150	130	100	70	64	54
圆角半径 R	30	18	18	15	5	4

旋棒的材料：

a. 旋压铝件与铜件的旋棒，用工具钢制造，经淬火之后表面抛光；

b. 旋压钢件和不锈钢件时，旋棒头部用青铜或者磷青铜制造；

c. 滚轮一般用夹布胶木或者工具钢制造。

② 旋压模具。旋压模具的结构和材料决定于零件的形状、尺寸大小、材料及生产数量。

a. 旋压模具结构。旋压模的外形应满足零件内表面的形状。模具表面要求光滑、质量均匀、硬度高、重量轻。对于大型模具要注意动平衡，转动时模具不能偏摆，所以重量不能偏心，必须以中心对称。

小型模具本身带有尾柄，如图 5-66 所示，在旋压时利用尾柄直接在旋压床上的主轴卡盘上夹紧固定。

如图 5-67 所示为用螺纹固定于主轴上的旋压模。螺纹旋紧方向与主轴旋转方向相反，这样工作中越旋越紧，工作安全可靠。

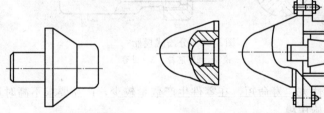

图 5-66　带尾柄的旋压模　　　图 5-67　螺纹固定式旋压模

如图 5-68 所示为大型模具的结构及固定形式，除了用主轴螺纹固定外，又从主轴箱穿入一个拉杆，拉杆一端用螺母固定在主轴尾部，而另一端用螺母旋紧模胎，旋压时并且用尾顶针顶住。大模胎不能做成实心，否则过重，转动后惯性太大，会导致机床振动，生产不安全，因此必须做成空心构架式结构。

对于形状较复杂的收口型零件，模具可以采用分瓣组合式模胎，如图 5-69 所示。模胎本体是分瓣组合而成的，中间有芯棒，利用外套上的内螺纹固定。

b. 旋压模具材料。

·木材。木质旋压模是经过人工干燥处理的白桦、枫木、白杨等，木质模价格便宜、制造方便、重量轻。在旋压过程中，木质受力变形与零件变薄程度较小，但旋压后零件精度低，同时木材易变

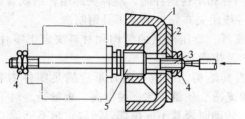

图 5-68 大型模具的结构及安装形式
1—模胎；2—压板；3—拉杆；4—螺母；5—主轴

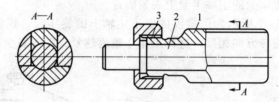

图 5-69 分瓣式模胎
1—模胎；2—芯棒；3—外套

形，吸湿性大，寿命短。在零件生产数量较少，产品要求不高时用木质制造旋压模。

• 夹布胶木。夹布胶木的主要特点，就是能够克服木材结构的缺点，但是价格贵于木材。

• 铸铁。零件尺寸较大，数量多时采用铸铁旋压模，耐用，但是笨重，表面易产生砂眼。

• 铸钢。零件尺寸大，强度比较大、材料厚、精度要求比较高时采用铸钢旋压模。铸钢模耐用，旋用件精度高，但笨重；加工方便，但是表面易产生砂眼。

• 铸铝。重量轻，加工容易，但寿命较短。在生产数量较少，用木质模胎确保不了质量要求时，采用铸铝模胎。

通常情况下，旋压模较小，直接用钢棒料车削而成，大模胎采用铸铁、铸铝、铸钢。为了克服大模具外形加工的困难，可以在铸件表面浇铸一层环氧树脂，但是这种模胎只能作最后赶光用，加工时表层易脱落，且很难保管，容易碰坏。

(3) 旋压设备

旋压床是主要的旋压设备，通常用车床改制而成。通过车床主轴带动旋压模和毛坯一起旋转，操纵旋棒进行旋压成形。

图 5-70 为液压半自动旋压床。主轴 3 利用调速手柄 2 可以调到所需转速，尾座 6 上的尾顶针在液压作动筒的带动下，能够左右移动，支架 5 上安装有旋压滚轮，它的纵横向运动是由纵横向液压作动筒来带动，横向作动筒在靠模控制下可自动旋压。如图 5-71 所示，横向作动筒 2 的壳体与托板 3 及随动阀 4 三者连在一起，并且在纵向作动筒 1 的壳体带动下作纵向移动。随动阀 4 的阀芯同靠模板 5 接触，并且沿着靠模板表面滑动，阀芯的移动就可控制横向作动筒 2 的活塞两边的压力，使托板 3 上的滚轮保持与模胎一定间隙，靠模板的外形相同于零件的外形，这样托板上的滚轮在纵、横向液压作动筒和随动系统的作用下，保持和模胎一定间隙运动，所以完全自动旋压工作。

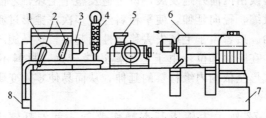

图 5-70　液压半自动旋压床

1—主轴箱；2—调速手柄；3—主轴；4—操纵盒；5—支架；
6—尾座；7—床身；8—液压泵

(4) 旋压操作方法

① 毛坯的准备。旋压前除检查材料牌号、厚度、尺寸以及表面质量外，主要是旋压零件展开图的形状和尺寸下料。旋压零件的展开毛坯可以通过拉延零件计算公式初步确定，即按面积相等的原则将零件展开为圆形，之后在直径方向加上切割余量，每道工序的切割余量约为 $10 \sim 15 \mathrm{mm}$。

② 模胎的安装。按零件选定模胎，先检查表面有无碰伤，避免旋压时损伤零件。模胎安装在旋压床的主轴上，要检查模胎是否

同心、旋转后是否产生偏摆。若模胎安装不同心、有偏摆，在高速旋压之下零件容易出废品。

③ 退火。零件在旋压过程中，材料变薄和冷作硬化程度比拉延时要大得多。所以，在旋压过程中，要根据零件硬化程度进行中间退火。退火时机全依赖操作者的经验，材料硬化后，旋压费力，变形困难，这时就要退火。退火之前如果零件有皱纹，要用木锤在规铁上敲平，这样对消除内应力有很好效果。

④ 润滑。旋压时旋棒与材料的剧烈摩擦，容易擦伤表面或摩擦生热而使零件变软，所以，旋压时必须润滑。常用的润滑剂为肥皂、黄油、石蜡、蜂蜡、机油等混合剂，在高温下用石墨或者凡士林的混合油膏。

⑤ 旋压操作。在旋压过程中，毛坯受旋棒的压力，一方面产生塑性变形，使局部毛坯贴合模胎，而另一方面产生弹塑性变形，使毛坯弯曲。前者为旋压所必需的，由于只有使材料局部贴胎变形，沿旋转线由内向外地发展，以至遍及整个毛坯，才能够完成毛坯的切向收缩，径向延伸，使平板料经过多次在锥形过渡形状而最后全部贴胎。后者由于毛坯失去稳定性而起皱，这是旋压所要避免的。其次，在圆角部位，由于毛坯离边缘较远，材料不易向里流动，零件成形全依赖内缘材料的延伸，从而易使零件变薄，以至于旋裂。

如图 5-72 所示为旋压基本操作要领。首先赶辗毛坯内缘，如图 5-72(a) 所示 0—0 范围内，使这部分材料靠向模胎的底面圆角。为避免变薄或旋裂，要扩大赶辗区，由局部向圆角部位反复赶料至靠胎，如图中状态 1 所示。而后从内向外赶料，形成锥形，如图中状态 2 所示。这时毛坯形成锥形，稳定性比较好。再赶辗锥形 2 的内缘从外向内赶料，使这段材料贴胎，如图中状态 3 所示。再由内向外赶料，形成锥形 4，这样反复进行下去，最后使毛坯全部贴胎。为了提高表面光滑程度，在贴胎后，沿全部表面赶光。

在旋压过程中，外缘不宜过多赶料，由于该处的稳定性差，用力过大，就会起皱。但在离开外缘较远处赶料，因为外缘刚性凸缘的牵制，仍比较稳定，可以旋加较大的压力加速材料流动。在赶料

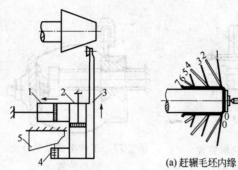

图 5-71　靠模工作原理
1—纵向作动筒；2—横向作动筒；
3—托板；4—随动阀；5—靠模板

(a) 赶辗毛坯内缘　　(b) 旋压带凸缘的零件

图 5-72　旋压过程

过程中，若外缘不起皱，则内缘也不易起皱；若开始不起皱，之后起皱的可能性也较小。旋压带凸缘的零件，如图 5-72(b) 所示，在圆角处材料容易变薄，在旋压时沿箭头方向赶料。

图 5-73 为切边操作，图 5-74 为卷边操作，图 5-75 为缩口操作。

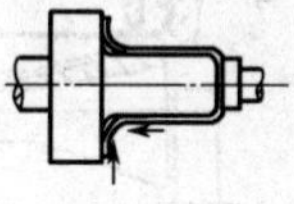

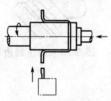

图 5-73　切边操作

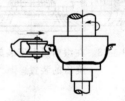

图 5-74　卷边操作

(5) 实例

图 5-76 为对杯形工件从内部向外旋压，形成鼓肚杯形半成品。

图 5-77 为将图 5-76 所得半成品再外旋成形的装置。

图 5-78 为滚剪机上安装旋轮旋压的装置。可以在切边之后再进行旋压。

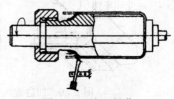

图 5-75　缩口操作

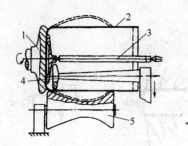

图 5-76　杯形工件内旋成形装置

1—主轴；2—工件；3—压紧轴；

4—旋压头；5—模胎

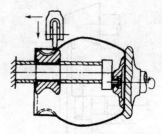

图 5-77　工件半成品的外旋

成形装置

图 5-79 为四个旋轮旋压翻边的装置。

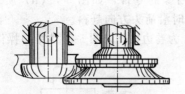

图 5-78　在滚剪机上安装旋轮

旋压的装置

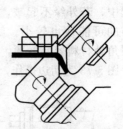

图 5-79　旋压翻边装置

图 5-80 为对凹进旋压件芯模的分模方式。

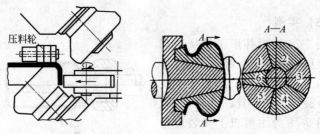

图 5-80　凹进旋压件旋压模胎的分模方式

图 5-81 为大直径浅盘对边缘旋压成形的装置，在立式车床上进行，旋压模 1 与有中心孔的毛坯用压板 2 借助螺栓固定在车床工作台上，带有旋轮 3 的轮架 4 装在刀架上，并逐步加压，使边缘成形。旋轮直径 D_r 的大小同制件直径 D 成比例，可按 $D_r = \dfrac{D}{8}$ 计算。

图 5-82 为工件有不对称凸台时，分三道工序旋压成形的方法。

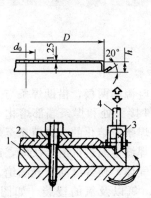

图 5-81 大件浅盘边缘旋压成形装置
1—旋压模；2—压板；3—旋轮；4—轮架

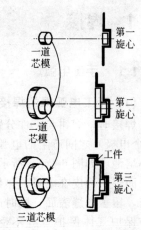

图 5-82 非对称件旋压过程

第 **6** 章

连接

6.1 焊接

6.1.1 手工电弧焊

(1) 手工电弧焊的焊接过程

焊接时，焊钳与工件分别接焊接电源的两极，借助焊条与工件（两个电极）之间产生的电弧，使工件接头处和焊条端部熔化而形成小熔池［如图6-1(a)所示］。这时焊条所熔化的金属填充至焊缝中，而焊条药皮在电弧的热作用下同焊缝金属进行冶金反应，产生熔渣，覆盖焊缝表面，同时产生大量气体，使焊缝与空气隔绝，熔渣与保护气体保护焊缝不受外界氮、氢以及氧的侵袭［如图6-1(b)所示］。在焊条向前移动时，电弧使工件不断产生新的熔池，而电弧移出的熔池部分金属迅速冷却、结晶凝固形成焊缝，熔渣也凝固而形成渣壳，因此焊条药皮产生的熔渣、气体对焊缝成形好坏和减缓焊缝金属的冷却速度有着十分重要的作用。金属熔化焊的过程，实质上是金属在焊接条件下的熔炼冶金过程。但是焊接冶金与金属冶炼有很大的区别，熔化焊的焊接特点如下。

① 焊接热源和金属熔池的温度高于一般的冶金温度，所以使金属元素强烈蒸发、烧损，并使焊接热源高温区的气体分解为原子状态，使气体的活泼性提高了，极易形成有害杂质。

② 金属熔池的体积小，冷却速度快，熔池处于液态的时间也很短，导致各种化学反应难以达到平衡状态，造成化学成分不够均匀。有时金属熔池中的气体及杂质来不及逸出，在焊缝中就会产生气孔、夹渣等缺陷。

基于以上原因，要获得优质的焊接接头，熔化过程必须解决两

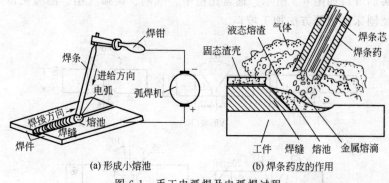

(a) 形成小熔池   (b) 焊条药皮的作用

图 6-1　手工电弧焊及电弧焊过程

个主要问题：一是避免空气对焊缝区的有害影响，如手弧焊焊条药皮中的造气剂及造渣剂产生的保护气体与渣壳起到保护熔池的作用，以防止空气侵入焊接区；二是利用调整焊接材料的成分和性能来控制冶金反应，以获得所要求的焊缝成分，这可以通过焊条、药皮或者焊剂向焊缝金属中过渡合金元素，这样不仅可以弥补焊缝金属中合金元素的烧损，还可特意加入一些合金元素，来改善焊缝金属的力学性能或者减少有害元素的影响。

（2）手工电弧焊工艺

手工电弧焊的基本工艺主要包括坡口、接头形式、焊接位置及焊接规范的选择等。

① 接头形式与坡口。常用的焊接接头形式有对接、搭接、角接以及 T 形接头等，如图 6-2 所示。

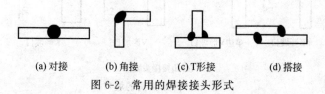

(a) 对接   (b) 角接   (c) T形接   (d) 搭接

图 6-2　常用的焊接接头形式

当焊件厚度小于 6mm 时，在焊件接头处只需留出一定的间隙，采用单面焊或者双面焊，就可以保证焊透。而焊件厚度>5～6mm 时，为确保焊透，需预先将接头处加工成一定坡口，焊接接头的坡口如图 6-3 所示。通常用凿子、气割、碳弧气刨、刨边机以及刨床刨削等方法加工坡口。

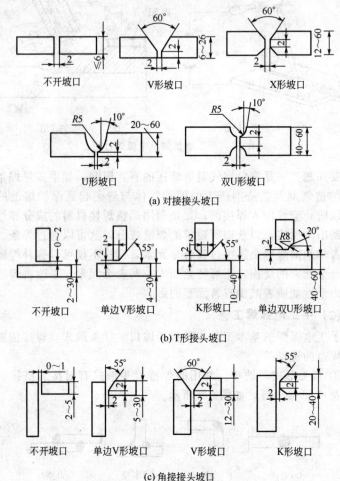

(a) 对接接头坡口

不开坡口　　V形坡口　　X形坡口

U形坡口　　双U形坡口

(b) T形接头坡口

不开坡口　　单边V形坡口　　K形坡口　　单边双U形坡口

(c) 角接接头坡口

图 6-3　焊接接头的坡口

　　② 焊缝位置。依据焊接时焊缝所处的空间位置不同，可分为平焊、横焊、立焊以及仰焊四种，如图 6-4 所示。其中平焊操作最方便，生产率高，劳动条件好，容易保证焊接质量。仰焊操作最困

难，所以，应尽量采用平焊。

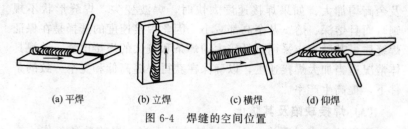

(a) 平焊　　　(b) 立焊　　　(c) 横焊　　　(d) 仰焊

图 6-4　焊缝的空间位置

③ 焊接规范。手工电弧焊焊接工艺规范指的是焊接时电源的种类与极性、焊条直径、焊接电流以及焊接速度等参数的选择。

根据焊件材料、厚度以及焊条性质来选择电源的种类与极性，一般情况下，使用酸性焊条可采用交流或直流电源。碱性焊条因为电弧稳定性差，必须使用直流电源。焊接 3mm 以上钢板时采用直流正接法，而焊接薄钢板与有色金属时，宜采用直流反接法。

焊条直径是依据焊接件厚度来选择，见表 6-1，焊件厚度愈大，所选用的焊条直径应愈大，对多层焊的第一层焊缝采用直径比较小的焊条焊接，以后各层选用直径较大的焊条，平缝焊用的焊条直径可以比其他位置大一些。

表 6-1　焊条直径的选择　　　　　　　　mm

焊件厚度	<2	2～3	3～6	6～16	>16
焊条直径	1.6～2.0	2.5～3.2	3.2～4.0	4.0～5.0	5.0～6.0

焊接电流的选择主要取决于焊条直径和焊缝位置，焊接电流的选择见表 6-2。在焊接平焊缝时，由于运条和熔池控制较容易，可选择较大的焊接电流。其他位置焊接时，为防止熔化金属从熔池中流出，焊接电流相应要小些。

表 6-2　各种直径电焊条使用电流

焊条直径/mm	1.6	2.0	2.5	3.2	4.0	5.0	5.8
焊接电流/A	25～40	40～70	50～80	90～130	160～210	200～270	260～310

焊接速度是指焊接时单位时间之内形成的焊缝长度，它直接影

响焊缝质量及生产率，焊接速度太慢时，焊波变圆，且熔深、熔宽及余高均加大；如果焊接速度太快时，焊波变尖，焊缝形状不规则，而且熔深、熔宽及余高都减小。因此焊接速度的选择是在保证焊缝质量基础上应采用直径较大的焊条和较大的焊接电流，并视具体情况适当加大焊接速度，以确保在获得焊缝高低和宽窄一致的条件下，提高生产率。

(3) 焊接缺陷及其防止

在焊接生产过程中，因为材料选择不当、焊前准备工作不充分、焊接工艺参数选择不合理或工艺操作不当等，均会导致各种焊接缺陷，必须采取有效措施进行排除和预防，见表 6-3。

表 6-3　焊接接头的主要缺陷及其产生原因

缺陷	特　征	产生的主要原因
焊瘤	焊缝边缘上存在多余的未与焊件熔合的堆积金属	焊条熔化太快；电弧过长；运条不正确；焊速太快
夹渣	焊缝内部存在熔渣	施焊中焊条未搅拌熔池；焊件不洁；电流过小；焊缝冷却太快；多层焊时各层熔渣未除净
咬边	在焊件与焊缝边缘的交界处有小的沟槽	电流太大；焊条角度不对；运条方法不正确
裂纹	在焊缝和焊件表面或内部存有裂纹	焊件含碳、硫、磷高；焊缝冷却太快；焊接顺序不正确；焊接应力过大；气候寒冷
气孔	焊缝的表面或内部存在着气泡	焊件不洁；焊条潮湿；电弧过长；焊速太快；电流过小；焊件含碳量高
未焊透	熔敷金属和焊件之间存在局部未熔合	装配间隙太小、坡口太小；运条太快；电流过小；焊条未对准焊缝中心；电弧过长

6.1.2 气焊

气焊是利用乙炔（C_2H_2）气体与氧气（O_2）混合燃烧产生的高温火焰加热熔化焊件接头的母材和焊丝而形成焊缝的焊接方法，氧-乙炔的燃烧温度可以达到 3000～3300℃。气焊时还产生大量的 CO_2 与 CO 气体，起到保护焊缝的作用。

(1) 气焊设备

气焊用的设备有氧气瓶、减压阀、乙炔瓶、回火防止器和焊炬等，如图 6-5 所示。氧气瓶是用于储存与运输氧气的高压容器，其容积为 40L，储气最大压力为 15MPa。氧气瓶的外表面涂天蓝色漆，并用黑漆写上"氧气"两字。在使用时应严格防止沾染油脂、撞击或者受热，氧气瓶和乙炔瓶同明火之间的距离应大于 5m 以上。

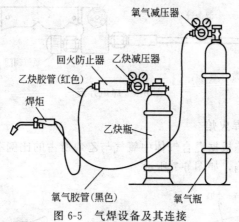

图 6-5　气焊设备及其连接

乙炔瓶是用于储存及运输乙炔气体的容器。乙炔瓶的容积为 40L，储气压力为 1.5MPa。乙炔瓶外表涂成白色，并且用红漆写上"乙炔"及"火不可近"字样。瓶内装有浸满丙酮的多孔性填料，借助乙炔能溶解于丙酮的特性，将乙炔稳定又安全地储存在钢瓶中。使用时打开瓶阀，溶解在丙酮内的乙炔在瓶阀下石棉的帮助下分解出来。乙炔瓶禁止卧放和剧烈振动，必须放置平稳可靠，防止爆炸。

减压器是把氧气瓶和乙炔瓶中装有的高压气体降为低压气体的调节装置。气焊时所需的氧气压力一般为 0.1～0.4MPa，乙炔压力最高不超过 0.15MPa。减压器除了使输出的气体压力减小之外，还能使降压后的气体压力保持稳定不变。

回火防止器是防止焊接时产生回火而造成乙炔瓶爆炸的装置，回火是由于气焊时焊嘴堵塞、供气不足或者焊嘴过热等原因，使混合气体喷射速度小于燃烧速度，火焰逆向燃烧进入乙炔管道的现象。如图 6-5 所示，在乙炔瓶减压器旁安装的是干式回火防止器。

焊炬是气焊时用于控制氧及乙炔的混合比和流量的工具，以形成适合焊接要求的稳定火焰，如图 6-6 所示。各种型号的焊炬都备有多个大小不同的焊嘴，焊接不同厚度的焊件。

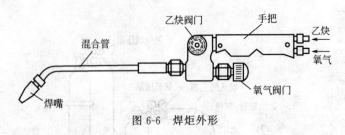

图 6-6　焊炬外形

（2）气焊火焰

气焊火焰根据混合气体中氧气与乙炔所占的比例不同而分成不同性质的火焰，如图 6-7 所示。

图 6-7　气焊火焰

① 中性焰。当氧气与乙炔的体积比为 1.1～1.2 时火焰为中性焰。它有三个明显的区域：焰心、内焰以及外焰。中性焰主要用于低、中碳钢，低合金钢，紫铜、青铜及铝和铝合金等的气焊。

② 碳化焰。当氧气与乙炔体积比小于 1.1 时生成的火焰为碳化焰。在此时氧气不足，乙炔过剩，燃烧速度比较慢。其火焰特征为长而柔软，温度较低。内焰变长而且十分明亮，焰心轮廓不清，外焰特别长。碳化焰主要用于铸铁、高碳钢以及硬质合金等的气焊。

③ 氧化焰。当氧气与乙炔体积比大于 1.2 时生成的火焰为氧化焰。在此时氧气过剩，焰心形状变尖，内焰很短，几乎看不到，外焰也缩短，呈蓝色，燃烧时温度高并且有嘶嘶声。氧化焰对焊缝有氧化作用，会降低焊缝质量，通常很少采用。主要用于黄铜、铬镍钢等的气焊，但是也只能用轻微的氧化焰。

(3) 气焊材料

气焊材料包括焊丝与气焊粉。气焊所用的焊丝只作为填充材料，焊接低碳钢时，比较常用的焊丝为 H08 与 H08A；当焊接合金钢、有色金属时，选用成分相同于被焊金属的焊丝或用被焊金属切下的条料；当焊接铸铁时应采用含硅量较高的铸铁棒。气焊粉的作用是除去熔池中氧化物等杂质，改善金属熔池的流动性并且保护熔池。气焊低碳钢时不用气焊粉；当焊接不锈钢、耐热钢时选用"粉 101"；焊接铸铁时选用"粉 201"；焊接铜与铜合金时选用"粉 301"；当焊接铝及铝合金时选用"粉 401"。

(4) 气焊特点与应用

气焊的温度低、加热缓慢、热量分散、对熔池保护性差，因此气焊的生产率低、焊件变形大、接头质量不高。然而气焊火焰易于控制及调整，灵活性强，操作简便，气焊设备不需要电源。气焊适用于厚度在 3mm 以下的低碳钢薄板和黄铜，也常被用于焊补铸铁以及质量要求不高的有色金属及其合金的焊接。

6.1.3 钎焊

钎焊是把熔点比焊件低的钎料熔化后，借助钎料对焊件的浸润和附着能力，填充接头间隙，同时利用钎料对焊件的渗透和分子扩散溶解连接焊件，形成焊接接头的方法。按照钎料熔点的不同，分为软钎焊与硬钎焊两种。

软钎焊所使用的钎料熔点在 450℃ 以上，常用钎料作为锡铅合金（焊锡），熔剂为松香或者氯化锌溶液。熔剂的作用是将接头处的氧化物和杂质清除干净，改善钎料对焊件的浸润性，保护钎料和焊件不被氧化。软钎焊常用烙铁加热进行焊接。软钎焊接头强度低（≤70MPa），通常用于受力较小、工作温度较低的焊件，比如薄钢板的钣金连接和电子零部件的连接等。

硬钎焊所使用的钎料熔点在 450℃ 以上，常用钎料为铜基合金、银基合金以及镍基合金等，熔剂为硼砂、硼酸、氟化物或氯化物等。硬钎焊可用火焰加热、电阻加热、感应加热以及盐浴加热等进行加热。硬钎焊接头强度高（＞200MPa），通常用于受力较大或工作温度较高的焊件，如强度要求较高的钢件、铜合金件的工具以及刀具的焊接。

相比于熔化焊，钎焊加热温度低，接头组织和性能变化小、变形小，焊件的精度较高；焊接接头光整平滑，无需再进行加工；钎焊除焊接同种金属外，还能够焊接异种金属，而且对工件厚薄无严格要求；对工件整体加热，可同时焊接网络状的多条焊接接头与接缝，生产率高。但是钎焊接头强度和冲击韧性较低，工作温度也低。因此钎焊仅适用于焊接较小的工件和精密零件。

6.2 铆接

6.2.1 铆接连接形式

铆接的形式有很多，并且有不同的分类方法，以下为几种常用的分类方法。

① 铆接形式。根据其工作要求及应用范围的不同，分为强固铆接、紧密铆接以及密固铆接三种。

a. 强固铆接。要求铆钉能承受大的作用力，确保构件有足够的强度，而对接合缝的严密性无特别要求，如屋架、桥梁以及车辆等结构。

b. 紧密铆接。铆钉不承受大的作用力，但对接合缝要求紧密，防止漏水或漏气，如水箱、油罐等结构。

c. 密固铆接。既要求铆钉能承受大的作用力，又要求结合缝十分紧密，如压缩空气罐、压力管路等结构。

② 根据连接板的相对位置分为搭接、对接、角接以及板型结合等连接形式，见表6-4。

表6-4 铆接的形式

名称	简图	方法
搭接		将板件连接处重叠后用铆钉连接在一起
对接		将板件置于同一平面上，上面覆盖有一块或两块盖板，用铆钉连接在一起
角接		利用角钢和铆钉，将两块互相垂直或成一定角度的板件连接在一起
板型结合		将型钢或压型制件与板件用铆钉连接在一起

③ 根据铆钉所受剪切力的情况可分为单剪切、双剪切以及多剪切三种连接形式。

④ 根据每一主板上铆钉的行列可分为单排、双排以及三排等连接形式。

⑤ 根据连接板上铆钉的排列形式可分为平行排列与交错排列两种连接形式。

6.2.2 铆钉的规格

铆钉规格是通过 D（直径）×L（长度）及标准号表示的。例如直径 12mm、长 50mm、材料为 ML2 的粗制半圆头铆钉，则标记为铆钉 12×50 JB/T 7393—1994。常用铆钉种类见表 6-5。

表 6-5　常用铆钉的种类

类型		简图	标准	规格范围/mm		应用
				d	L	
实心铆钉	半圆头		GB 863.1（粗制） GB 867	12～36 0.6～16	20～200 1～110	用于承受较大横向载荷的铆缝
	平锤头		GB 864（粗制） GB 867	12～36 2～16	20～200 3～110	由于钉头肥大，能耐腐蚀，常用在船壳、锅炉等腐蚀强烈处
	沉头		GB 865（粗制） GB 869	12～36 1～16	20～200 2～100	表面须平滑，受载不大的铆缝
	半沉头		GB 866（粗制） GB 870	12～36 1～16	20～200 2～100	表面须平滑，受载不大的铆缝
扁圆头半空心铆钉			GB 873	1.4～10	2～50	铆接方便，钉头较弱，只适用于受载不大处
空心铆钉			GB 876	1.4～10	1.5～15	重量轻，钉头弱，适用于轻载和异性材料的铆接

6.2.3 铆钉直径、长度及孔径的确定

(1) 铆钉直径的确定

铆钉直径主要依据板厚确定，具体见表 6-6。表中的板厚必须依据下列三条原则。

表 6-6 铆钉直径的确定   mm

钣料厚度	铆钉直径	钣料厚度	铆钉直径
5～6	10～12	13～18	24～27
7～9	14～18	19～24	27～30
9.5～12.5	20～22	≥25	30～36

① 钣料与钣料搭接时，按照较厚钣料的厚度确定。

② 两块钣料厚度相差较大时，依据较厚的那块板厚确定。

③ 钢板与型钢铆接时，依据两者的平均厚度确定。

多层钣料的总厚度，不应超过铆钉直径的 5 倍。铆钉直径也可按以下经验公式确立。

$$d = \sqrt{50t} - 4 \tag{6-1}$$

式中 d——铆钉直径，mm；

       t——钣料厚度，mm。

(2) 铆钉长度的确定

铆钉的长度过长，钉头就会过大或者过高；反之，则钉头过小，影响到铆接强度或刻伤板料。

铆钉长度与板厚、钉孔直径、铆钉直径以及钉头形状有关。常用钉头形状的钉杆长度计算公式如下。

半圆头铆钉 $L = (1.65 \sim 1.75)d + 1.1T$

半沉头铆钉 $L = 1.1d - 1.1T$

埋头铆钉 $L = 0.8d + 1.1T$

式中 L——铆钉长度，mm；

       d——铆钉直径，mm；

       T——被铆件的总厚度，mm。

(3) 铆钉孔径的确定

铆钉孔径过大，铆接时钉杆易弯曲，影响到铆接质量；铆钉孔径过小，当铆接时铆钉难以插入钉孔。

具体的铆钉孔径可按表 6-7 确定。

表 6-7　铆钉孔径的确定　　　　　　　　mm

铆钉直径 d		2～2.5	3～3.5	4	5～8
钉孔直径	精装配	$d+0.1$			$d+0.2$
	粗装配	$d+0.2$	$d+0.4$	$d+0.5$	$d+0.6$
铆钉直径 d		10	12	14、16	18	20～27	30、36
钉孔直径	精装配	$d+0.3$	$d+0.4$	$d+0.5$			
	粗装配	$d+1$			$d+1$	$d+1.5$	$d+2$

注：1. 多层板料密固铆接时，钻孔直径应按标准孔径减少 1～2mm，以备装配后铰孔用。

2. 凡冷铆的铆钉孔径应尽量接近铆钉直径。

3. 板料与角钢等非容器结构铆接时，钉孔直径可加大 2%。

6.2.4　铆接方法

铆接根据工艺过程不同可分为冷铆与热铆。

冷铆是指铆钉在常温状态下的铆接。冷铆前，铆钉应进行退火处理。手工冷铆时的铆钉直径通常不超过 8mm；用铆钉枪铆接时，铆钉直径不超过 13mm；用铆接机铆接时，铆钉直径可达 20mm 左右。

热铆是铆钉加热之后的铆接。手工铆接或者用铆钉枪铆接碳素钢铆钉时，加热温度为 1000～1100℃；当用铆接机铆接时，加热温度在 650～750℃。

热铆时，因为钉杆直径方向的冷却收缩，在钉杆与钉孔间形成间隙，但是铆钉在长度方向的收缩，使被铆件之间结合得非常紧密。

热铆用于大直径铆钉的铆接。

无论采用冷铆还是热铆，铆接方法均可分为手工铆、气动铆以及液压铆三种。

① 手工铆。这种方法通常用于冷铆小铆钉，但是在设备条件差的情况下，也可以替代其他铆接方法。手工铆的关键在于铆钉插入钉孔之后，应将钉顶严、顶紧，然后再用手锤（铆钉锤）打伸出孔外的钉杆，将其打平或打成粗帽状。如果是热铆就应用与铆钉头形状基本一样的罩模盖上，用大锤打罩模，并随时转动罩模，直至将铆钉铆好为止。

② 气动铆。借助压缩空气为动力，推动气缸内的活塞板块的往复运动，冲打安装在活塞杆上的冲头，在急剧的锤击下完成铆接工作。气动铆的速度是可调的，一般先慢后快，先慢的目的是将钉杆打粗以致填满钉孔，而后快的目的就是迅速完成铆钉帽的制作。

③ 液压铆。液压铆是借助液压原理进行铆接的方法。它具有压力大、动作快以及适应性较好等特点，液压铆分为固定式与移动式两种。

6.2.5 铆接缺陷及防止方法

铆接缺陷的种类、产生原因及防止方法见表 6-8。

表 6-8 铆接缺陷、产生原因及防止方法

缺陷名称	简图	产生原因	防止方法
铆钉头周围帽缘过大	$a>3, b>1.5\sim3$	①钉杆太长 ②罩模直径太小 ③铆接时间过长	①正确选择钉杆长度 ②更换罩模 ③减少打击次数
铆钉头过小，高度不够		①钉杆较短或孔径过大 ②罩模直径过大	①加长钉杆 ②更换罩模
铆钉形成突头及克伤钣料		①铆钉枪位置偏斜 ②钉杆长度不足 ③罩模直径过大	①铆接时铆钉枪与板件垂直 ②计算钉杆长度 ③更换罩模
铆钉头上有伤痕		罩模击在铆钉头上	铆接时紧握铆钉枪,防止跳动过高

缺陷名称	简图	产生原因	防止方法
铆钉头偏移或钉杆歪斜		①铆接时铆钉枪与板面不垂直 ②风压过大,使钉杆弯曲 ③钉孔歪斜	①铆钉枪与钉杆应在同轴线上 ②开始铆接时,风门应由小逐渐增大 ③钻或铰孔时刀具应与板面垂直
铆钉杆在钉孔内弯曲		铆钉杆与钉孔的间隙过大	选用适当直径的铆钉;开始铆接时,风门应小
铆钉头四周未与板件表面贴合		①孔径过小或钉杆有毛刺 ②压缩空气压力不足 ③顶钉力不够或未顶严	①铆接前先检查孔径 ②穿钉前先消除钉杆毛刺和氧化皮 ③压缩空气压力不足时应停止铆接
铆钉头有部分未与钣料表面贴合		①罩模偏斜 ②钉杆长度不够	①铆钉枪应保持垂直 ②正确确定铆钉杆长度
钣料结合面间有缝隙		①装配时螺栓未紧固或过早地被拆卸 ②孔径过小 ③板件间互贴合不严	①铆接前检查板件是否贴合和检查孔径大小 ②拧紧螺母,待铆接后再拆除螺栓
铆钉头有裂纹		①铆钉材料塑性差 ②加热温度不适当	①检查铆钉材质,试验铆钉的塑性 ②控制好加热温度

6.3 螺纹连接

6.3.1 螺钉连接

普通螺钉包括：机器螺钉、自攻螺钉、止动螺钉、自锁螺钉（用尼龙扣或片压入相配的螺纹中防止松动）、预装配螺钉（带有锁紧垫圈，它能够旋转，但不能脱开）、特殊钉头螺钉。

自攻螺钉有两种类型，即成形螺纹螺钉与切削螺纹螺钉。如图 6-8 所示为成形螺纹螺钉，它使螺钉附近的材料位移及变形从而产生紧密的连接。在螺钉挤成螺纹的同时，金属与金属之间就形成最大的接触。图中 A 型被用于薄板零件；B 型被用于薄板与厚板金属零件；BP 型同 B 型，但是常可用于偏心的孔；C 型螺纹相同于标准细牙机器螺钉，用于较薄材料；U 型用于永久型连接，不推荐用于拆卸处。如图 6-9 所示为切削螺纹螺钉。在每一螺钉中，前端的螺纹切削刃用于装配时切削相配的螺纹。通常来说，这些螺钉适合用于铝、锌、铅的压铸件、胶合板、石棉及其他合成材料。

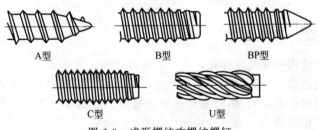

A型   B型   BP型

C型   U型

图 6-8　成形螺纹攻螺纹螺钉

拧入自攻螺钉的位置应方便提供良好的攻螺纹动作和紧固力。理想的拧紧转矩为拆卸转矩的 2/3～3/4。自攻螺钉几乎适应于一切材料，包括钢、铸铁、铝、锌、塑料、黄铜、玻璃纤维制品、石棉以及树脂浸渍的胶合板。自攻螺钉连接过程如图 6-10 所示，淬硬的螺钉尾部有碾压出的钻尖，能确保得到正确尺寸的定位孔，从而省去一道工序。

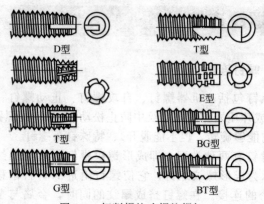

图 6-9　切削螺纹攻螺纹螺钉

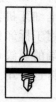

图 6-10　自钻孔攻螺纹螺钉

6.3.2　螺栓连接

螺栓用于穿过零件孔，借拧紧螺母达到正常紧固。

普通螺母分为光制（紧配公差）与粗制（对间隙大的孔及大负载应用的松配合）。防松螺母通常比较薄，成双地拧于螺栓的螺纹上，互相锁紧。

不论何处，只要有振动的可能性，就有可能使螺栓连接接头松动，所以必须考虑使用防松装置。现已发明了很多类型的防松装置，可以分为自由旋转式、加强转矩式以及弹力作用式。

自由旋转锁紧螺母一般为整体座盘形，它带有机械加工成的特殊装置，诸如整体带牙的垫圈或附有凹槽的底部，当拧紧螺母时，它稍微变平，从而使螺母能够锁紧。

加强转矩式螺母包括变了形的螺纹、塑料衬垫或者其他装置。

这些装置能在螺母承受负载时立即抱紧在螺栓的螺纹上，利用保持不变的锁紧力防止松动。其中有些带有非圆形的孔。加强转矩是指对转动的附加阻力，这种阻力始终被施加着。

弹力作用式螺母在顶紧零件的表面时产生锁紧力。很多是由薄板金属冲压而成并且经热处理以提供恒定的弹力。

6.4 金属粘接

所谓金属粘接，就是将非金属粘接材料置于被粘件结合面之间，然后因为物理或化学性能改变使黏结剂固化或者硬化，从而在被粘件之间形成有一定强度的接头。

粘接在某些方面相似于金属的钎焊，但粘接不产生冶金结合。被连接表面虽然有时被加热，但并不熔化。将液态或者发黏的固态黏结剂置于接头接合面之间，黏结剂涂上接合面之后，施加热或压力或两者兼施以完成连接。

6.4.1 工作原理

在施加黏结剂过程的某个时候，连接金属用的黏结剂必须要变成流体。它可以是由固体在一种溶剂（一种化学性活泼的液体）中溶解而成的液体，也可以是由固体借助加热或者加热与加压而变成的液体。该液体必须能够润滑被粘件的表面，并且贴合于表面，从而使分子间吸引力发生作用。

当黏结剂被敷于金属表面时，相邻的黏结剂分子除受金属原子或者金属表面外来物质的吸收之外，还受到邻近分子的吸引。若黏结剂表面能大于被粘件表面能，则黏结剂不会润湿被粘件。为了实现润滑的目的，金属表面能必须大于黏结剂表面能。金属表面的清洁程度对保证润滑所需的高表面能来说是十分重要的。表面上的油脂会严重地降低金属表面能，从而使同黏结剂的结合削弱。

黏结剂在金属表面的铺开程度还受其他表面条件和黏结剂流动性的影响。通常情况下，金属表面包含许多显微的峰和谷，所以比完全平整的表面具有更大的外露面积。这就提供了更大的吸附力和良好的毛细作用。

液态黏结剂黏度愈高，不能填满金属表面凹谷的可能性愈大，并且愈可能夹藏液体、气体或蒸汽。粘接时黏结剂有吸收这些外来物质，之后在接合线边缘将它们排出的倾向。为了促进清除这些吸附的物质，可以将黏结剂加热或者加压。

6.4.2 黏结剂

黏结剂的种类比较多，用于生产的黏结剂选择应考虑以下五个关键问题。

① 被粘接件所承受的载荷与形式，以及粘接件在使用过程中受周围环境的影响，如温度、气候、水、油、酸、碱以及化学气体等。

② 被粘接件的形状、材料、大小和强度、刚度要求。有些材料很难粘接，需考虑特殊的黏结剂。一般钢、铁、铝合金等比较容易粘接，而铜、镁、锌、不锈钢、纯铝等，其粘接强度相对差些。

③ 效果好、成本低，整个工艺过程经济。

④ 特殊要求，如导电率、热导率、超高温、导磁、超低温等，都应选择特殊黏结剂。

⑤ 需综合考虑粘接件的形状、结构和粘接工艺，也就是考虑实现这一粘接方案的可能性，例如涂胶方法、表面处理方法以及固化方法等。有些黏结剂需要较高温度，加压固化才能达到较高的黏结强度，对于复杂的曲面与大的粘接面积，则难以实现。一般套接（嵌接）结构，不宜采用含溶剂的加压固化的黏结剂。对于热敏性材料、压力敏感性材料不宜使用固化温度比较高和压力比较高的黏结剂。

在选择黏结剂时，还应尤其注意保管质量，几乎所有的有机黏结剂均有一定的储存期限，若过期使用则性能较差甚至会失效。

6.4.3 接头设计

应该将粘接接头设计成使粘接面在它的最大强度方向上承受应力。当然，最大强度是粘接面积的函数。如图 6-11 所示为几种搭接及对接接头。图 6-11(a) 单面搭接特点适合于小截面材料的粘接，弯边搭接有助于将应力降到最小；图 6-11(b) 双面搭接有很好的抗弯曲性能，斜削搭接有助于应力均匀分布；图 6-11(c) 所示单面搭接板连接是经常采用的，但要求接头的一侧必须是平的，双面搭板连接强度高，但要求接头的两侧都必须是平的；图 6-11(d) 对接接头不适合于传递应力，由于粘接面积相当小，楔面斜接接头强度高；图 6-11(e) 这两种接头形式被认作是不合适的，这不仅是从经济观点来看，还因为两母材的横截面面积都被削弱；图 6-11 (f) 双面斜式搭板连接使应力分布均匀，并且强度高，但是需专门机械加工，费用太贵。

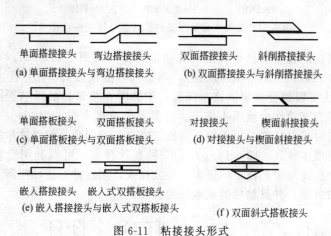

(a) 单面搭接接头与弯边搭接接头　(b) 双面搭接接头与斜削搭接接头

(c) 单面搭板接头与双面搭板接头　(d) 对接接头与楔面斜接接头

(e) 嵌入搭接接头与嵌入式双搭板接头　(f) 双面斜式搭板接头

图 6-11　粘接接头形式

　　角接接头或者交叉接头都应遵守增加粘接面积这一原则，如图 6-12 所示。图 6-12(a) 在 1 的方向受力时接头强度高，但在 2 的方向受力时发生劈裂；图 6-12(b) 只适合于低应力的情况；用图 6-12(c) 所示的补强方法会得到相当高的强度；若两块板必须呈直角相连，推荐的接头设计，见图 6-12(d)、(e)。

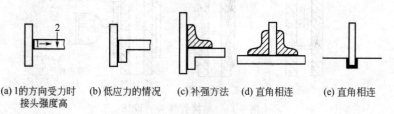

(a)1的方向受力时　(b) 低应力的情况　(c) 补强方法　(d) 直角相连　(e) 直角相连
接头强度高

图 6-12　角接接头

在挤压、铸造或者机械加工的构件上采用粘接是有好处的，如图 6-13 所示。

(a) 榫槽   (b) 棱斜榫槽   (c) 斜接

图 6-13　机加工或挤压型材的粘接对接接头设计

粘接对管接头也很有用，有些接头设计如图 6-14 所示。当组装图 6-14(a)、(b) 两种接头时，黏结剂可能从接头挤出，图 6-14(c)接头可以部分地解决这个问题，组装时在拐角处的黏结剂借助正向压力充填作用被压入接头。带斜面的管接头图 6-14(d) ～(f)在组装时将黏结剂产生正向压力使之完全充满间隙，但是这些接头的制造成本较高。图 6-14(g) 是一种套管接头，可以利用套管上的一个孔使黏结剂在正向压力下注入接头，用这种方法可得到完全充满的效果，并且粘接的成本较为合理。

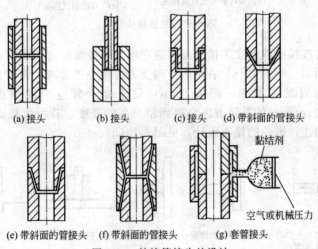

(a) 接头　　(b) 接头　　(c) 接头　　(d) 带斜面的管接头

(e) 带斜面的管接头　(f) 带斜面的管接头　(g) 套管接头

图 6-14　粘接管接头的设计

6.4.4 表面准备

为了获得粘接强度高、耐久性好，待粘接件的表面必须要处理。对粘接件表面处理的目的是：获得清洁、较粗糙的表面以及合适的表面化学结构，以促使表面物理化学性质的改变，增强黏合力。

一般表面处理要经过机械打磨、脱脂以及化学处理三个步骤。对粘接强度要求不高的部件或者易粘材料，可不必进行化学处理。机械打磨的目的是，清除表面的锈皮，并且使表面粗糙。打磨可用砂纸、锉刀、钢丝刷或者喷砂等方法进行。打磨后的表面应通过脱脂处理，采用丙酮、甲乙酮、甲苯、三氯乙烯、四氯化碳、香蕉水等清洗，通常清洗 2~3 次，每次间隔 10min，以溶剂挥发为宜。脱脂后的表面，严禁用手摸或遭污染，应及时进行粘接或化学处理。

6.4.5 黏结剂的涂敷和固化

黏结剂的种类很多，原始状态各不相同，因此涂敷的方法亦不相同。一般液态黏结剂采用：刷涂法、喷涂法、刀刮法、滚涂法、丝网印胶法、熔化法。涂敷的关键是保证涂层均匀而且无气泡。

各种黏结剂只有在合适的固化条件下，才能获得理想的粘接强度。目前大部分黏结剂需要加热固化，一些高强度的粘接件还需要加热、加压固化。加热温度大多依据黏结剂的品种而定。为了确保涂层固化完善，必须要有足够的时间，在一定范围之内，提高温度、缩短时间或者降低温度、延长时间，常常能起到同样的效果。

加热设备可以用恒温箱、红外线或电炉等，也可以用喷灯烘烤工件的非粘接部位，以传导热加温，禁止用明火直接烘烤涂层。

第7章

铆工工艺规程及产品检验

7.1 铆工制造工艺规程编制

7.1.1 铆工制造工艺规程基本知识

(1) 基本概念

将原材料或半成品转变成产品的方法和过程，叫做工艺。改变生产对象的形状、尺寸、相对位置和性质等，使其成为成品或半成品的过程，叫做工艺过程。

生产中实用的工艺过程的全部内容，是长期生产实践的总结。把工艺过程按照一定的格式用文件的形式固定下来，便叫做工艺规程。工艺规程是一切生产人员必须严格执行的纪律性文件。

(2) 工艺规程的作用

① 编制工艺规程是生产技术准备的主要内容之一，为组织生产的重要依据，如原材料的采购、生产进度的安排与调度、工艺装备的设计与制作、质量检查的内容和要求等，均可在工艺规程中反映出来。编制合理的工艺规程，能够稳定生产秩序，使生产有序进行。

② 对生产过程起技术指导作用。工艺规程中对于各工序的操作方法和步骤、关键部位的难点及应注意的事项等，都作了十分详细的规定，是生产过程中的指导性技术文件。内容翔实的工艺规程，不但对操作者提供技术指导，也可以对基层生产单位（车间、班组）计划组织生产、充分利用人力资源设备能力，起纲领性的指导作用。

③ 为产品质量提供保证。工艺规程中对各工序和要领都有详细规定，有章可循，有效地避免漏检过程中的质量控制。

④ 有利于技术进步。通过生产实践，不断地改进及完善工艺规程有利于提高产品的技术水平和质量水平，有利于企业的整体技术进步。

（3）工艺规程的形式

因为金属结构产品的结构形式繁多，工艺过程差别很大，所以，工艺规程很难有统一的格式。各企业均是根据本企业的具体情况，如产品的种类、生产类型以及技术条件等自行确定。但常见的有下列几种。

① 工艺路线卡。工艺路线卡是以工序为单位，说明产品在生产制造的全过程中，所必经的全部工艺过程，为工艺规程中的纲领性文件。工艺路线卡可以指导管理人员和技术人员了解产品制作的全过程以便组织生产及编制工艺文件。工艺路线卡也可以帮助操作者了解前后工序之间的搭配关系，利于加深对本工序工艺过程的理解。

工艺路线卡可以是单一工种编制，也可以跨工种编制。

工艺路线卡一般包含产品的名称规格、工种、工序内容和使用的工艺装备以及各工序的工时定额等。

② 工艺过程卡。这种卡片是以单个零、部件的制作为对象，对整个工艺过程进行详细说明的工艺文件。是用来指导操作者的具体操作方法。和帮助管理人员及质量检查人员了解零件加工过程的主要技术文件。

工艺过程卡通常包含零件的工艺特性（材料、形状以及尺寸大小）、工艺基准的选择、各工步的操作方法、所应用的工艺装备及工时定额等

③ 典型工艺卡。当批量生产结构相同或者相似、规格不一的产品时，按规格逐个去编制工艺路线卡及工艺过程卡显然是不科学的，这时就可以采用典型工艺卡的形式。

典型工艺卡的格式类似于工艺过程卡，其作用和工艺过程卡相同，但是典型工艺卡的内容相对工艺过程卡要简单一些，对每一工序只强调其工艺过程及使用的工艺装备，量化指标少，也无工时定额等内容。

④ 工艺规程的其他形式。有工艺过程综合卡、工艺流程图、

工艺守则以及工艺规范等。

工艺过程综合卡类似工艺路线卡，但是比工艺路线卡的内容要详细一些，它包括一些跨工种的工艺过程内容。工艺过程综合卡比较适用于单件、小批或者一次性生产，作技术指导文件用。

工艺流程图是用平面坐标来表达工艺路线的一种形式，其作用也相似于工艺路线卡，但更直观。工艺流程图具有可以平行地反映不同部件进度、不同工序关系等特点，常被用来做组织生产、协调安排进度的依据。

工艺守则是工艺纪律性文件，工艺守则对在生产过程中，有关人员应遵守的工艺纪律做了详细规定。工艺守则通常按工种或工序进行编制，如车工工艺守则、装配钳工工艺守则以及冷冲压工艺守则等。

工艺规范是对工艺过程中有关技术要求所做的一系列统一规定。工艺规范的作用与典型工艺过程卡类似，但内容却十分详细。工艺规范适用于大批量生产、产品单一或者工艺过程不变的场合下使用。

7.1.2　工艺规程编制的原则

工艺规程编制的总原则是：在一定的条件下，以最好的质量、最低的成本，可靠地加工出符合图样和技术要求的产品。

编制出的工艺规程首先要能确保产品的质量，同时争取最好的经济效益。

工艺规程的编制要从下列 3 个方面加以注意。

① 技术上的先进性。在制订工艺规程时，要了解国内、外本行业工艺技术的发展。借助必要的工艺试验，积极采用适用的先进工艺及工艺装备。

② 经济上的合理性。在一定的生产条件之下，可能会出现几个保证工件技术要求的工艺方案。此时应考虑全面，利用核算或对比，选择最经济的方案，使产品的成本最低。

③ 有良好的劳动条件。编制工艺规程时，要注意确保操作者有良好而安全的劳动条件。所以，在工艺方案上要注意采取机械化或自动化措施，把工人从笨重、繁杂的体力劳动中解放出来。

7.1.3 工艺规程编制的步骤

① 图样的分析了解产品的用途及结构特点，详细分析研究产品图样，要清楚产品结构的每一细节和每一项技术要求。对产品结构合理与否，工艺性是否先进，精度等技术要求是否过高等，都可以探讨。

② 工艺方案的拟定按下列顺序进行。

a. 拟定工序、工步。

b. 选择应用的设备。

c. 确定工装、模具，要包括夹具及辅助工具。

d. 草拟各工序（步）的具体操作方法及技术要求。

e. 草拟各工序（步）的检验方法及要求。

f. 按照需要，提出工装设计任务书。

按以上方法同时考虑 2～3 套方案，进行综合对比，选择一套最优方案。在必要时，还可进行工艺试验加以验证。

③ 工艺文件的编写。编写完工艺文件之后需正式填写与工艺文件有关的表格及数据等。

7.1.4 金属储气罐工艺规程的编制

金属储气罐属于压力容器，为铆焊工作场地必备的基础设施，也是铆工制作的金属结构产品对象之一。国家有关部门对于压力容器的制造制定了一系列标准及管理条例。在制作和使用压力容器时，必须严格执行标准及遵守这些管理条例。

如图 7-1 所示为压缩空气储气罐结构图样。

(1) 储气罐的作用

压缩空气通过进气管输入罐内，通过出气管及连接管路，输出到工作地点。储气罐在这里起到了储藏和稳压作用，同时，利用扩容及离心作用分离出压缩空气中的油和水分。

(2) 储气罐的组成

① 罐体由筒体与封头构成，是储气罐的主体，也是主要的受压部件。

② 进、出气管。由插管与连接法兰构成，用来连通进、出气管路。

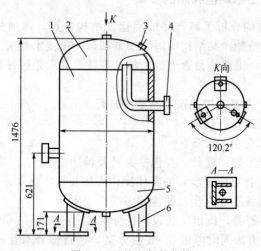

图 7-1 压缩空气储气罐
1—筒体；2,5—封头；3—阀座；4—法兰；6—支座

③ 支座用于支撑及安装储气罐整体。

④ 阀座用于安装安全阀、压力表以及排污阀等。

⑤ 入孔组件。由盖板、把手以及固定连接装置构成，用来制造和检修时供操作者出、入的通道。小型储气罐也可不设。

(3) 储气罐制造工艺流程图

如图 7-2 所示，通过工艺流程图可以概要了解储气罐的工艺过程。

(4) 工艺规程编写注意的事项

① 图样上所有标注的受压件必须按照要求进行材料检验，在各工序间应注意进行材料标注和移植。

② 筒体与封头备料时，要注意材料的拼接位置，避免出现焊缝距离超标及附件、开孔压焊缝等现象。

③ 板与板对接、筒节对接、筒节与封头的对接等，错边量要严格控制在标准要求之内。

④ 铆焊使用的焊材都要符合该产品焊接工艺规程的规定。

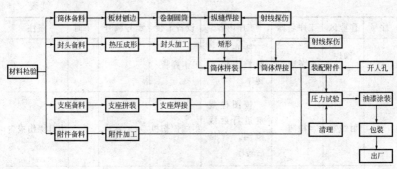

图 7-2 制造储气罐的工艺流程

单节筒体制作的铆焊工艺过程卡见表 7-1。储气罐的装配工艺过程卡见表 7-2。

表 7-1 筒体制作工艺过程卡

×××××厂工艺处			(铆焊)工艺过程卡			共 页 第 页		
产品名称	储气罐	产品代号	××××	零部件名称	筒体	零部件代号	××××	
序号	作业区	工序名称	工序内容	设备工装	型号编号	工时	备注	
1	铆工车间	剪切	按展开尺寸××××剪切,在规定位置打上材料标记钢印。检后转序	剪板机	××××		材质证明齐全	
2	加工车间	刨边	按图样刨削焊接坡口。检后转序	龙门刨	××××			
3	铆焊车间	弯曲	卷制圆筒	滚扳机卡样板	××××			
4	焊接车间	焊接	焊接圆筒纵缝。检后转序	焊机	××××		焊接规范××××	

续表

序号	作业区	工序名称	工序内容	设备工装	型号编号	工时	备注
5	铆焊车间	矫形	矫正单节圆筒。检后转序	卡样板			
6	射线室	检测	按图样规定进行射线检测。合格后转序	射线探伤机	××××		出具探伤报告
7							
8							
更改记录							
编制	年 月 日		审核	年 月 日	批准	年 月 日	编号

表 7-2 储气罐装配工艺过程卡

××××厂工艺处			(铆焊装配)工艺过程卡			共 页 第 页	
产品名称	储气罐	产品代号	××××	零部件名称		零部件代号	
序号	作业区	工序名称	工序内容	设备工装	型号编号	工时	备注
1	铆焊车间	装配	按图样拼接筒节、封头。注意所有纵缝和开口位置。检后转序	拼装轮架	××××		附材质证明、探伤报告
2	焊接车间	焊接	环缝焊接。检后转序	焊机	××××		焊接规范×××
3	射线室	检测	按图样要求进行射线检测	射线探伤机	××××		出具探伤报告
4	铆焊车间	装配	配装支座。注意其方位和其他接管的位置				

续表

序号	作业区	工序名称	工序内容	设备工装	型号编号	工时	备注
5			装配所有接管、阀座。检后转序				
6	焊接车间	焊接	焊接所有附件	焊机			焊接规范 ××××
7	铆焊车间		全面修磨、清理,终检				
8							
更改记录							

编制	年　月　日	审核	年　月　日	批准	年　月　日	编号	

7.1.5 桥式起重机主梁工艺规程的编制

桥式起重机是一种循环、间歇运动机械,其运动形式是小车纵向运动、大车横向运动构成的平面运动。负荷利用吊索-小车-主梁装在主梁两端端梁上的走轮,作用在悬臂装有轨道梁的厂房立柱上。

桥式起重机的主要承重构件是起重机桥架,桥架有单梁与双梁两种。在跨度较大、承重比较大的场合,又多采用箱形双梁结构。

(1) 箱形主梁的结构特点

如图 7-3 所示为吊装质量为 15t,跨度 22.5m 的箱形主梁结构。主梁的截面呈箱形,由箱形主体上、下盖板 1、2 以及两块腹板 3 构成。内部有起加强和稳定薄壁作用的长、短肋板 4 和 5,以及两行水平角钢 6、7。长肋板的上面和左右侧面分别同上盖板和腹板焊接在一起,肋板的下面与下盖板之间留有一定的间隙,以使主梁工作时能自由向下弯曲。上边一行水平角钢除同短肋板焊接外,还与腹板焊接。下边一行角钢仅同腹板焊接。两行角钢的装配方向不同。主梁上、下盖板的厚度均为 8mm。

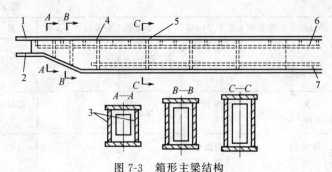

图 7-3　箱形主梁结构

1—上盖板；2—下盖板；3—腹板；4,5—肋板；6,7—角钢

(2) 箱形主梁的主要技术要求

① 主梁旁弯：$F' \leqslant L/2000$（只能弯向走台侧）。

② 主梁长度公差跨度：$L \pm 8mm$。

③ 主梁扭曲：以第一块长肋板处的上盖板为准$\leqslant 3mm$。

④ 主梁腹板不平度：在 1m 长度内允许的最大波峰值，对受区为 0.78；受拉区是 1.2δ（δ 为腹板厚）。

⑤ 主梁腹板垂直倾斜度：$\leqslant H/200$（H 为主梁高度）。

⑥ 主梁盖板水平倾斜度：$\leqslant B/250$（B 为盖板宽度）。

(3) 主梁各主要件的制作工艺过程和要求

① 盖板的制作。板厚小于 8mm 的盖板，先矫正钢板，对接拼焊至要求的长度，再画线、气割。对接可采用单面焊双面成形工艺，以将开坡口和焊后翻面的麻烦省掉。对接时应留有一定的间隙。板厚 8mm 时，间隙为 2.5～3mm；板厚 8mm 时，间隙为 3～4mm。焊缝应没有缺陷。

板厚超过 8mm 的盖板，先下料气割成要求的宽度，之后在长度方向对接拼焊而成。

上、下盖板气割或拼接时，可预制出一定的旁弯度。预制旁弯度值应比技术条件的规定大，一般为 $\leqslant L/1300$（L 为跨度），但是也有不预制旁弯度的，待装配焊接时，使其形成一定的旁弯。

盖板对接后在长度方向应放出一定的工艺余量，上盖板为 200mm，而下盖板为 400mm。

② 腹板的制作。校平钢板之后，在长度方向先拼接，后对称气割。为使主梁有规定的上拱度，在腹板下料时必须要有相应的侧弯。

由于桥架的自重及焊接变形的影响，腹板的预制侧弯量应适当比主梁的上拱度大。

腹板的侧弯曲线可先画线后气割。在专业生产时，也可以应用靠模气割。

腹板下料时，应留有 $1.5L/1000$ 的余量，中心两侧 2m 之内不应有接头。同时，要和上、下盖板综合考虑，避免焊缝集中。

③ 肋板的制作。肋板为长方形，有长肋板与短肋板之分，长肋板中部开有长方形的减重孔。

下料时，肋板的宽度尺寸取负公差，只能小不能大。长度尺寸可以取自由公差。

肋板的 4 角应保证 90°，特别是肋板与上盖板连接处的两角更应严格保持直角，以使装配后主梁的腹板与上盖板垂直，确保主梁在长度方向不会发生扭曲变形。

(4) 箱形主梁的装配

① 装配肋板。把上盖板平放在平台上作装配基准，在上盖板上画出长短肋板的位置线，并同时画出两腹板的位置线。

装配大、小肋板，保持两侧平齐，用角尺检验肋板与盖板的垂直度。

肋板焊接后，上盖板会产生一定的波浪变形与翘曲变形，对于波浪变形应加以矫形，而对于长度方向上的翘曲变形，可以利用作箱形梁的上拱度。

② 装配水平角钢及腹板。将水平角钢装配点焊在小肋板上。将腹板吊装在上盖板上，将腹板用夹具临时固定，如图 7-4（a）所示。调整腹板的位置，使其紧靠肋板，在装配时可用Ⅱ形专用工具及撬杠，如图 7-4（b）所示。定位焊应两面同时进行。

③ 装配腹板上的补强角钢。腹板装配之后，接着装配补强角钢，角钢应预先矫直，在装配时，在与腹板接触处先点焊，对于间隙较大处可以用斜撑抵住，使缝隙减小，再施定位焊。

④ 焊接。腹板、肋板以及补强角钢安装后，可对内部焊缝进

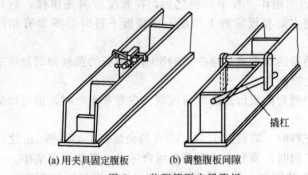

(a) 用夹具固定腹板　　(b) 调整腹板间隙

图 7-4　装配箱形主梁腹板

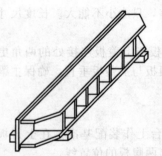

图 7-5　半成品梁的施焊位置

行焊接。焊接时考虑梁的旁弯，若旁弯过大，应先焊拱出对面。焊接时，可把梁卧置于两支座上从中间开始向两边对称焊接，焊好一面之后，翻转焊另一面，如图 7-5 所示。

焊后应检查梁的旁弯与变形，若超差则应进行矫形。

⑤ 装配下盖板。下盖板的装配关系到主梁最后的成形质量。在拼装之前，因为盖板的长宽比较大，其上拱度不用预制，但是在折弯处应事先压制成形。拼装时，把下盖板垫放在平台上，在下盖板上画出腹板的位置线，把半成品梁吊装在下盖板上，两端用双头螺杆将其固定压紧，如图 7-6 所示。

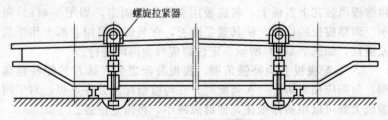

图 7-6　装配下盖板

用水平尺和线锤检验梁中部和两端的水平、垂直度及拱度，若有倾斜或扭曲，则应进行调整，调整之后从中间向两端、两面同时进行定位焊。

主梁两端弯头处的下盖板可利用起重机的拉力进行装配点焊。

⑥ 整体焊接主梁有 4 条纵缝，焊接顺序根据梁的拱度和旁弯的情况而定。

若拱度不够，则应先焊下盖板左、右两条纵缝，从中间开始向两边对称焊接；若拱度过大，应先焊上盖板左、右两条纵缝。旁弯若过大时，则应先焊外侧焊缝，过小时应先焊内侧焊缝。

（5）箱形主梁的铆焊装配工艺过程卡（见表 7-3）

主梁整形主梁焊接完成后，按照图样要求进行矫形及清理，完成箱形主梁的制作。

表 7-3　箱形主梁铆焊装配工艺过程卡

××××× 厂工艺处			（铆焊装配）工艺过程卡			共　页　第　页	
产品名称	储气罐	产品代号	××××	零部件名称		零部件代号	
序号	作业区	工序名称	工序内容	设备工装	型号编号	工时	备注
1	铆焊车间	装配	①在上盖板上画出肋板、腹板的位置线②装配肋板，注意两端平齐③装配水平角钢，点焊在短肋板上④装配腹板，注意靠紧肋板⑤装配补强角钢，注意与腹板间的间隙，检后转焊接	专用夹具	×××		
2	铆焊车间	矫形	焊后转回，矫形				

续表

序号	作业区	工序名称	工序内容	设备工装	型号编号	工时	备注
3	铆焊车间	装配	①在下盖板上画出腹板位置线 ②将主梁半成品吊放至下盖板上，夹紧 ③检查无误后，由中间向两端、两面同时施定位焊				
更改记录							
编制	年　月　日	审核	年　月　日	批准	年　月　日	编号	

7.2　金属结构产品的检验

7.2.1　钢板的复验范围

用来制造第三类压力容器的钢板必须复验。

用来制造第一、第二类压力容器的钢板，有以下情况之一的应复验。

① 用户要求复验的。

② 设计图样要求复验的。

③ 制造单位不能确定材料真实性或者对材料的性能和化学成分有怀疑的。

④ 钢材质量证明书注明复印件无效或者不等效的。

用制造第三类压力容器的锻件复验要求按照《压力容器安全技术监察规程》中第 25 条规定执行。

7.2.2　原材料力学性能检验的取样

常规的原材料力学性能试验项目，有抗拉强度试验、弯曲试验以及冲击试验等。

材料经过热加工和焊接之后，其最终温度与原始值有所不同，代表产品材料的温度性能应以终端温度性能为准。而对于不经过热加工的工件（如不经热处理或热卷），其焊接试样可替代母材试样。

① 当用钢板作为力学性能检验的试样时，可以在钢板轧制方向的横、纵向上分别截取。但钢板轧制的横向试样的力学性能、强度总是低于纵向试样的力学性能。所以一般在钢板上仅截取横向试样作代表。

② 锻件法兰的力学性能试样可以在法兰厚度的切线方向上截取。若无余量的毛坯法兰的试样，则可以在法兰的孔芯中截取。

③ 锻件管板的力学性能试样，多在管板厚度的边缘切向上截取。有些锻件的管板，在需要在管板上割取环形圈时，应注意割取的环形圈的宽度必须要大于试样的要求。

7.2.3 焊接接头力学性能检验的试样

(1) 需要设置焊接试板的产品规定

① 移动式压力容器（除批量生产的外）。

② 设计压力≥10MPa 的压力容器。

③ 现场组焊的球形储罐。

④ 使用有色金属制造的中、高压容器或者使用 $\sigma_b \geq 540$MPa 的高强钢制造的压力容器。

⑤ 异种钢（不同组别）焊接的压力容器。

⑥ 设计图样上或用户要求按照台制作产品焊接试板的压力容器。

⑦ 根据相关规定应每台制作产品焊接试板的压力容器。

(2) 试样板的规格

当试板厚度 $\delta < 20$mm 时，$L = 650$mm；当 $\delta \geq 20$mm 时，$L = 500$mm，具体试样板如图 7-7 所示。

(3) 制备产品焊接接头试样的要求

① 产品焊接试板的材料、焊接以及热处理工艺，应在其所代表的受压元件焊接接头的焊接工艺评定合格范围之内。

② 产品焊接试板应由焊接产品的焊工焊接，并且于焊接后打上焊工与检验员代号钢印。

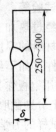

图 7-7 试样板规格

③ 圆筒形压力容器的纵向焊接接头的产品焊接试板，应该作为筒节纵向焊接接头的延长部分（电渣焊除外），采用相同于施焊压力容器的条件和焊接工艺连续焊接。

④ 凡需经热处理以实现恢复材料力学性能和弯曲性能或耐腐蚀性能要求的压力容器，其试板应随着产品同炉进行热处理。

⑤ 产品焊接试板经外观检查及射线（或超声）检测，若不合格允许返修。若不返修，则可避开缺陷部位截取试样。

(4) 焊接接头力学性能试样的截取

① 试样应在通过无损检验合格的焊接试板上截取，并要求此焊缝位于试样的中段。试样的长度方向还应垂直于焊缝。试样的截取如图 7-7 所示。

② 试板两端舍去部分长度随焊接方法和板厚而异，通常手工电焊不小于 30mm；自动焊和电渣焊不小于 40mm。若有引弧板和引出板时，也可以少舍弃或不舍弃。

③ 试样的截取通常采用机械切割法，也可用等离子或其他火焰切割的方法，但应除去热影响区。

④ 根据不同试验项目的要求，对试样进行加工，打上钢印或者其他永久性的标志。

⑤ 对焊接管子的拉伸试样，对于焊管外径大于或者小于 30mm 时，可以截取整根管子为拉伸试样；对于外径大于 300mm 时，可切取纵向板形试样，也就是在管子轴的对称方向上，分别截取两个试样作同一检验项目，在需作弯曲试样时，在管子轴的对称方向所截取的两个试样中，其中一个作背弯试样，另一个则作面弯试样。

7.2.4 其他性能检验

(1) 金相检验

金相检验主要是检验高温、高压容器以及管子的焊缝质量,这种检验有两种方法。

① 宏观组织检验。把焊接试板用机械加工的方法截取截面,再用金相砂纸由粗到细的顺序磨光。然后用适当的浸蚀剂浸蚀,使焊缝金属及热影响区有一个清晰的界限,观察焊缝中有无裂纹、疏松、未焊透、气孔以及夹渣。

② 微观组织检验。将磨光后的试板放在 1000~1500 倍的显微镜下,观察焊缝或者母材的各种缺陷和组织状态。

(2) 晶间腐蚀倾向试验

有抗腐蚀要求的不锈钢及其复合材料,应作晶间腐蚀倾向试验,用来测试其抗酸、碱腐蚀的性能,保证容器的使用寿命。

要求做晶间腐蚀倾向试验的奥氏体不锈钢压力容器,可以从产品焊接试板上切取检查试样,试样数量应不少于 2 个。试样的形式、尺寸、加工以及试验方法,应按相关规定进行。试验结果评定,按照产品技术条件或设计图样的要求。

7.2.5 各项检验的目的

① 抗拉强度试验的目的是检查焊缝或者原材料的抗拉强度 σ_b、屈服极限 σ_s 以及伸长率 δ_5 是否符合要求。

② 弯曲试验的目的是把试件弯曲到规定的角度,观察弯曲部位产生裂纹的情况,并借此鉴定焊缝承受弯曲的能力。

③ 压扁试验,对于管子的焊接接头,一般用压扁试验代替弯曲试验。压扁试验的目的与弯曲试验相同,它是把管子压扁至外壁间的距离为规定的 H 值时,对焊缝进行检查,观察裂纹的尺寸及位置。通常认为沿焊缝出现的裂纹长度不超过 3mm、宽度不超过 0.5mm 为合格。

④ 冲击试验是检查金属及焊缝的冲击值 a_k,为衡量材料韧性的指标。冲击韧性是材料的一个重要性质,它表示材料受外载荷突然冲击时,能够迅速产生塑性变形的能力。

⑤ 金相检验的目的是为检查金属的金相组织及其内部显微缺陷。

第 **8** 章

典型设备的检修及部件的更换

8.1 压力容器的现场检修

8.1.1 打磨消除表面缺陷

对压力容器的焊缝与母材表面的缺陷，或接近表面的缺陷可采用打磨的方法消除，但剩余的最小壁厚需大于强度校核所需最小壁厚加预计使用限期内两种腐蚀裕量之和。若能符合这一条件，则不必补焊，可继续使用，但是要求打磨部位与四周圆滑过渡，避免应力集中。

8.1.2 补焊或堆焊

对于打磨深度超过上述的规定值的表面缺陷，或者是裂纹等条状缺陷，则应进行补焊，并且补焊长度不小于 100mm。如果补焊屈服极限 $\delta_s \geq 400MPa$ 的低合金钢时，其补焊长度可适当增加。对于大面积的凹坑，其深度小于壁厚的号时，可以采用堆焊。当堆焊边缘间距小于 100mm 或壁厚的 3 倍时应视为连续缺陷，进行通长堆焊。在进行补焊或者堆焊修补压力容器时，应注意以下事项。

① 打磨面应清除棱角且圆滑过渡，并用磁粉或者着色探伤检查其表面，用超声波探伤检查剩余母材和打磨面近区，直到缺陷被完全消除为止。

② 焊接所用材料应符合国家现行有关规定的要求，并同母材匹配。焊条药皮应尽可能选用碱性低氢型，焊前应按照规定烘干，放于保温筒保温随用随取。

③ 如果焊补或堆焊部位在使用中有可能渗氢，则焊前需进行消氢处理。

④ 焊前需要预热的压力容器，其预热温度应依据压力容器材质和厚度来决定。预热范围应大于焊补或堆焊周边100mm，并且不小于壁厚的3倍。焊补或堆焊应严格控制线能量与层间温度。焊后应立即进行热处理，焊接环境也应满足有关规定。

⑤ 焊补或堆焊焊肉应略高于母材，并打磨使之同母材圆滑过渡，放置24h后进行磁粉或着色探伤检查表面，进行超声波或者射线探伤检查内部缺陷。

⑥ 应按照压力容器材质、壁厚、堆焊面积、深度及原容器焊接热处理要求等决定焊补（或堆焊）热处理方案。

⑦ 同一部位返修通常不得超过两次，若两次返修仍不合格者，应重新拟订施焊方案，报厂技术负责人批准，并且经评定合格后方可实施。

补焊是压力容器检修中最为常见的检修方法，能够较快地消除压力容器焊缝中的各类缺陷。

8.1.3　更换筒节或接管

对于薄壁单层容器，如果局部腐蚀严重，无法采用焊补或者堆焊方法进行修补时，或经两次以上焊补仍不合格者，可更换筒体。对于局部接管、法兰等部位无法修补者，也可以进行更换。更换筒节的长度不得小于300mm，而且组合时特别要注意避免出现十字焊缝，保持邻近焊缝距离在150mm以上。施焊时，应清理筒节残存的有害焊接的腐蚀产物，同时还需确保施焊时筒节的一端能自由伸缩，以减少附加应力。

8.1.4　挖补

对压力容器通常不提倡采用挖补方法进行修理。如果必须采用时，必须经厂长或技术总负责人批准，并报主管部门和当地劳动部门备案。当压力容器局部损伤严重而其他部分完好时，可以采用挖补方法修补，即挖除该损失严重的局部，采用同材质、同厚度的材料焊接修补。这种方法修补时，挖补部分为封闭焊缝，实际操作中多为圆形或者椭圆形环缝，焊接起来收缩变形及应力无处释放，焊后残余应力较多且易产生裂纹等缺陷，所以，焊后应进行消应力处理。

8.1.5 金属衬里容器缺陷的修复方法

带金属衬里的容器，当衬里表面有裂纹、针孔、点腐蚀或者焊缝内夹渣等缺陷时，可利用打磨法予以消除。若打磨深度超过衬里层板厚度的20％时，则应焊补或更换。更换部分衬里时，焊前应做焊接工艺试板并且评定合格方可施工。

当衬里层有大面积鼓包时，在将产生泄漏的缺陷消除后，可用水压胀复，但压力不得超过耐压试验的压力。对于小面积的鼓包，可用机械法胀复。对奥氏体不锈钢衬里的容器，禁止用火焰加热胀复。凡经胀复的衬里，都应着色和氨渗透检查衬里的修复质量。

8.1.6 压力容器修补的质量检验

压力容器无论采用哪种方法进行修补施工焊接后都应进行质量检验，分为焊缝的无损探伤及压力容器整体的强度试验。

(1) 无损探伤

压力容器所有焊补、堆焊或更换筒节的焊缝部位，都应进行无损检验。探伤比例、检测方法、合格标准应按照原制造图纸的要求，并且达到标准方为合格。如使用单位及压力容器管理部门认为有必要可以适当扩大探伤比例，但仍执行原比例的合格标准。在用压力容器修补后因为内件等原因无法按照原图纸要求的探伤方法进行检验时，可以采取其他方法进行检测，探伤比例仍按照原图纸要求，合格标准根据实际采用的探伤方法而定，但是应相当于原制造图纸探伤方法的合格标准。

① 耐压试验。压力容器修补探伤合格之后，必须经耐压试验合格方可投入使用。在耐压试验前，压力容器各连接部件的紧固螺栓，装配必须齐全，紧固妥当，并且材质、规格满足原制造图纸及有关标准规定。耐压试验至少采用两块量程相同并且经校验的压力表，并应安装在被试验容器顶部方便观察的位置。压力表的量程应在1.5～4倍试验压力之间为宜。耐压试验场地应有可靠的安全防护设施，并应通过单位技术负责人和安全部门检查认可，耐压试验过程中，不得进行和试验无关的工作，无关人员不得在试验现场停留。

② 水压试验。有条件的应进行水压试验，试验压力为 1.25 倍最高工作压力。进行水压试验时压力容器内应充满水，必须将滞留在压力容器内的气体排净。压力容器外表面应保持干燥，当压力容器壁温与液体温度接近时，才能缓慢升至最高使用压力，确认没有泄漏后继续升到规定的试验压力，保压 30min，然后降到规定试验压力的 80%，保压足够时间进行检查，无渗漏、无可见变形以及无异常响声且检查期间压力保持不变为合格。压力容器水压试验过程中不得带压紧固螺栓或者向受压元件施加外力。在水压试验时所用的水必须是洁净的。试验合格后应立即去除水渍。碳素钢 16MnR 和正火 15MnVR 制压力容器水压试验时，水温不得低于 5℃；当其他低合金钢制压为容器试验时，水温则不得低于 15℃。

③ 气压试验。因为压力容器结构或支承原因，不能向压力容器内充灌液体（水），以及运行条件不允许残存试验液体（水）的压力容器，修补之后可以按原设计图纸的要求进行气压试验，通常这类容器修补后多与系统一同进行系统试压。压力容器修补之后气压试验压力为 1.15 倍最高工作压力。气压试验所用气体应为干燥洁净的空气、氮气或者其他惰性气体。碳素钢与低合金钢制压力容器的试验用气体温度不得低于 15℃，其他材料制压力容器试验用气体温度应满足设计图样规定气压试验时，试验单位的安全部门应现场进行监督。气压试验应先缓慢升压至试验压力的 10%，保压 3~5min，对所有焊缝与连接部位进行初次检查。若没有泄漏可继续升压到规定试验压力的 50%，如无异常现象，其后按照规定试验压力的 10% 逐级升压，直至试验压力。保压 30min，然后降至规定试验压力的 87%，保压足够时间进行检查，检查期间，应保持压力不变。气压试验过程中，压力容器无异常响动，经肥皂液或者其他检漏液检查无漏气、无可见的变形即为合格。在气压试验过程中，禁止带压紧固螺栓，不得采用连续加压来维持试验压力不变。

(2) 气密性试验

压力容器修复之后气密性试验压力为压力容器使用的最高工作压力。

介质毒性程度为极度、高度危害，或者原设计上不允许有微量泄漏的压力容器必须要进行气密性试验。气密性试验应在水压试验合格之后进行。碳素钢与低合金钢制压力容器，其试验用气体的温度应不低5℃，其他材料制压力容器按照设计图样规定。气密性试验所用气体应为干燥洁净的空气、氮气或其他惰性气体。压力容器修复后进行气密性试验时，通常应将安全附件装配齐全，并且应在安装安全附件后再次进行现场气密性试验。气密性试验经检查没有泄漏，保压不少于30min为合格。

8.2 塔类容器内件填料的现场改造及更换

8.2.1 塔设备的分类

塔设备经过长期发展，形成了形式繁多的结构，以符合各方面的特殊要求。为了便于研究和比较，人们从不同的角度对塔设备进行分类。比如：按照操作压力分为加压塔、常压塔以及减压塔；按照单元操作分为精馏塔、吸收塔、萃取塔、解吸塔、反应塔以及干燥塔；按照形成相际接触界面的方式分为具有固定相界与流动过程中形成相界面的塔；也有按照塔釜形式分类的；但是长期以来，最常用的分类是按照塔的内件结构分为板式塔（图8-1）与填料塔（图8-2）两大类，还有几种装有机械运动构件的塔。

(1) 板式塔

在板式塔中，塔内装有一定数量的塔盘，气体以鼓泡或者喷射的形式穿过塔盘上的液层使两相密切接触进行传质。

两相的组分浓度沿着塔高呈阶梯式变化。

板式塔是分级接触型气液传质设备，种类繁多。按照目前国内外实际使用情况主要塔型是浮阀塔、筛板塔及泡罩塔。

① 泡罩塔。如图8-3所示为泡罩塔的塔盘工作原理。它具有效率高、生产能力大等优点，但也存在着结构复杂、造价高、安装维修麻烦以及气相压力降较大等不足。所以，随着现代技术的发展，塔设备有了很大的进展，出现了许多性能良好的新型塔，才使泡罩塔的应用范围及在塔设备中所占的比重均有所减少。

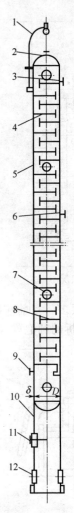

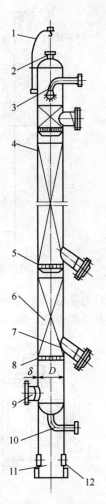

图 8-1 板式塔

1—吊柱；2—气体出口；3—回流液入口；
4—精馏段塔盘；5—壳体；6—料液进口；
7—人孔；8—提馏段塔盘；9—气体入口；
10—裙座；11—釜液出口；12—出入孔

图 8-2 填料塔

1—吊柱；2—气体出口；3—喷淋装置；
4—壳体；5—液体再分配器；6—填料；
7—卸填料入孔；8—支承装置；
9—气体入口；10—液体出口；
11—裙座；12—出入孔

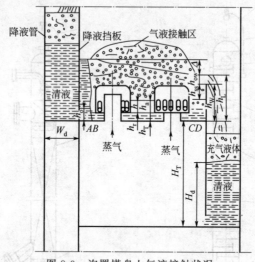

图 8-3 泡罩塔盘上气液接触状况

泡罩是泡罩塔板最主要的部件，品种有很多，目前应用最多的形式是具有梯形齿缝、底部有缘圈以及结构可拆的圆泡罩（图 8-4）。

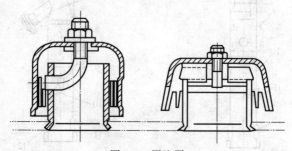

图 8-4 圆泡罩

② 筛板塔，如图 8-5 所示为筛板塔工作原理，它具有效率高、结构简单、造价低以及安装维修容易等优点，其缺点是小孔径筛板易堵塞。此类塔盘结构简单，安装容易，操作弹性大。

(2) 填料塔

填料塔以填料作为气液接触元件，气液两相在填料层中逆向连续接触。它具有结构简单、压力降小以及易于用耐腐蚀非金属材料制造等优点，对于气体吸收以及处理腐蚀性流体的操作，十分适用。

填料是填料塔气液接触的元件，按照填料类型不同，填料塔可以分为乱堆填料塔与规整填料塔。

① 乱堆填料塔。此类塔中，填料除在上下几层外，其余部分可以随意摆放，所用的填料有环形填料、鞍形填料以及鞍环填料等。

② 规整填料塔。规整填料主要有丝网波纹填料与板波纹填料两大类。此类塔具有压力降小，生产能力大，传质效率高，并且操作弹性大等优点。缺点是不适合用于易结垢、析

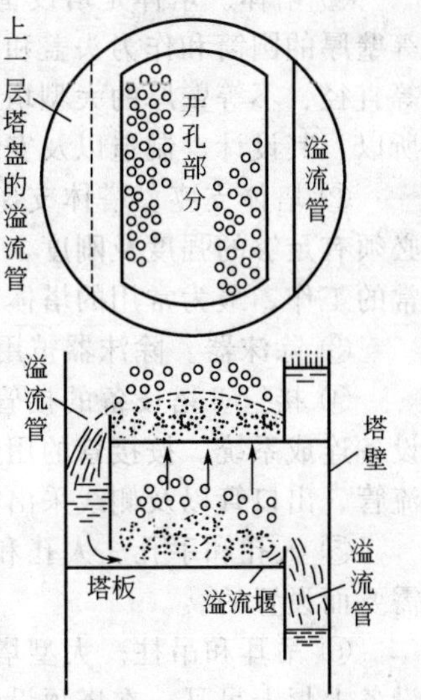

图 8-5　筛板塔盘上气液接触状况

出固体、发生聚合，以及液体黏度比较大的物系；而且造价较高。

③ 填料塔内件。填料塔内除堆置一定数量的填料之外，还要液体收集、液体分布、填料支撑等装置，塔才能正常工作。液体分布装置主要是为了确保进入塔内液体自塔顶向下喷淋时初始均匀分布，进而确保在任一横截面上气液均匀分布。液体分布装置典型结构有多孔型布液装置和溢流型布液装置。

液体收集装置能够在塔内沿轴向可以采集到不同产品，液体收集装置可把不同位置（不同温度）的液体产品收集、采用。液体收集装置既要确保液体收集，同时还必须确保流体正常穿过，常用斜板式液体收集器。

填料支撑结构要有足够的强度与刚度，同时还要有足够的截面积，使支撑处不产生液汽。最为常用的填料支撑是栅板。

8.2.2　塔设备的构造

塔设备的构件，除了种类繁多的各种内件外，其余构件都大致相同，主要包括下列几个部件。

① 塔体。塔体是塔设备的外壳。比较常见的塔体是由等直径、等壁厚的圆筒和作为头盖和底盖的椭圆形封头所组成。现在也有不等直径、不等壁厚的大型塔体出现。塔体是塔类设备的关键部分，所以，其设计、制造以及安装一定要严格执行有关规定。

② 塔体支座。塔体支座是塔体安放到基础上的连接部分。它必须有足够的强度及刚度，以确保塔体固定在确定的位置上进行正常的工作。最为常用的塔体支座是裙式支座（简称为"裙座"）。

③ 除沫器。除沫器被用于捕集夹带在气流中的液滴。

④ 接管。塔设备的接管用来连接工艺管路，将塔设备与相关设备连成系统。按接管的用途，分为进液管、出液管、进气管、回流管、出口管以及侧线采出管等。

⑤ 人孔和手孔。人孔和手孔通常是为了安装、检修和检查的需要而设置的。

⑥ 吊耳和吊柱。大型塔设备为了安装方便，制造时可以在塔设备上焊上吊耳。在塔顶设置吊柱是为了在安装及检修时方便塔内部件的运送。

8.2.3 内件改造及更换的主要过程

（1）原塔内件的拆除工作

板式塔改造成为高效节能的规整填料塔时，原塔内件的拆除工作量比较大，是整个施工的主要环节，必须采取一系列的措施，才能缩短工期。

① 分层拆除内件。塔设备通常较高，其原有板式塔或改造后的规整填料塔一般由多段组成，如果按制造时的顺序，将塔内件由上向下全部逐层进行拆除，然后再由下向上逐层安装塔内件及规整填料，工期会较长。所以，实际施工中的做法是结合原塔结构及改造后规整填料塔的结构，将整个塔分成几段进行施工，分段工作是决定整个工期的关键因素，所以，工程技术人员应进行认真的计算，并将计算结果进行反推算，以保证其准确性。这个分段工作要保证以下几点：一是分成几段后，必须保证每段最高点或近最高点有人孔，以便于各段进入塔内作业；二是必须充分考虑好各段结构，既能保证上段液体收集装置的安装，又能确保下段液体分布装

置的安装；三是各段最后一层塔盘暂不拆除，用作安装规整填料及内件的塔内作业平面，所以，必须充分考虑上段规整填料面安装的条件以及下段要能把这层塔盘拆除。

分层拆除内件是整个内件改造的开始，同时也是关键，此类分层拆除方法是建立在理论计算及实际施工经验相结合的基础上的。通常作法是以原有板式塔的人孔作为各段塔的起始点，再用改造后的规整填料塔结构尺寸进行校验，如果合适就施工，若不合适，可以合并或舍弃几个人孔少分几段，同样能够实现目的。

② 塔盘拆。除塔内件改造时必须拆除原有板式塔内部的塔盘，新装规整填料及塔内件部分必须全部拆除并打磨至规定要求，这部分工作量较大，而且因为塔内空间较小，无法多人同时作业，所以必须要按一定的程序施工，才能加快施工进程，原有板式塔塔盘不论是筛板还是浮阀，通常是按组装的相反程序在塔内分解成小件，运送到塔外。对于螺栓连接结构，应松开螺栓，卸下塔盘，不推荐切割，由于切割反而影响速度。

③ 塔圈的切割。板式塔盘中的塔圈、溢流堰等非螺栓连接的焊接结构，拆除时必须切割，切割后塔内壁残余凸起量通常不应大于 4mm，否则将影响规整填料及内件的安装。对于碳钢板式塔内件一般用气割切割，对于不锈钢板式塔内件通常用等离子或电焊进行切割。塔圈等内件切割时应注意以下事项。

a. 切割时不能伤害塔壁，若切割时割伤了塔壁必须进行补焊。

b. 切割不锈钢塔圈采用电焊方法时，必须选用不锈钢焊条，否则选用碳钢焊条容易导致原不锈钢塔体渗碳，耐蚀性下降，影响到塔的使用性能。

c. 切割不锈钢塔圈时，应该在切割塔圈下面塔壁上涂上生石灰等防飞溅涂层，以保护不锈钢内壁。

d. 采取多层施工时，剩最后一层塔盘没拆进行塔圈切割时，必须要在剩余的一层塔盘上铺上一层石棉布，既保证安全，又确保下层已安装的填料不被污染。

④ 塔内壁打磨及清理。拆除、切割原有板式塔塔盘后，残存的塔内凸起必须打磨，使凸起量越少越好，这样才能确保规整填料及内件顺利安装，同时有利于塔内液体分布。残余凸起量通常以不

影响规整填料及内件安装为准,残余凸起量在 4mm 以内为宜。经切割、打磨后的塔内壁,在安装规整填料及内件前要清理除去塔内壁上附着的焊渣、飞溅等杂物。否则这些杂物将污染填料,而且有可能把再分布器上的布液小孔堵塞,影响到液体分布效果。

(2) 新塔内件基础平面的划线及水平度找正

拆除清理原板式塔塔盘后,就要进行规整填料及内件安装工作,确定基础平面尺寸是整个塔布局正确的关键,充分利用各种手段检测确保塔内件安装水平,是保证塔改造质量的关键所在。

① 基准面确定。新塔内件确定基准面必须要以新塔改造图与原塔制造图对比进行。最下层塔内件位置的确定,可以下封头环焊缝作为基准,或以第一个人孔为基准。分层作业时,其他各层内件位置确定,就该以各层所在人孔为基准。经以上确定各层塔内件后,经校验合格才能正式安装内件。

② 水平找正。确定塔内件位置后,以这一点为基础,利用水平 U 形管可以在塔内壁圆周上确定塔内件各层的水平位置,并安装内件,同样也可以借助 U 形管检查已安装的塔内件水平度。一般规定塔内件水平度允许偏度在 1% 以内并且不大于 5mm。

U 形管找水平通常的做法就是用一根无色透明的软塑料管,管中充满水作为水平仪,一端固定于已知位置塔壁上,并使液面凹面与已标定位置线平齐,而另一端液面凹面就是该处塔壁的水平同一位置,如此操作,可以找出塔壁一周上各处塔内件水平位置,进而可以安装塔内件。同样,借助 U 形管检查塔内件水平度时,把 U 形塑料管两端放在待检内件的两测量处,使一端塑料管内液面凹面与检查处水平,另一端塑料管内液面凹面同待检处水平差距就是该内件在此方向的水平度误差。

③ 新塔内件与填料的装填与安装。如前所述,改造之后的规整填料塔效果如何,很大程度上取决于内件的安装质量。所以,在内件安装中首先就是要保证质量。

a. 内件安装。在找好内件基础面后进行内件安装,内件要一边安装,一边找水平,同时还要反复检查水平度,以确保质量。

·填料支撑栅板。填料支撑栅板通常由支耳、梁、栅板组成,所以,确定好位置后,安装时只有保证梁的水平度才能保证栅板的水平度。在焊接支耳时，必须用 U 形管检查确保其水平，同时，支耳与搭壁焊接要保证焊满，达到图纸要求焊角尺寸，确保支撑强度。支耳焊接后，将梁放在支耳上，再检查其水平度，若有变化或不合格，可用薄垫片进行调整，达到要求之后，用螺栓将梁与支耳固定，同时将垫片点焊在支耳上。把栅板按与梁垂直的方向放置在梁上，并且用螺栓将栅板间相互连接成一体。

• 液体收集装置。多层填料、多层采出时，要采用倾斜板复合式液体收集装置，其安装关键在于水平板的水平度，同样用 U 形管找正，并且将分瓣的收集水平板找正焊接在塔壁，再焊接内圈，焊接时焊缝必须保证不漏，安装斜板时，斜板要互相重叠，这样才能确保预收集的液体不落入下层。

• 填料压圈及液体分布器。填料安装后必须用填料压圈压住，避免气流将填料吹翻。同时填料也是槽式液体分布器的支撑基础面，所以，填料压圈还要保证一定的水平度。填料压缩安装时，与塔壁连接螺栓必须按角度摆放，并且焊接牢固，压圈的水平度通过压紧螺栓调整，并用 U 形管检查其水平度，直至合格为止。液体分布器安装时，要特别注意的是必须确保液体分布器的槽或管与最后一层填料垂直，若是溢流分布器就更要注意分布器的水平度，否则易造成偏流。同样用 U 形管检查水平度，调整合格后相互间连接为一体，避免运行过程中变化。

b. 填料装填。规整填料，无论是丝网填料还是板波纹填料，在进行改造时，塔径通常在 1.2m 以上，所以是分块制作，在塔内装填成一体。通常说填料组合后外径比塔内径要小 10mm 左右。填料开箱后要按顺序组装成一盘盘，并按照顺序逐层送入塔内，装填完一层再送下一层，这样才不致混乱。第一层填料方向要垂直于支撑栅板方向，各层填料方向也要互相垂直，这样才不致偏流。逐层将填料装填入塔内后，要压平，其不平度要在 5mm 之内，同时拆除填料的包装物并拿出塔，否则也将会影响塔填料的使用效果。

(3) 各组作业时预留塔板的拆除

多层作业时，每层均要留一层预留塔板作为上一层的作业起始面。在上一层填料支撑栅板安装后，上一层作业人员必须拆除该预留塔盘的一块塔板，以方便将来这层预留塔板的拆除。当下层作业人员填料装填到合适高度，能够进行预留塔板拆除作业时，要用石棉布将下面已填装好的填料盖好，并在石棉布上洒满水，这样才能确保已填装好的填料不被污染或烧损。预留塔板的拆除方法与前面讲的相同，即先将螺栓连接的塔盘拆除，再切割塔圈等焊接结构，并打磨、检查合格方能交出。

在整个施工过程中，一切杂物如焊条头、填料包装物以及切割熔渣等必须清理干净，不能掉入填料中，常用的方法就是在已装填好的填料上覆盖石棉布并且洒水，施工后将杂物及石棉布一同取出。要打磨的粉尘及切割的飞溅物擦拭干净。

8.3 高压塔类容器的包扎修复

8.3.1 包扎方案的制定

(1) 包扎处塔体的处理

拆下气相出口管及高压法兰，并同时加工一块 50mm 厚的高压盲板，加上高压密封垫圈，将气相出口盲死。塔体要对包扎处的外表面作打砂处理，除掉防腐漆。用 0.5mm 铁皮制作一个 $\phi1020mm$ 塔体的外卡样板，用来检查塔体的圆度，对于个别凹凸不平处，要用角向磨光机打磨，使之吻合于外卡样板，确保塔体包扎基础面的良好状态。

(2) 包扎材料的选择及包扎形式的确定

因为氨洗塔是高压设备，包扎材料必须选择有合格证的板材，材质应为 Q235A 或者是 20g。材质合格证中应该项目齐全，五大元素的含量及力学性能的数据应符合要求，项目不全应进行复验。

包扎的形式应采用层次清晰的围绕式而不是连续不断的缠绕式，由于塔体是固定不动的，不能旋转，而包扎板因为现场条件所限也不能以塔体为中心缠绕而成，而且缠绕式的包扎由于板端头叠压会产生较大间隙，圆度不均匀，影响到包扎质量；另外板宽一致，不能出现两端错落有序的阶梯式。同心圆的围绕式包扎就较为容易实现，这样包扎不仅层次清晰，也不会出现板端头的叠压情况，不会产生比较大间隙，各层包扎板宽度渐缩，很容易形成阶梯式的外形，美观大方。同心圆的围绕式包扎，每一带包扎板由两块板所组成，宽度一致，长度是该带板周长的 1/2，采用对接焊制而成，效果好，工艺简单，容易实现。

(3) 紧固方法的确定及包扎板层间的处理

对于各层包扎板的紧固，拟采用两种紧固方法：一是环形胎具紧固法，胎具上焊置丝母，借助顶丝和顶块将包扎板固定顶紧，使之与塔体或者前一层包扎板紧密贴合的方法，这种方法主要是针对包扎板中间区域使用的。另一种是钢丝绳缠绕紧固法，就是把钢丝绳在包扎板环向的上下边缘上各绕一圈，两个绳头分别引向两个相对的方向，各由一个倒链拉紧的方法，此类方法主要是针对包扎板的边缘使用的，只有将这两种紧固方法有机地结合在一起，按照现场的实际情况，相互配合，有主有次，从内向外，先中间后边缘，才能取得较为理想的包扎效果，若仅用其中的一种方法进行紧固，将会使包扎的效果降低。

包扎板层间的处理主要包括下列内容。

① 包扎板要经过打砂除锈，将钢板两面的表面锈蚀去掉，使包扎板层间没有杂物夹于其中，达到贴合紧密的目的。

② 包扎板打砂后，要进行细致的宏观检查，对于剪切边缘的毛刺要进行打磨，同时对于包扎板表面的外力导致的划伤及凹凸痕迹进行修磨，使之平滑，以确保贴合的紧密。

③ 包扎板的纵缝焊接后，要清除焊渣，检查焊肉够用与否，不得有明显的凹陷，对于凸起的焊肉，要用角向磨光机打磨成与包扎板圆弧度一致的平滑，并且用该层包扎板的外卡样板检查，达到吻合为好，如果有凸起应继续修磨，如果有间隙应进行补焊后再修磨，直至与外卡样板的弧度吻合才算合格。

④ 包扎板在号料时要留二次剪切线，只有通过二次剪切的板料，才能使剪切后的毛刺在一面，抿边在一面。有毛刺的一面通过打磨后向内进行卷弧，达到各自所要求的直径。包扎时，抿边的一面均在外面，逐层错边，不会影响到紧密贴合。某厂氨洗塔第一次包扎时，因为缺乏经验，包扎板的号料是按常规方法进行的。剪切包扎板后，无论向内还是向外卷弧，均有一个边缘的上角因剪撕作用造成抿边变形，下角则因紧贴刀刃而齐整，且略带毛刺；而另一

边缘下角则由于剪撕作用造成变形，上角因紧贴刀刃而齐整，略带毛刺，如图 8-6 所示。

以上这种情况，将毛刺打磨后，可贴合严密，而另一边则由于抿边变形的产生，贴合不会太严密，也是总体贴合率很难提高的重要原因之一。

某厂氨洗塔第二次包扎时，改进了包扎板的号料方法，留出了二次剪切线，使通过二次剪切的包扎板，抿边面均在一侧，带毛刺面也均在一侧，将毛刺清除后，使该面向内卷弧，有效地提高了包扎板的层间贴合率，并取得了良好的包扎效果，如图 8-7 和图 8-8 所示。

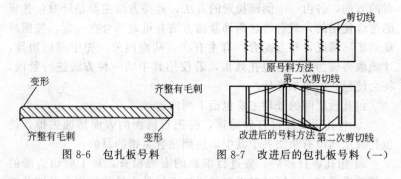

图 8-6　包扎板号料　　　　图 8-7　改进后的包扎板号料（一）

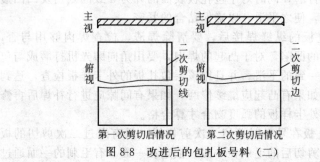

图 8-8　改进后的包扎板号料（二）

（4）包扎板层间间隙最大值的确定及检查和贴合率最低值的确定及检查

包扎板层间的间隙应该越小越好，无间隙为最佳，这样才会使各层包扎板形成一体。实际上没有间隙是不可能的，经过工程技术人员的科学计算与模拟包扎检测，确定 0.03mm 为最大间隙，检查手段可以采用塞尺及小锤。

同样，包扎板层间的贴合率也应该确定一个科学合理的数值，在确保氨洗塔的安全生产的基础上经过技术人员对塔体剩余厚度及包扎厚度以及氨洗塔操作压力的计算，确定包扎板层间的贴合率不得低于 85%。贴合率的检查要同层间间隙的检查相结合，并且采用列表格记录计算法。

(5) 检测方法

检测方法虽然也包括对塔体现状与包扎材料的检测，对塔体现状的检测方法主要采用了理化手段的探伤和测厚，又辅以人工进塔内观察实际测量，对于照图纸尺寸进行计算。对包扎材料的检测，除了要有材质合格证之外，对板厚用卡尺测量，为了使包扎板同塔体或者前一带包扎板贴合严密，间隙不超最大值，受力均匀，在采用环形胎具上的顶丝与顶块对包扎板进行紧固时，一律使用力矩扳手。紧固顶丝顶块的力应该在 170~190N，力矩扳手最大受力在 200~250N 为宜。包扎板上下边缘的层间间隙检测采用塞尺，以不能塞入 0.03mm 塞尺为好。包扎板中间部分的间隙检测，采用 0.5 磅锤头的小锤敲击，听其声音判断间隙大小，这就要求有较丰富的实践经验，敲击的声音越发实，其间隙越小，敲击的声音就越空，其间隙就越大。

8.3.2 包扎的程序

(1) 包扎板的准备及加工

氨洗塔塔体外径为 $\phi1020$mm，要包扎处的塔体上有一圈凸台，高为 8mm，正处于要包扎处的中间，这就需要首先在凸台上下各包扎一圈 8mm 的板，使之同凸台一平，总宽度为 500mm，作为 11 层 6mm 包扎板的基础面。8mm 包扎板的中径为 $\phi1020+8$ 总的周长为 3230mm。每一带包扎板均应分为两块下料，卷成半圆，再往塔体上包扎。8mm 的包扎板 1/2 周长是 1615mm，共计两道纵缝，每道纵缝应留 5mm 间隙。总宽度 500mm，将中间凸台宽 150mm 减掉，上下均分后为 175mm。又由于凸台与塔体有约 $R4$

的圆角过渡，因此包扎板与凸台不能挨紧，应留 5mm 间隙，以躲开 R4 的圆角过渡。所以，凸台上下的两圈 8mm 厚的包扎板下料尺寸应该定为 1610mm×170mm，共计为 4 块。

第 1 带 6mm 的包扎板中径应是 $\phi1036+6$，$\phi1036$ 就是塔体外径加上两个板厚，是凸台的外径，也是 11 层 6mm 包扎板的基础面尺寸，这一尺寸也是第 1 带包扎板的内径尺寸，以下同理。前一带包扎板的外径就是下一带包扎板的内径，计算包扎板周长应用中径尺寸乘以圆周率，中径尺寸通过内径尺寸加上一个包扎板厚求得。第 1 带包扎板高度为 500mm，以后每一带包扎板均缩减 10mm，包扎时以高度的中心线为基准，上下各错边 5mm，以实现错落有序的阶梯形式。每一带包扎板均应按两块下料，有两道纵缝，每道纵缝留间隙 5mm。按照这些要求计算出第 1～11 带包扎板的尺寸如下。

第 1 带为 $(\phi1036+6)×\pi÷2-5=1632mm$，宽为 500mm，计 2 块。

第 2 带为 $(\phi1048+6)×\pi÷2-5=1650mm$，宽为 490mm，计 2 块。

第 3 带为 $(\phi1060+6)×\pi÷2-5=1669mm$，宽为 480mm，计 2 块。

第 4 带为 $(\phi1072+6)×\pi÷2-5=1688mm$，宽为 470mm，计 2 块。

第 5 带为 $(\phi1084+6)×\pi÷2-5=1707mm$，宽为 460mm，计 2 块。

第 6 带为 $(\phi1096+6)×\pi÷2-5=1726mm$，宽为 450mm，计 2 块。

第 7 带为 $(\phi1108+6)×\pi÷2-5=1745mm$，宽为 440mm，计 2 块。

第 8 带为 $(\phi1120+6)×\pi÷2-5=1764mm$，宽为 430mm，计 2 块。

第 9 带为 $(\phi1132+6)×\pi÷2-5=1783mm$，宽为 420mm，计 2 块。

第 10 带为 $(\phi1144+6)×\pi÷2-5=1801mm$，宽为 410mm，

计 2 块。

第 11 带为 $(\phi 1156+6) \times \pi \div 2-5=1820$mm，宽为 400mm，计 2 块。

把有材质合格证、材质为 Q235A 或者是 20g 的板材用卡尺测量厚度，选择 6mm 且为上偏差的留用，宏观检查无轧制缺陷的进行铺板，根据前面计算的各种尺寸号料，留出二次剪切线，相距一次剪切线 20mm 即可。在剪板时要注意二次剪切线在前，一次剪切线在后，要先剪一次剪切线，各块板上的一次剪切线剪完时，从剪板机后取回各块包扎板，掉转 180° 再剪二次剪切线，就可得到毛刺在一面，抿边变形在一面的包扎板。两端的问题可忽略不计，由于加工坡口时，问题即可迎刃而解。

下料剪切完毕的包扎板首先要打砂除锈，宏观检查，打磨毛刺，然后在抿边面的两端加工坡口。坡口的形式为单面 V 形，单边为 30°，两边组对后为 60°，坡口应留有钝边，并且钝边宽应在 1~1.5mm。坡口的加工可采用刨床或铣床、镗床等设备加工，也可以采用气割后用角向磨光机磨光。

加工完坡口的包扎板一定要先代头后卷弧。所谓代头就是指对包扎板每个端头进行预卷，这是由于卷板机的两个下辊之间有一定的间距，上辊作用在板料上的受力点正处于两个下辊之间，从这一点到板料端头搭在下辊上的切点处的这一段是不能够起弧的，两段发直的端头组对在一起会形成内外棱角，严重地影响到包扎质量，因此必须先进行代头，代头可以在卷板机临时装入的胎具上进行，如图 8-9 所示。

代头后的包扎板料应该用这带包扎板内径尺寸的样板校正，不符合样板的要修正，通常都应代头过一点，之后用大锤敲打外弧，使其符合样板。全部代头完毕的包扎板，可依次在卷板机上进行卷弧，卷弧时仍然要用这带包扎板内径尺寸的样板进行比较，直到在无外力作用下完全符合样板为止。对于一时不慎卷过劲的包扎板，还需用大锤轻轻敲击外弧各处，并且用样板比较，直到完全符合样板。符合样板弧度的包扎板，要在内圆上拉焊一根钢筋或者钢管，避免在下步加工工序或运输过程中使已卷好的圆弧发生改变，如图 8-10 所示。

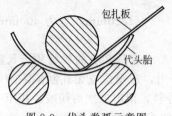

图 8-9 代头卷弧示意图

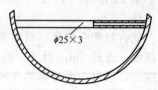

图 8-10 卷好的包扎板

拉焊好的包扎板还要加工躲让气相孔盲板的圆孔，这就要在镗床上进行。首先要作划线处理，以每一带包扎板宽度的中心线为基准，所划的圆孔直径是 $\phi130mm$，盲板直径是 $\phi120mm$，周边各有 5mm 的余量。11 带包扎板计 22 块，每带包扎板只划线加工 1 块，共划线加工 11 块包扎板即可。因为每带包扎板均是两块组对而成，要产生两道纵缝，各层包扎板的纵焊缝均要交错开，不得重合，起码要求相邻两层的包扎板的纵焊缝不准重合，至少应错开 200mm，所以在加工躲让气相孔盲板的圆孔时要充分考虑好，不能由于考虑不周而造成相邻两层包扎板的纵焊缝重合或者相距太近，从而给包扎质量带来隐患。

划线时第一带包扎板可以在正中位置划镗孔线，第二带向左相错 45°，第三带向右错 45°，第四带再回到中心位置，下列各层均是如此相错即可达到所要求的效果，如图 8-11 所示。

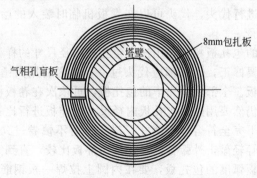

图 8-11 包扎板排列

加工完毕的包扎板，即可以连同未镗孔的包扎板一并运到包扎现场，以备包扎使用。

(2) 紧固胎具的制作加工

环形紧固胎具的制作加工还包括所用顶丝与顶块的制作加工。环形紧固胎具是由 3 块法兰圈和 4 根拉杆螺栓及 8 段定距管连接而成。法兰圈的内径尺寸可以定为 ϕ1250mm，宽为 50mm 或者 60mm，厚 30mm，总之要有足够的强度，材质可选用 Q235A。四根拉杆螺栓都是双头螺栓，规格为 M16，长度为 450mm，上下丝扣各 30mm 长即可，可用 ϕ16mm 的圆钢加工而成。定距管可用 ϕ25mm×3mm 的钢管制作，各长 165mm，可以用无齿锯切割或车床进行加工，切勿用气焊切割，以免割口不齐，图 8-12 为胎具示意图。

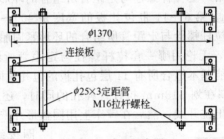

图 8-12　胎具示意图

内径 ϕ1250mm 的 3 块法兰圈下料可以分段进行，主要目的是为节省材料。采用整圆的 1/3 或 1/4 长度均可，分段割成圆弧形状，再组对拼焊成整圆。并且在焊接过程中，法兰圈要经常翻个，最好是每面焊完一遍就翻个一回，以避免产生较大的焊接变形。焊接完毕之后，要用大锤或压力机对法兰圈的平面进行校平，以确保机床加工时两个平面上都有足够的加工量。法兰圈加工好之后，要先划线后钻孔，这样才能确保 3 个法兰圈孔距的基本一致。钻孔的直径应为 ϕ18mm，以保证 M16 的拉杆螺栓能自由地穿入。除以上方法而外，如果有条件的话，法兰圈下料也可下成直条形，即用厚 38mm 或 40mm 的钢板，割成 60mm 宽的直条形，通过煨制胎具煨成外径为 ϕ1385mm 的法兰圈，这种方法更能节省材料。还可以将 ϕ1385mm 的法兰圈进行整圆下料，不过此种方法较为费材料，如果中心剩余下的圆饼钢材有相应尺寸的其他法兰或者盲板可以使用，这种整圆的下料方法也可以采用，其最大优点就是省事。

M16 的双头拉杆螺栓的加工，可以采用 φ16mm 钢筋进行，可以在车床上加工螺纹扣，也可用板牙套扣。但是在加工拉杆螺栓时要加工两套才行，每套 4 根。第一套的拉杆螺栓长为 450mm，第二套的拉杆螺栓长 350mm。并且定距管也要准备两套，均用 φ25mm×3mm 的无缝管，每套定距管共计 8 段。第一套定距管长度是165mm，第二套定距管长度是 115mm，先用第一套，后用第二套。

准备两套拉杆螺栓和定距管，主要是为了适应 11 层包扎板的不同宽度而采取的措施。由于与塔体上凸台一平的 8mm 的包扎板的上下边缘宽度为 500mm，第 1～5 带包扎板的宽度为 460～500mm之间，适用于第一套拉杆螺栓与定距管所组合的环形紧固胎具，总高度为 420mm。第 6～11 带包扎板的宽度是 400～450mm 之间，适用于第二套拉杆螺栓与定距管所组合的环形紧固胎具，总高度为320mm，否则，无论用哪一套拉杆螺栓与定距管所组合的环形紧固胎具，均不能基本适合所有 11 层包扎板的包扎紧固需要。

3 块法兰圈在划 φ18mm 拉杆螺栓孔的同时，还应该在跨心的直径位置上划出铣开线，然后在镗床上用圆盘形片铣刀将 3 块法兰圈按线铣开，分别成为两个半圆，用第一套拉杆螺栓与定距管将其组合成两个半圆形。用20mm 厚的钢板下成 12 块宽 80mm，长 110mm 的长方板条，采用刨床或铣床加工均可，把 12

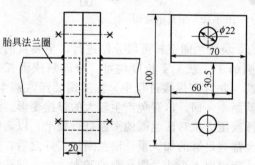

图 8-13　胎具连接板

块长方板条四周进行加工，使之成为 100mm×70mm 的长方，在厚度上不必加工。在中间加工一个宽 30.5mm，深 60mm 的豁口，两边的中央划线钻 φ22mm 通孔，以便于穿 M20 的螺栓作为两个半圆胎具的连接板。具体形状与尺寸如图 8-13 所示。

紧固胎具上的顶丝应制作 100～120 根，规格为 M30，长 140mm，前部应加工成一圆弧顶头，长 10mm，直径 24mm，用于顶在顶块的中心窝里。后部应加工成 19mm×19mm 的方榫，以便力矩扳手及套筒搬头紧固顶丝时使用，长可以定为 25mm，材质可选用 20～30 钢钢棒，直径为 430mm 或者 ϕ40mm 为宜，如图 8-14 所示。

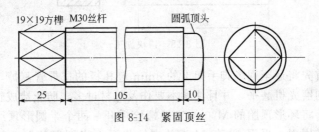

图 8-14 紧固顶丝

顶块的加工数量应该大致相同于顶丝的数量，也可略多一些，以防丢失或掉落时补充。顶块的尺寸为 80mm×50mm，用 25mm 厚的钢板下料，四边及两个平面可不必加工，只需在一个平面上沿 80mm 长的方向上刨出 40mm 宽、5mm 深的槽，在使用时开槽面相对包扎板，沿槽方向与塔体中心线平行。这样加工的顶块与包扎板是两条线接触，而且对各层包扎板都较为适用。不加工槽的顶块与包扎板之间只是一条线接触，并且不太稳固，虽然也适用于各层包扎板，但是不如前一种形式的好。如果将顶块的槽面改为加工弧面，就不能够对每一层包扎板都适用，因为包扎板的外径尺寸是逐层扩大的，而加工了弧面的顶块尺寸是固定不变的，所以只能适用于一层包扎板，其他层的包扎板都不能适用。如果是每一层包扎板都加工一批弧形顶块，使用起来虽然效果会好一些，但是加工的数量太多，较为麻烦，也浪费材料。相比之下，只有加工槽面的顶块最省事、经济，效果还比较好，对各层包扎板均基本适用。顶块的槽面加工好后，还要在槽面相对的另一个平面的中心钻一个深为 5mm、ϕ25mm 的顶窝，与顶丝前端的 ϕ24mm 的圆弧顶头相配合使用，如图 8-15 所示。

(3) 现场包扎工作的实施

一切准备工作都基本就绪之后，现场的包扎工作就可开始实施

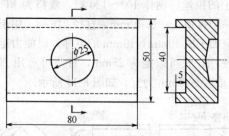

图 8-15　顶块加工

了。首先将运至现场脚手架上的 8mm 包扎板的拉焊管割掉，焊疤用角向磨光机磨平，并且注意不要伤及母材过多，防止造成较大的间隙。将环形顶胎的 M20 的连接螺栓拆开，两个半圆形顶胎围在氨洗塔周围，再用 12 套 M20 的螺栓将两个半圆形顶胎连接成整圆，然后把紧。用事先已经拴好的两个 1t 倒链和钢丝绳将环形顶胎吊起至包扎处，停稳摆正，拿出顶丝所用的 M30 的螺母约 2/3左右（70 个），均匀地摆放在环形顶胎的三层法兰圈上，确保向心的方向，不要太偏斜，若无把握可拧上顶丝杆比量组对，先点焊，然后全部焊接牢固。用倒链将环形顶胎吊起至超过头顶的高度，将两圈 8mm 厚的包扎板分别放置在塔体凸台的上下围好，暂由 4 人用手把住，另外的人将倒链吊着的环形顶胎放下，速度不要太快，与把住包扎板的人配合好，一边放顶胎，一边插空倒手，放到适当位置之后，由 2 人分别站在半圈包扎板的中间，先顶紧几个顶丝，使手把包扎板的人倒下手来，这时可以由 4 人对称站在包扎板的周围，2 人一伙，先用活扳手由半圈儿包扎板的中间开始，逐渐向两边纵缝处对称旋紧顶丝，注意用力不要过大，待先期焊在顶胎上的 70 左右个顶丝加顶块基本都紧过一遍之后，再根据具体情况，往顶胎上补焊 M30 的螺母，补加顶丝与顶块。总之，要求所用的全部顶丝与顶块在包扎板上要分布的尽量均匀，不要出现过稀或者过密的情况。全部用活扳手把紧一遍后，即由 2 人各执一个力矩扳手，各自从半圈包扎板的中间开始紧固顶丝，紧固的顺序要始终按照相对对称进行，要严格控制力矩扳手上的指针一致，不要过大或过小，力求受力均匀，在 170～190N。紧过一遍之后，用钢丝绳在凸台上圈包扎板的上边缘与下圈包扎板的下边缘各绕一圈儿，钢丝绳头的绳鼻子分别挂在横向拉力的倒链上；然后将 4 个倒链拉紧，力要均匀，防止太大或太小。这时开始包扎质量的检查，检查要由专职人员进行，通常为 1~2 人，不要多人插手。检查要做好记录，边检查边整改，整改之后再进行检查，对于实在无法整改或者整改后虽有效果但仍不够理想之处要记录明确。检查完毕后，对包扎板的纵焊缝开始点焊，点焊牢固之后，松开顶丝，取下顶块，将横向拉紧的倒链松开，钢丝绳解开，环形顶胎吊起过头顶，就可进行纵缝的焊接了。在焊接时，应该用 ϕ3.2mm 的焊条焊接第 1 遍，要将包扎板的坡口钝边同塔体的母材连为一体，第 2 遍与第 3 遍可以采用 ϕ4mm 的焊条，焊条型号可选 J422，焊肉不要过高，焊后除掉焊渣，用角向磨光机将高出的焊肉磨平并使之符合外卡样板。焊接之后，必须再一次检查包扎的质量，并将这次的检查做好详细的记录。值得一提的是，凸台上下这两圈儿 8mm 厚的包扎板的纵焊缝的组对位置，最好要放在气相孔的上下及其对应面，错开一些也可以，但是必须与第 1 带 6mm 厚的包扎板的纵缝错开 45°。还有包扎板往塔体上组对时，要注意上下边缘的高度距离为 500mm，同凸台相邻的边缘，要让过 R4 的圆角过渡，确保有 5mm 的间距。

第 1 带 6mm 板的包扎，大体上相同于 8mm 板的包扎，只是板的块数减少了，板的宽度增加了。在环形顶胎对包扎板进行初步预紧之后，对于中间法兰圈上的顶丝螺母还应增补一部分，由于紧固 8mm 包扎板时，中间部分是塔体凸台，当时没有增加顶丝，而这次及以后均是宽板包扎，所以中间必须与上下一致，将顶丝增密到适当程度，以确保受力均匀。包扎板上下边缘缠绕钢丝绳，必须是在顶丝与顶块顶紧之后进行，切不可先进行，防止中间应力无处释放。旋紧顶丝的顺序，必须是从半圈包扎板韵中间开始，依次向两侧纵缝对接处进行，切不可以先紧两侧焊缝处，后紧中间。再有钢丝绳缠绕包扎板的上下边缘，应尽量靠边，留量不应过大，应小于 10mm，如果边缘留量过大又在横向上拉力过紧，就会出现翘边情况，影响包扎质量。纵缝焊接完毕之后的质量检查，不仅是重要的而且也是最真实的，是每一层包扎板包扎质量的最终检查。在焊接之前的质量检查虽然也是重要的，但它主要是针对包扎过程中的漏洞及主要问题的，还不是对这一层包扎板的包扎质量所下的最终结论，由于这时的包扎板是在外力作用之下，内应力还较大，所受的外力还不均匀。当纵缝焊接完毕，顶丝与顶块所给予包扎板的外力撤掉之后，钢丝绳的缠绕力也就消除了，这时包扎板的内应力得到了一定的释放，加之焊道逐渐冷却，产生了一种收缩力，对塔体或者对前一层包扎板包得更紧了一些，这时所进行的质量检查不仅是最真实的，同时也是最终的结论，这时的质量肯定会好于前一次检查时的质量。

第1带6mm的包扎板的包扎要求一致于以后的10层包扎要求，这里就不再一一赘述了。只是要记住一点，包完第5带包扎板之后，要将环形顶胎放到脚手架上，将4根拉杆螺栓和定距管拆开，换上另外一套拉杆螺栓及定距管，把紧之后再重新吊起，开始对第6带包扎板进行包扎工作。

(4) 包扎质量的检查及层间贴合率的计算

包扎质量的检查包括包扎过程中的质量检查与焊接完毕纵缝打磨完了的质量检查，第一次的检查可称为包扎过程的质量检查，第二次的检查可叫做最终的质量检查，第一层包扎板都要经过两次这样的检查。第一次的检查是在用力矩扳手顶紧全部顶丝与顶块，均匀受力之后，钢丝绳缠绕在包扎板上下边缘，用横向拴好的倒链拉紧之后进行的。检查的主要手段是塞尺与小锤，加之经验判断。每一带的包扎板在包扎之前，要用石笔与钢板尺在包扎板的外圆弧表面划分出 160 个方格区域，面积基本相等。检查时，首先用 0.03mm 的塞尺对包扎板的上下边缘作检测，凡是 0.03mm 塞尺塞不进的均是合格的，如果有 0.03mm 塞尺能塞进之处，应再用 0.05mm 的塞尺进行测量，如果塞不进去，即可通过，视为基本合格，但要做好记录，待第二次复检；若仍能塞进去，就必须再顶紧顶丝和顶块，拉紧横向的倒链，直到 0.05mm 塞尺塞不进去为止。检查包扎板中间区域，要用 0.5 磅的小锤进行敲击。用小锤先敲击边缘处 0.03mm 塞不进去的区域，听其同塔体或前带包扎板贴合严密的实音，将此音作为标准，对比敲击各个区域，边敲边判断边在记录表上相应的格子内做上标记，合格的可以空格不画，对于不合格的区域，要先继续用力矩扳手拧紧该区域及其附近区域的顶丝顶块，合格了即可通过，如果仍不合格，应在记录表上相应的区域空格内画"×"。这一带包扎板第一次检查全部完成之后．要依据检测记录表进行计算，若层间贴合率能够达到85％以上即可通过，若层间贴合率达不到，就要对该层包扎板继续检查，直到使层间贴合率达到85％左右为止。值得注意的是，紧固时一定要尽量均匀受力，先用力矩扳手紧到170N，检查时如果出现局部区域贴合不好，再次紧固该区域及附近区域的顶丝与顶块而导致较多的区域贴合不好时，就要将全部的顶丝和顶块的紧固力加大到180N或者190N，如果仍不理想，就宁可弃少取多。有时常常较小的紧固力会比较大的紧固力所取得的效果要好些。

第一次的质量检查通过之后，应马上把两道对接的包扎板纵缝点焊牢固，将环形胎具上的所有顶丝和顶块松开，松开并解下缠绕在包扎板上下边缘的钢丝绳，将环形胎具吊起超过人的头顶之上，由持有锅炉检验所颁发的电焊工焊接合格证的人员施焊，焊后将焊渣及飞溅物除掉，用角向磨光机将焊肉磨平并使之符合该带包扎板的外卡样板，就可进行第二次的质量检查了。第二次的质量检查原则上相同于第一次的质量检查要求，仍然是用塞尺及小锤进行检查，只不过这次是最终检查，没有整改及修复的过程，检查与记录都要详细，最后经过对贴合率的认真计算，达到85％以上就可通过，再进行下一带的包扎，若达不到要求的贴合率，就必须将该带包扎板拆掉，重新修复包扎。正常情况下，第二次的质量检查一般都比第一次检查的效果好，原因是第一次质量检查时，包扎板在外力作用下，内应力比较大且不均匀，若这时的质量检查能够认真无误的话，那么当消除外力之后，内应力得到了一定的释放，趋于均匀平衡，加之纵缝焊接之后产生的收缩力，效果肯定会好，虽然局部会产生一些变化，如原来0.03mm的缝隙现在变成了0.05mm，但更多的是比较大的缝隙变小了，原来敲击挺实的声音，现在不那么实了，但是更多的是不太实的区域现在敲击声音反而更实了，总的贴合率肯定比第一次检查时明显提高。

层间贴合率指的是包扎板与塔体或者前一带包扎板与后一带包扎板之间，贴合紧密，达到了要求的理想状态，检查时塞不进去0.03mm塞尺的、小锤敲击的声音实而不空的面积占总面积的比例。层间贴合率的计算要有依据，其唯一的依据就是每带包扎板第二次质量检查的记录表，因为这是最终的结果。代表每一带包扎板的表格均是 160 个格，去掉表格中划"×"的数量，其余的格数除以总格数再乘以 100%，就得出层间贴合率的百分比。例如：第 1 带 6mm 的包扎板，在第 2 次质量检查得出的最终结果是打"×"的共计 15 个格子，总的格数是 160 个，当计算贴合率时用（160－15）÷160×100%，结果等于 90.6%，第 1 带包扎板的贴合率即为 90.6%，如图 8-16 所示。

图 8-16　贴合率计算（一）

11 带 6mm 的包扎板，每一带都应依据这种表格计算出各自的层间贴合率。还有塔体凸台上下的 8mm 包扎板也要根据表格计算出一个总的贴合率，因为 8mm 包扎板尺寸有些窄，又是两圈，制作表格可因地制宜，尺寸不求完全一致，只要相近即可，如图8-17 所示。

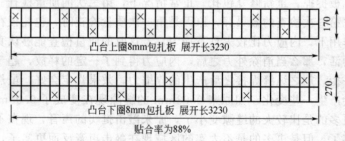

图 8-17　贴合率计算（二）

根据 12 层包扎板各自的贴合率的数值，把其相加之和再除以1.2，即得出该台塔类容器此次包扎的综合性的贴合率，达到 85%以上就达到了包扎的目的和要求。

第9章

铆工技能鉴定理论题解

9.1 技能鉴定理论题解

一、选择题

1. 铝材焊后，用适当的方法锤击焊缝，可增强（　　）。

A. 刚性　　　　　B. 强度　　　　　C. 硬度　　　　　D. 塑性

2. 对接后的换热管，应逐根做液压实验，试验压力为设计压力的（　　）倍。

A. 1 倍　　　　　B. 2 倍　　　　　C. 3 倍　　　　　D. 4 倍

3. 铝薄板焊接选择比焊接碳钢略（　　）。

A. 大一些　　　　B. 一样　　　　　C. 小一些　　　　D. 视情况而定

4. 中压容器的压力范围是（　　）。

A. $1.0MPa \leqslant p < 10.0MPa$　　　　B. $0.5MPa \leqslant p < 1.0MPa$

C. $0.1MPa \leqslant p < 1.6MPa$　　　　D. $1.6MPa \leqslant p < 10.0MPa$

5. 管壳式换热器执行（　　）标准。

A. GB 151　　　B. JB 4710　　　C. GB 150　　　D. 其他

6. 胀管时，管端的硬度应比管板（　　）。

A. 相等　　　　　B. 低　　　　　　C. 高　　　　　　D. 不一定

7. 零件的工作应力不超过许用应力，零件就满足了（　　）。

A. 挠度　　　　　B. 强度　　　　　C. 刚度　　　　　D. 都不对

8. 一般工艺管道做水压试验用的压力表精度等级为（　　）级。

A. 1　　　　　　　B. 1.5　　　　　C. 2.5　　　　　D. 任意

9. 胀管是依靠管板孔壁的（　　）变形实现的。

A. 塑性　　　　　B. 刚性　　　　　C. 弹性　　　　　D. 都对

10. 气压试验的危险性比水压试验的危险性（　　）。

A. 小　　　　　　B. 大　　　　　　C. 一样　　　　　D 不一定

11. 压力容器制造中，筒节长度应不小于（　　）。

A. 300mm　　　B. 500mm　　　C. 100mm　　　D. 200mm

12. 角向砂轮机应定期检查保养，经常检查（　　）的磨损情况，以便及时更换。

　　A. 砂轮片　　　　B. 炭刷　　　　　C. 电源插头　　　D. 零部件

13. 在斜刃剪板机中，除（　　）可调外，其他参数在一种型号的龙门剪板机上，都是固定不变的。

　　A. 前角　　　　　B. 剪刃间隙　　　C. 剪切角　　　　D. 都不是

14. 化工压力容器在使用中应定期（　　）。

　　A. 维护　　　　　B. 更换　　　　　C. 检验　　　　　D. 修理

15. 凡在（　　）m 以上的作业均称为高空作业。

　　A. 2　　　　　　B. 6　　　　　　　C. 8　　　　　　　D. 18

16. 管材弯曲时，其横截面变形的程度取决于（　　）和相对壁厚的值。

　　A. 管子外径　　　　　　　　　　　B. 相对弯曲半径

　　C. 弯管中心层半径　　　　　　　　D. 都不对

17. 在钢结构连接中，（　　）的韧性和塑性比较好，变形也小，且便于检验和维修，所以常用于承受冲击和振动载荷的构件和某些异种金属的连接。

　　A. 焊接　　　　　B. 螺栓连接　　　C. 铆接　　　　　D. 都不对

18. 阀门型号由七位数字组成，其中第一位代表（　　）。

　　A. 阀门型号　　　B. 阀体材质　　　C. 连接方式　　　D. 传动方式

19. 下列哪种配管方式是正确的（　　）。

A.　　　　　　　　　　　　　　　　B.

C.　　　　　　　　　　　　　　　　D. 以上都不对

20. 在铆钉交错排列时，沿对角线铆钉中心间的距离（　　）。

　　A. 不小于 3.5d（铆钉直径）　　　B. 等于 5t

　　C. 不小于 3.5t（最小板厚）　　　D. 不一定

21. 从铆接件的连接强度方面比较，热铆的连接强度（　　）冷铆的连接强度。

　　A. 优于　　　　　B. 小于　　　　　C. 等于　　　　　D. 以上全不对

22. 不开坡口的搭接接头，一般用于厚度（　　）的钢板。

A. 不大于 12mm 　　　　　　　　　　B. 6～12mm

C. 小于 12mm 　　　　　　　　　　　D. 大于 12mm

23. 在对接焊接 6 接头中，钢板厚度在（　　），一般不开坡口。

A. 不大于 8mm　　B. 不大于 6mm　　C. 3～6mm　　　D. 大于 8mm

24. 一般在常温下卷板时，对最终的外圆周伸长率应不小于（　　）。

A. 3%　　　　　　B. 5%　　　　　　　C. 6%　　　　　　D. 7%

25. 在视图中，能反映线段实长的是该投影面的（　　）。

A. 一般位置线段　B. 平行线　　　　　C. 垂直线　　　　　D. 都不对

26. 在化工管道中，工作压力为 7.5MPa 的工艺管道属于（　　）。

A. 低压管道　　　B. 中压管道　　　　C. 超高压管道　　　D. 高压管道

27. 在换热管与管板的胀接连接中，由于管与管板之间的（　　）使胀口达到密封。

A. 塑性变形　　　　　　　　　　　　B. 弹性变形

C. 径向弹性压力　　　　　　　　　　D. 其他

28. （　　）焊接接头因传力均匀，疲劳强度较高，但易受焊接缺陷的影响。

A. 搭接　　　　　B. 角接　　　　　　C. 对角　　　　　　D. T 形

29. 在疲劳强度方面，焊接件（　　）铆接件。

A. 相等于　　　　B. 高于　　　　　　C. 不如　　　　　　D. 不一定

30. 在进行铆接结构设计时，铆接件的强度（　　）铆钉强度。

A. 小于　　　　　B. 等于　　　　　　C. 大于　　　　　　D. 视情况而定

31. （　　）变形属于于永久变形。

A. 残余变形　　　B. 塑性变形　　　　C. 弹性变形　　　　D. 都不属于

32. 冷作工艺主要属性是属于（　　）范畴。

A. 塑性　　　　　B. 弹性　　　　　　C. 弹-塑性　　　　　D. 其他

33. 由内应力作用引起的变形是（　　）变形。

A. 弹性　　　　　B. 塑性　　　　　　C. 弹-塑性　　　　　D. 其他

34. 下列关于球阀描述错误的是（　　）。

A. 它的关闭件是个球体

B. 球阀在管路中主要用来做切断、分配和改变介质的流动方向。

C. 结构简单，体积小，重量轻

D. 操作方便，开闭迅速，从全开到全关只要旋转 180°

35. 从连接形式上来看，其强度搭接（　　）对接。

A. 等同于　　　　B. 优于　　　　　　C. 不如　　　　　　D. 不一定

36. 通常所说的焊后消除应力是消除或减少焊缝区的（　　）。

A. 切应力　　　　B. 压应力　　　　C. 内应力　　　　D. 都不对

37. 下列关于闸阀描述错误的是（　　）。

A. 闸阀是指关闭件（闸板）沿通路中心线的垂直方向移动的阀门。

B. 闸阀在管路中主要作切断用。

C. 介质的流向受到限制。

D. 闸阀是使用很广的一种阀门。

38. 下列哪种配管方式是错误的（　　）。

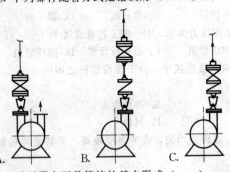

A.　　　　　　B.　　　　　　C.　　　　　　D. 以上都不对

39. 下列哪个不是铆接的基本形式（　　）。

A. 对接　　　　B. 胀接　　　　C. 角接　　　　D. 搭接

40. 下列温度计安装错误的是（　　）。

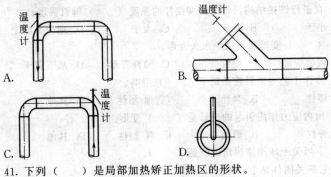

41. 下列（　　）是局部加热矫正加热区的形状。

A. 点状　　　　B. 三角形　　　　C. 线状　　　　D. 以上都是

42. 阀门阀体材质代号中，P代表阀体材质为（　　）。

A. 304　　　　B. 316　　　　C. 碳钢　　　　D. 铜

43. 下列（　　）是求线段实长的方法。

A. 直角三角形法B. 旋转法　　　　C. 换面法　　　　D. 以上都是

44. 一般在锅、盆、桶等工件的口缘卷边，其目的是为了（　　）。

A. 增加工件的深度　　　　　　　B. 增加工件边缘刚性和强度

C. 为使工件更加美观　　　　　　D. 增加工件的密封性

45. 中、低压钢管冷弯时最小弯曲半径为（　　）。

A. 3.0D　　　B. 3.5D　　　C. 4.0D　　　　D. 4.5D

46. 化工管道内介质为循环水时应涂（　　）色。

A. 红　　　　　　B. 蓝　　　　　　C. 绿　　　　　D. 黄

47. 卧式换热器的壳程介质为气体时，折流板缺口应（　　）。

A. 朝下安装　　B. 垂直左右安装　C. 朝上安装　　　D. 任何方向都可以

48. 下图给出了某换热器管箱隔板和介质返回侧隔板，请选出真确的管程（　　）管箱隔板介质返回侧隔板。

A. 2　　　　　　B. 3　　　　　　C. 4　　　　　D. 6

49. 在平面桁架中，每个元件都是（　　）。

A. 拉力杆　　　　B. 二力杆　　　　C. 压力杆　　　D. 以上都不对

50. 内压容器液压试验压力 p_t = （　　）p。

A. 1.5　　　　　B. 1.25　　　　　C. 1.35　　　　D. 1.45

51. 高压容器属于（　　）容器。

A. 一类　　　　　B. 二类　　　　　C. 三类　　　　D. 四类

52. 管子在管板中的排列方法有（　　）正方形直列和正方形错列三种。

A. 直角三角形　B. 等边三角形　　C. 等腰三角形　D. 一般三角形

53. 大批量生产冲裁件，一般选用（　　）。

A. 简单　　　　　B. 带导性　　　　C. 复合　　　　D. 都不对

54. 弯曲时，最小弯曲半径受到材料（　　）最大许可拉伸变开程度的限制，超过这个变形程度，板料将发生裂纹。

A. 外层　　　　　B. 内层　　　　　C. 中心层　　　D. 都不对

55. 用橡皮打板收边：一般是在收边量（　　）、材料较薄时采用。

A. 很大　B. 不大　　　C. 较大　　　　D. 以上都对

56. 用收边的方法可以把直角材料收成一个（　　）曲线弯遍边或直角形弯边工件。

A. 凹　　　　　　B. 凸　　　　　　C. 不凹也不凸　D. 凹、凸

57. 制造（　　）曲线角材料工件，一般都采用放边。

A. 很大　　　　　B. 不大　　　　　C. 较大　　　　D. 以上都对

58. 对铜口阀门脱脂，应选用（　　）脱脂剂。

A. 丙酮　　　　　B. 四氯化碳　　　C. 碱液　　　　D. 二氯乙烷

59. 圆形受力不大的制件如水桶常用（　　）。

A. 单叠　　　B. 双叠　　　　C. 空心椭圆形　D. 空心圆形

60. 滚弯常用的是不对称三辊轴卷板机。调节（　　）的位置，可以达到不同的弯曲半径。

A. 上辊轴　　　B. 下辊轴　　　C. 侧滚轴　　　D. 以上都对

61. 滚弯时板材（　　），滚得的制件弯曲半径越大。

A. 愈软或愈厚　B. 愈硬或愈厚　C. 愈软或愈薄　D. 愈硬或愈薄

62. 板材折弯过程中，压弯制件角度 $\beta <$ V 形槽下模角度 α 时，弯曲板料处于（　　）愈软或愈厚。

A. 自由弯曲　　　　　　　　B. 接触弯曲向校正弯曲过渡

C. 接触弯曲　　　　　　　　D. 校正弯曲

63. 制件弯曲过程中下凹模上支撑制件的两点距离是一个变量。支点间的距离大，所需的弯曲加（　　）。

A. 大　　　　B. 小　　　　C. 不变　　　D. 视情况而定

64. 在一排铆钉中，相邻两个铆钉的中心距离称为（　　）。

A. 钉距　　　B. 铆距　　　C. 边距　　　D. 排距

65. 型钢铆接时，凡型钢面宽（　　）时，可以用一排铆钉。

A. 大于 100mm　B. 等于 100mm　C. 小于 100mm　D. 视情况而定

66. 高合金钢是指合金元素的总金元素的总含量大于（　　）的钢。

A. 1%　　　B. 5%　　　C. 10%　　　D. 60%

67. 低合金钢指的是含金元素的总金量小于（　　）的钢。

A. 2%　　　B. 1%　　　C. 5%　　　D. 10%

68. 焊后热处理的作用是（　　）。

A. 防止热裂纹　　　　　　　B. 消除气孔

C. 消除残余应力　　　　　　D. 以上都对

69. 用铆钉枪冷铆时，铆钉直径（　　）。

A. 不应超过 8mm　　　　　　B. 不应超过 25mm

C. 不应超过 13mm　　　　　　D. 不应超过 20mm

70. （　　）是材料的物理性能。

A. 强度　　　B. 氧化性　　　C. 热膨胀型　　　D. 刚度

71. （　　）是材料的化学性能。

A. 氧化性　　　B. 导电性　　　C. 弹性　　　D. 刚度

72. 板材弯曲时，中心层（　　）。

A. 缩短

B. 伸长

C. 既不伸长也不缩短

D. 可能伸长，可能既不伸长，也不缩短

73. 管子对口的错边量，应不超过管壁厚的20%，且不超过（　　）。

A. 1mm　　　　　B. 2mm　　　　　C. 3mm　　　　　D. 4mm

74. 钢经过（　　）可以降低硬度，提高塑性。

A. 退火　　　　B. 淬火　　　　C. 正火　　　　D. 都不能

75. 公差与配合标准是最典型的（　　）

A. 零部件标准　　　　　　　　B. 基础标准

C. 工艺标准　　　　　　　　　D. 产品标准

76. 内部结构复杂的形状对称的物体最适宜画（　　）图表达。

A. 全剖视　　　　B. 局部剖视　　　　C. 半剖视　　　　D. 都适合

77. 压力机的最小闭合高度指（　　）的滑块与工作平面的距离。

A. 滑块在上止点，连杆调节到最长时

B. 滑块在上止点，连杆调节到最短时

C. 滑块在下止点，连杆调节到最长时

D. 滑块在下止点，连杆调节到最短时

78. （　　）适用于焊接一般普通碳钢。

A. 中性焰内焰　　B. 氧化焰　　　　C. 中性焰外焰　　D. 碳化焰

79. 对于焊缝内部缺陷的检验，应采用（　　）。

A. 磁粉　　　　B. 水压试压　　　　C. 超声波　　　　D. 着色

80. 铆接后构件的应力和变形比焊接（　　）。

A. 大　　　　　B. 小　　　　　C. 高　　　　　D. 多

二、判断题

（　　）1. 金属石棉缠绕垫式法兰垫片，在平面、凹凸面和榫槽面密封面上都可以使用，但前者用带固定圈的，而后两种用不带固定圈的。

（　　）2. 画放样图的目的是求出画展开图时所需的线条和尺寸。

（　　）3. 材料使用过程中必须移标。

（　　）4. 冷作矫正是指常温下进行的矫正。

（　　）5. 内压容器上开设椭圆人孔时，其长轴应在纵向。

（　　）6. 消除应力变形时矫正区域应选择选在应力集中的部位。

（　　）7. 管道安装中，支架按作用分为固定支架、活动支架和吊架。

（　　）8. 阀门可以不进行压力试验直接进行安装。

（　　）9. 金属材料的变形有弹性变形和塑性变形。

（　　）10. 蒸汽管道安装是导向管托可以任意安装。

（　　）11. 为了消除离心泵的轴向力的不良影响，必须采用平衡措施。

（　　）12. 焊接完成后可以用大锤在焊缝上进行敲击。

（　　）13. 公差是一个不等于零，而且没有正、负号的数值。

（　　）14. 钢材变形矫正的基本方法冷作矫正和加热矫正。

（　　）15. 加热矫正分全加热矫正和局部加热矫正。

（　　）16. 画展开图的方法有平行线法、放射线法、三角形法。

（　　）17. 工件变形主要因受到外力或工件的内应力引起的。

（　　）18. 不锈钢和复合钢板不得在防腐蚀面采用硬印作确认标记。

（　　）19. 在吹扫过程中，可以使用疏水器来排除系统中的凝结水。

（　　）20. 加强圈的设置能够提高内压容器的稳定性。

（　　）21. 压力试验属于无损试验。

（　　）22. 某些体积庞大的焊接结构件，为了便于运输而在现场安装，出厂前必须在制造厂内进行预组装。

（　　）23. 在冲压工序中，钢板的厚度公差对冲压件的质量没有明显的影响。

（　　）24. 水压试验和气压试验都属于破坏性检验。

（　　）25. 胀接时要考虑先后顺序。

（　　）26. 直筒式刃口凹模，广泛用于冲裁公差要求较小，形状复杂的精密冲裁件的冲裁模。

（　　）27. T形构件在焊后极易产生角变形，可以采用双面焊的方法加以避免。

（　　）28. 矫正的过程就是钢材由塑性变形转变到弹性变形的过程。

（　　）29. 矫正薄板中间凸起时，应由凸起的周围开始逐渐向四周锤击。

（　　）30. 卷圆件常采用一次卷圆成形。

（　　）31. 换热器的工作压力，是指在正常工作情况下，换热器管、壳程底部可能的最高压力。

（　　）32. 试验温度指在压力试验时，容器内部介质的温度。

（　　）33. 加热速度越快，热量越集中，矫正效果越明显。

（　　）34. 为了减少板料折弯压力机的弯曲力，对硬性材料，应选用较宽的 V 形下模。

（　　）35. 在弯曲型钢时，变形越大，越容易产生回弹。

（　　）36. 管板孔壁越粗糙，胀接接头的密封性就越好。

（　　）37. 大的装配间隙能减少焊接变形。

（　　）38. 锤击焊缝是矫正焊接变形的一个有效方法。

（　　）39. 胀接是通过扩胀管子和管孔的直径，使其产生弹性变形来实现的。

（　　）40. 在准备划线时，必须首先选择和确定基准线或基准面。

（　　）41. 卷圆件常采用一次卷圆成形。

（　　）42. 梁的腹板受力较小可以做得很薄，以节约材料，减轻质量，但易于失稳。为此，用肋板加强，以提高其稳定性。

（　　）43. 冷作结构的零件尺寸公差，除设计图样、工艺文件有特殊要求的，一般可按 IT13～IT14 级公差来确定。

（　　）44. 填料塔中最常用的填料支承结构是栅板。

（　　）45. 压力试验和致密性试验都属于无损探伤。

（　　）46. 水压试验中，结构件会发生变形，因此属于有损探伤。

（　　）47. 当截切平面处于特殊位置时，球的截面有可能是椭圆。

（　　）48. 如果物体表面不能摊平在一个平面上，就称为不可展表面。

（　　）49. 焊胀并用，采用先焊后胀比较好。

（　　）50. 火焰矫正是利用了钢材热胀冷缩的物理特性。

答案

一、选择题

1. B	2. B	3. C	4. D	5. A	6. B	7. B	8. B	9. A	10. B
11. A	12. B	13. B	14. C	15. A	16. B	17. C	18. A	19. A	20. A
21. A	22. A	23. B	24. B	25. B	26. B	27. C	28. C	29. C	30. C
31. B	32. B	33. A	34. D	35. C	36. B	37. C	38. C	39. B	40. A
41. D	42. A	43. D	44. C	45. B	46. C	47. A	48. C	49. B	50. B
51. C	52. B	53. B	54. A	55. B	56. B	57. A	58. B	59. D	60. C
61. D	62. B	63. B	64. B	65. C	66. C	67. C	68. B	69. C	70. C
71. A	72. D	73. B	74. A	75. B	76. C	77. B	78. A	79. B	80. B

二、判断题

1. √	2. √	3. √	4. √	5. ×	6. √	7. √	8. ×	9. √	10. ×
11. √	12. ×	13. √	14. √	15. √	16. √	17. √	18. √	19. √	20. ×
21. √	22. √	23. √	24. √	25. √	26. √	27. ×	28. √	29. √	30. ×
31. √	32. √	33. √	34. √	35. √	36. √	37. √	38. √	39. √	40. √
41. ×	42. √	43. √	44. √	45. ×	46. ×	47. ×	48. √	49. √	50. √

9.2 技能鉴定操作样题

例 1　图 9-1(a)、（b）为斜口直立四棱柱管及其主、俯视图，作其展开图。

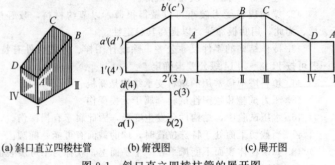

(a) 斜口直立四棱柱管　　　(b) 俯视图　　　　　(c) 展开图

图 9-1　斜口直立四棱柱管的展开图

(1) 分析

斜口直立四棱柱管的前后侧面为梯形正平面，正面投影为实形；左右侧面为矩形侧平面，侧面投影为实形（图中未作出）。画展开图时，即依次把这些实形画出。由于四条侧棱都是铅垂线，正面投影反映实长；底面四边形各边是水平线，水平投影为实长。由于棱线和底面垂直，展开后各侧棱必与对应的底边垂直。

(2) 作图 ［图 9-1 (c)］

① 过底面作一水平线（底边线），并依次截取 Ⅰ Ⅱ ＝（1）(2)、Ⅱ Ⅲ ＝（2）(3)、Ⅲ Ⅳ ＝（3）(4)、Ⅳ Ⅰ ＝（4）(1)。

② 过点Ⅰ、Ⅱ、Ⅲ、Ⅳ、Ⅰ作垂线，截取各棱线实长（Ⅰ$A=1'a'$，Ⅱ$B=2'b'$……）或由主视图引底边线的平行线（水平线），得点 A、B、C、D、A。

③ 顺序把 A、B、…各点连线，得到斜口直立四棱柱管展开图。

例 2　如图 9-2 所示，已知斜口直圆柱管的主、俯视图，求作展开图。

(1) 分析

斜口直圆柱管是由直圆柱管被正垂面斜截而形成的。截平面与圆柱面的截交线为椭圆线，圆柱面上素线长短不一，因为圆柱轴线垂直 H 面，各素线的正面投影为实长。

画展开图时，把底圆展成直线，过直线上各等份点作垂线（素

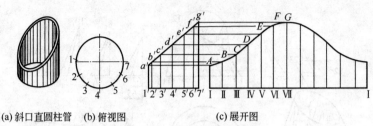

(a)斜口直圆柱管　(b)俯视图　　　　　　(c)展开图

图 9-2　斜口圆周的展开图

线），并截取素线上相应长度得到其端点，并连成光滑曲线。

（2）作图［图 9-2（b）、（c）］

① 把俯视图圆周等分为 12 等份（等份越多越准确），过各等分点找出主视图上相应素线 $1'a$、$2'b$、…。

② 把圆周展成直线，截取相应 12 等份弧长，近似作图以弦长代 1 替弧长Ⅰ Ⅱ＝12，Ⅱ Ⅲ＝23，…得等份点Ⅰ、Ⅱ、Ⅲ、…过各点作垂线，并在垂线上截取相同素线等长的线段ⅠA＝$1'a'$，ⅡB＝$2'b'$，…（或过主视图上点 a'、b'、…引水平线与相应素线相交），得到各素线端点 A、B、…。

③ 过各素线的端点 A、B、C、…顺序连成光滑曲线，即得所求，如图 9-2（c）所示。

应当指出用弦长代替弧长作出的展开图，其底边长度缩小，会产生一些误差，是一种近似作图。因为钣金制件有的要求不需很准确，用这种方法可达到要求，作图简便，所以较为常用。有时为了把误差控制在一定范围内，要提高制件精确度，可增加圆周等分数，缩小素线之间的误差。如果还需更为准确作图，应先将圆周长 πD 的尺寸计算出作直线，再进行等分，这样作出的展开图较为准确。

例 3　求作图 9-3 所示的马蹄形管接头的展开图。

（1）分析

由图 9-3(a)、(b)可知，接头上下口为圆形，上口是正垂面，正面投影积聚为一直线，水平投影为椭圆；下口是水平面，水平投影为圆的实形。因为上下口是互相不平行的圆，这种接头的曲面不

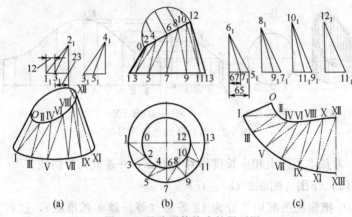

图 9-3 马蹄形管接头的展开图

属锥面，应属不可展的曲面，只能采用三角形法近似作图。将上下圆周等分成相同等份，对应点连成线，作出曲面一系列的直线，得出若干四边形曲面，然后再引四边形对角线（曲线）把四边形曲面分为两个小三角形曲面，并且用一系列小三角形平面代替小三角形曲面展开，近似地获得马蹄形表面展开图。

（2）作图

① 把上下口圆周等分 12 等份（上口用投影换面法求得圆，仅画半圆）得到各等分点，连接各对应等分点 O I、Ⅱ Ⅲ、Ⅳ Ⅴ……得到 12 个梯形曲面 O I Ⅱ Ⅲ、Ⅱ Ⅲ Ⅳ Ⅴ、…（前后对称，仅画 6 个）。

② 引梯形对角线曲线 I Ⅱ、Ⅲ Ⅳ、…把曲面又分成 24 个三角形的曲面（仅画 12 个）。

③ 通过直角三角形求得各直线和对角线（曲线当成直线）的实长（见主视图左右的图解）。如在俯视图量得 12、23 为直角边，$1'2'$、$2'3'$ 的高度差则作另一直角边，斜边 $1_1 2_1 = $ Ⅲ，$2_1 3_1 = $ Ⅲ Ⅳ 为实长。

④ 利用求得直线和对角线的实长和对应上下口圆的一个等份弦长为三角形边长，依次作出三角形 O I Ⅱ、I Ⅱ Ⅲ、Ⅱ Ⅲ Ⅳ、…得到三角形一系列的顶点 O、Ⅱ、Ⅳ、…和 I、Ⅲ、Ⅴ、…。

⑤ 将各顶点依次连成光滑曲线，得半个马蹄形的展开图。另一半对称。

例 4 等径裤形圆柱三通管。

图 9-4 是等径裤形圆柱三通管的投影图与展开图。构件由五节直径相同的圆柱管构成，结构左、右对称。上三节管的轴线交于一点，并且两间夹角相等。各管间的结合线均为平面曲线，正面投影积聚为直线。构件的已知尺寸为 $D=210$，$H=170$，$L=210$，$H_1=130$，$t=3$，计算展开数据。

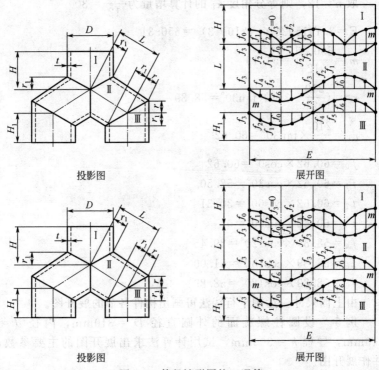

图 9-4 等径裤形圆柱三通管

① 计算方法：

$$E=\pi\ (D-t) \qquad m=\frac{E}{n}$$

$$R=\left(\frac{D}{2}-t\right)\tan30° \quad r_1=\frac{D}{2}\tan30°$$

$$f_i=\begin{cases} r_1\cos\alpha_i & 0°\leqslant\alpha_i\leqslant90° & i=0,1\cdots,\dfrac{n}{4} \\ -r\cos\alpha_i & 90°<\alpha_i\leqslant180° & i=\dfrac{n}{4}+1,\dfrac{n}{4}+2,\cdots,\dfrac{n}{2} \end{cases}$$

式中　n——展开时的圆周等分数量。

② 计算展开数据：

取 $n=12$，则等分角度 α_i 的计算增量为 $\dfrac{360°}{12}=30°$

$$E=3.1415926\times(210-3)=650.31$$

$$m=\frac{650.31}{12}=54.19$$

$$r=\left(\frac{210}{2}-3\right)\times\tan30°=58.89$$

$$r_1=\frac{210}{2}\times\tan30°=60.62$$

$$f_0=60.62\times\cos0°=60.62$$

$$f_1=60.62\times\cos30°=52.50$$

$$f_2=60.62\times\cos60°=30.31$$

$$f_3=60.62\times\cos90°=0$$

$$f_4=58.89\times\cos120°=29.45$$

$$f_5=58.89\times\cos150°=51.00$$

$$f_6=58.89\times\cos180°=58.89$$

由上面尺寸，运用平行线法可画出构件各节的展开图。

例5　设圆柱螺旋面的外圆直径 $D=310\text{mm}$，内径 $d=140\text{mm}$，导程 $h=300\text{mm}$，试用计算法求出展开图的主要参数，并作展开图。

$$L=\sqrt{(310\pi)^2+300^2}=1019\text{mm}$$

$$L=\sqrt{(140\pi)^2+300^2}=532.4\text{mm}$$

$$b=\frac{1}{2}(310-140)=85\text{mm}$$

$$r = \frac{532.4 \times 85}{1019 - 532.4} = 93\text{mm}$$

$$\alpha = 360° \left(1 - \frac{1019}{2\pi \times 178}\right) = 32°$$

按照以上各式求出的值，即可作出
展开图，如图9-5所示。在实际放样中，
圆柱螺旋面的展开图通常不作扇形切口，
而是完整的环形图，这时的螺旋面稍大
于一个导程。

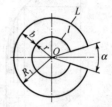

图 9-5　正圆柱螺旋面计算
展开的主要参数

例6　分瓣球带。

图9-6为分瓣球带的示意图。此例
半球瓣中球缺部分的展开可参见其他例，
本例仅作分瓣球带的展开。通常用球的正视图中弧长为半径来作
图。实践证明这样作出的图形需要作适当的修改进行补料处理以确
保展开尺寸尽量逼近实形。此例不考虑板厚处理用中径放样和
展开。

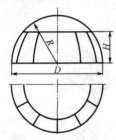

图 9-6　分瓣球带图

分瓣球带的展开作图方法如图 9-7 所
示，在正视图中把球瓣中心弧长$\overset{\frown}{AB}$分成若
干等份，经各等份点向下作 OA 的垂线交俯
视图水平轴线于 a、$1'$、$2'$、…、b 各点，以
O_1 为圆心，以 a、$1'$、$2'$、…、b 各点至
O_1 的距离为半径画弧，在这块球瓣的俯视
图的投影的两边线内得到一系列弧长。在
OA 的延长线上取线段 $O'A'$ 与正视图中$\overset{\frown}{AC}$
弧长相等，并取 B' 点使 $A'B'$ 等于$\overset{\frown}{AB}$，将 $A'B'$ 作和 AB 同样的等
份，然后以各等分点至 O' 点距离为半径以 O' 为圆心画弧，在各弧
上以 $A'B'$ 为中心线对称取弧段与俯视图中$\overset{\frown}{aa'}$ 弧和$\overset{\frown}{bb'}$ 弧之间的各
弧长相等，得到一系列交点，将这些点光滑连接即得到分割后的近
似展开图形，然后在最后一条弧线上连接两交点，在中线上得 D
点，将 $A'D$ 二等分，过等分点作中心线的垂线，与两边轮廓曲线
交于 D'、D''两点，将 D'、D'' 和 A' 光滑连接得到补角，此展开图

形即为球瓣展开的近似展开图形。此展开方法通常用于赤道带和温带的球瓣展开。

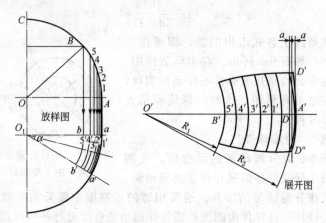

图 9-7 球带的分瓣放样展开

例 7 求作如图 9-8（d）所示上下口错位圆方接头的展开图。

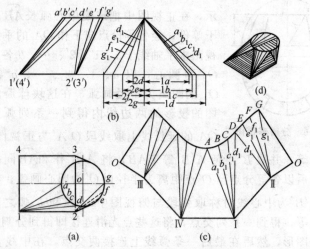

图 9-8 上下口错位圆方接头展开图

此制件上口圆形、下口方形，其侧面前后对称。上口圆中心线与圆的四个交点，将上口圆分为四段圆弧，每个交点同矩形对应边组成一个三角形平面，每段圆弧与下口矩形一个顶点形成一个椭圆锥面。接头管侧壁是由四个平面与四个椭圆锥面交替围成的。

① 求作线的实长：将上口圆分为十二等份，将等分点和方形对应顶点连直线，即得各椭圆锥面的素线，通过直角三角形法求作各素线实长。作图时在主视图上过上口下口端面引水平线，用俯视图素线投影长度，作直角三角形，斜边即为素线的实长，如图9-8(b) 所示。

② 作侧壁展开图。下口矩形各边和上口各等分弧段的实长显示在俯视图中。由各等分素线实长、等分弧段弧长和矩形边长，运用三角形法，依次将各三角形平面和椭圆锥面展开拼画出图，即得制件的展开图，如图9-8(c) 所示。展开图是以三角形中线 Og 处切开绘制的。

例8 求作如图 9-9(d) 所示圆顶矩形斜底面接头的展开图。

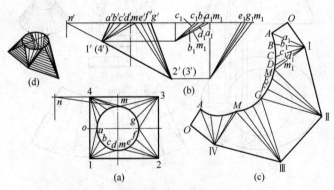

图 9-9 圆顶矩形斜底面接头的展开图

此制件上口为圆形水平面，下口为矩形正垂面，前后对称。其形体可分为四个三角形平面（左右侧是等腰三角形）与四部分斜椭圆锥面所组成。如果将顶圆的四个等份点，与对应的下口边长相连来划分三角形平面，其与斜椭圆锥面在交接处产生折棱，为使展开图弯曲成形后光整，所作三角形平面应与斜圆锥面相切，其切点（分界点）为 m_1（m），得到三角形 ⅠMⅡ、ⅢMⅣ。

① 作素线的实长。把顶圆等分为十二等份，用直线分别将矩形的各顶点与圆上对应分界点和等分点连线，得各三角形平面和斜椭圆面分界素线和等分素线。用直角三角形法作出各素线的实长，如图 9-9(b) 所示。

下口矩形的四个边通过主、俯视图中量得，如 $1'2'$、23。上口各等份弧长（或弦长）在俯视图中量得，如 $\overset{\frown}{ab}$、$\overset{\frown}{bc}$、……。

② 作侧壁展开图。OA 是接缝边，先作直角三角形 $I\,OA$，然后用俯视图弧长和对应素线实长，作出四个（三个）小三角形，把上口各点连成曲线，即得到一个斜椭圆锥面展开图。依次交替作出三角形平面及椭圆锥面，即得所求，如图 9-9(c) 所示。

例 9　求作如图 9-10(a)、(d) 所示的上圆口、下椭圆正接头的展开图。

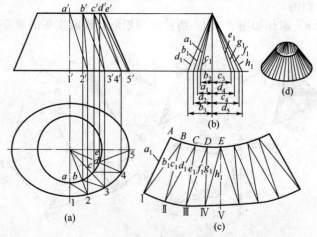

图 9-10　上圆口、下椭圆正接头的展开图

当作上圆口、下椭圆正接头的展开图时，把其侧面分成若干小三角形，依次将这些小三角形的展开图作出。

① 作素线的投影及求作其实长：见图 9-10(a)、(b)。

② 作展开图：用俯视图上相邻等分点的弧长与相对应素线的实长，依次作小三角形，按照顺序把三角形顶点连成光滑曲线，即得所求，见图 9-10(c)。

例 10　求作如图 9-11(c) 所示上口方形下口椭圆形正接头的展开图。

该制件上口方形、下口椭圆形均为水平面，水平投影均反映实形，前后对称。它由四个等腰三角形平面和四部分椭圆锥面所组成。在作图时，依次交替作出三角形平面和椭圆锥面的展开图。

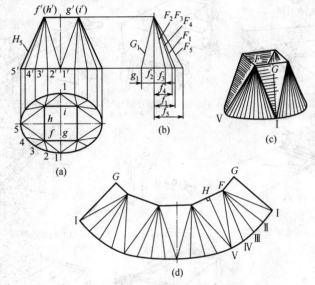

图 9-11　上口方形下口椭圆形正接头展开图

① 求作分界线和等分素线的实长。将椭圆周等分（12 等分），得等分点和上口方形的顶点连线，求得分界线和素线的投影，通过直角三角形法求得其实长，如图 9-11(b) 所示。

② 作侧壁的展开图。以 GI 为接缝线，$gf=GF$ 为底边，GI 是直角边，作出直角三角形 IGF，然后以俯视图上等份弧长及其对应素线的实长依次作出四个小三角形：$\triangle F I II$、$\triangle F II III$ ……把点 I、II、III、IV 连成光滑曲线，即得一部分圆锥面。按此方法交替进行，即得所求，如图 9-11(d) 所示。

在作中间两个等腰三角形时，其高（HV）在主视图（h'）$5'$可直接量得。

例 11 矩形截面的支管与主管间的螺柱连接。

矩形截面导管常会用角铁与螺栓作成凸缘结合。此法接合时需使用结合材料以保持气密。当装置角铁时，必须要预留凸缘及结合材料的余量 [如图 9-12(a) 所示]。

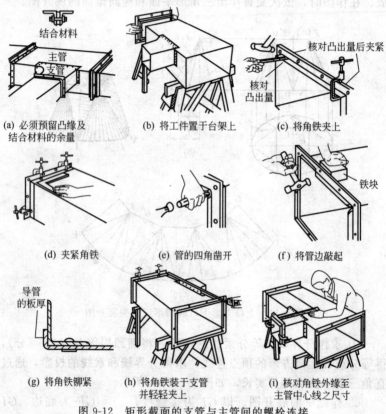

(a) 必须预留凸缘及结合材料的余量

(b) 将工件置于台架上

(c) 将角铁夹上

(d) 夹紧角铁

(e) 管的四角凿开

(f) 将管边敲起

(g) 将角铁铆紧

(h) 将角铁装于支管并轻轻夹上

(i) 核对角铁外缘至主管中心线之尺寸

图 9-12 矩形截面的支管与主管间的螺栓连接

(1) 主管上的角铁安装

① 将工件置于台架上 [图 9-12(b)]，检查角铁的尺寸正确与否，可在角铁上画上记号，以保证正确配合，冲中心眼或者锯痕为通常使用的识别方法。

② 角铁装于管上，各识别记号必须在正确位置，借助木锤轻

敲角铁。使角铁在管的边端 [如图 29-12(c) 所示]。

③ 轻轻地将角铁夹上 [如图 9-12(c) 所示]。

④ 检查角铁与管端平正与否。检查时垂直方向及水平方向均需检查。

⑤ 夹紧角铁 [如图 9-12(d) 所示], 利用铆接或其他指定的方式, 把角铁固定于导管上。

⑥ 利用铁锤与冷錾, 凿开管的四角 [如图 9-12(e) 所示]。

⑦ 角铁背面垫以铁块, 将管边敲起 [如图 9-12(f) 所示]。

⑧ 在管的另一端, 装上角铁, 并将其夹上。

a. 按照图样的尺寸, 核对工件的尺寸。

b. 根据图上所指定的填隙料, 以决定所需预留的余量, 否则总尺寸中心须扣除填料厚度。

c. 核对与调整之后夹紧角铁, 注意角铁端面必须互相平行, 并且导管保持正方形, 然后将角铁铆紧 [如图 9-12(g) 所示]。

(2) 支管角铁的装配 [见图 9-12(h)、(i)]

① 将角铁装于支管并且轻轻夹上。

② 核对角铁外缘到主管中心线之尺寸。

③ 夹紧角铁, 通过铆接将角铁固定于支管上, 并把管端敲折靠于角铁。

装配中需注意以下事项。

① 当全部敲击工作完成后, 在角铁的端面上画对角线以检查角铁是否为正方形, 若为正方形则对角线相等。

② 当两导管的角铁凸缘装配时, 可借助斜销插于螺栓孔以对准。

③ 螺栓: 锁紧用的螺栓可以用各种形式的螺纹, 若导管系接于风扇而易于产生振动时则需使用细牙螺栓。

④ 垫圈: 在插上螺栓前, 先将平垫圈装上。装上螺母前需先装上防振垫圈, 防振垫圈可用单圈或者双圈弹簧垫圈、锯齿形垫圈等。

例 12 槽钢下料实例。

① 如图 9-13 所示为由两根槽钢对接而成的任意角度内弯折构件, 已知尺寸有 a、b、c、d 及小边厚度 t。

显然只要连接点 B、E，BE 就是结合线，B 在外皮上，于是就可以通过平行线法作出展开图。注意接口处大边应进行单面坡口处理。槽钢的展开图（反曲）见图 9-13。

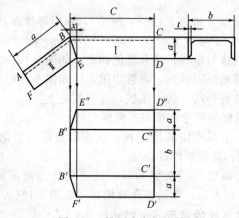

图 9-13　槽钢内弯折构件

② 如图 9-14 所示为槽钢内弯折构件的展开图（反曲），这是由一根槽钢切角任意角度之内弯折构件，已知尺寸有 a、b、c、d 以及小边厚度 t。

取图中的 EF 为结合线，其中 F 在槽钢的内皮上。

在放样图中，量出 c'、d' 以及切角尺寸 x，在注意板厚处理的情况下，即可通过平行线法作出展开图。

③ 如图 9-15 所示为槽钢侧弯折构件的展开图（正曲），这是用一根槽钢切角任意角度侧弯折所成的构件，已知尺寸有 a、b、c、d 及小边厚度 t。

这里取 AB 为结合线，其中 A 在外皮上，而 B 在内皮上。在图中量出 c'、d' 以及切角尺寸 x，再用平行线法即可将展开图作出，或者在槽钢上直接号料。

④ 如图 9-16 所示为槽钢加固框的展开图（正曲），图中的双点画线表示一个正四棱锥台，它的四周有一个由 4 根角钢对接而成的加固框，加固框平行于棱台底面。已知尺寸有 a、b、c、d、h_1、h_2、h_3。

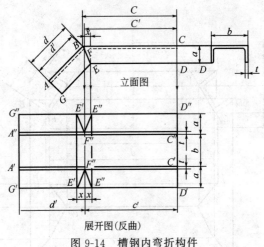

图 9-14　槽钢内弯折构件

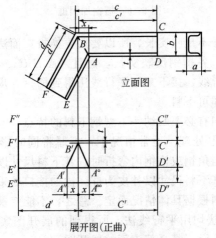

图 9-15　槽钢侧弯折构件

求结合线：通过分析，可知槽钢（外皮）的结合线分别是 $A—B—C—D$ 和 $E—F—G—M$。于是可通过平行线法作出展开图。

⑤ 如图 9-17 所示，这是由槽钢构成迂回支架，已知尺寸有 a、b、c、d、h_1、h_2、h_3 等。

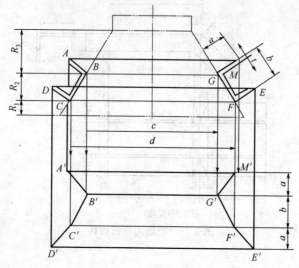

图 9-16 槽钢加固框

因为槽钢Ⅱ不反映实长，所以要用更换投影面法求其实长，在一次变换图中，各槽钢反映实长，而且∠$A''B''C''$、∠$B''C''D''$的角平分线即为结合线。接下来用平行线法得到槽钢外皮的展开图，制成样板之后，即可下料。

最后，我们有必要归纳一下型钢下料的特点。

① 关于板厚处理。通常情况下，板厚将同时影响切角尺寸和展开料长度，当角钢或槽钢内弯折时，其下料尺寸以内皮为准，反之外弯折时，其下料尺寸以外皮为准。比如接口处采用铲坡口的形式，板厚处理则根据具体情况而定。总之，不能忽视板厚的影响。

② 展开方法均用平行线法，所得到的展开图实际上只是型钢外皮的展开图，而不是全部表面的展开图。

③ 当同一型号的型钢对接成弯折构件时，只要保持对应的棱线相交，那么结合线总是直线型的，在反映实长、实角的视图上，结合线总是在实角的平分线上。

④ 关于加工余量。电焊应当有适当的焊缝，焊缝过大或过小都会影响焊接质量和速度。焊缝的宽度就是加工余量，这可以借助

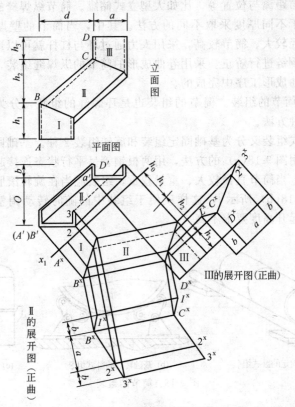

图 9-17 槽钢加迁回支架

适当缩短下料长度得到，或者通过断料方法：如钢锯断料，锯路有宽度；乙炔断料，熔缝有宽度而得到。加工余量的大小应根据板厚、焊条粗细等具体情况和要求灵活处理，通常在 $1 \sim 5mm$。

例 13　单层结构容器的组装实例。

(1) 筒节的组装

筒节组装的主要调整项目有错口、间隙、错边、不直度及焊缝间的最小距离等。

① 纵缝组装。对于工厂制造，筒体整体发货，纵缝的组装均是在成形工序中进行。现场组装时，需要保证的有错边和错口与焊

缝的分布距离与位置等，比如大型立式储罐。筒节纵焊缝的错口矫正，对于不同厚度采取不同的方法。其中，当筒节的壁厚相对较薄、直径较大、筒节较高，采用人力通过环与杠杆就可以矫正，也可采用倒链进行矫正。采用卷曲成形的筒节的纵焊缝组装，通常都是在卷曲成形工序中完成的。

② 筒节的组装。筒节的组装也是环焊缝的组装，分为卧式与立式两种方法。

卧式组装又分为基础固定组装和旋转组装 2 种。基础固定组装通常采用图 9-18(a) 的方法，用两根钢管呈平行状态连接起来，组装筒节。当筒节直径较大、重量较重，组装应当在旋转滚胎上进行［如图 9-18(b) 所示］，这样就便于组装中的随时转动调整。卧式组装对起升高度要求不高。

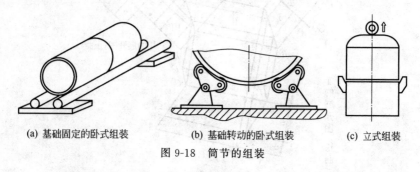

(a) 基础固定的卧式组装   (b) 基础转动的卧式组装   (c) 立式组装

图 9-18　筒节的组装

立式组装比卧式组装操作方便，也不需要比较大的场地［如图 9-18(c) 所示］，但对起升高度有一定的要求。对于长度较长的产品，受到起升高度与直立时稳定性的限制。

筒节的组装要确保各筒节间的顺序关系、各筒节间直径偏差对错边量的影响、纵焊缝间的顺序、相互距离等。筒节组装前，要对每一道环焊缝两侧组装的筒节或者封头端面周长进行测量，得出各自的展开长度偏差，并换算成直径的偏差，找出相互间存在的错边量范围。利用错边量的调整，把这些偏差在圆周上均匀消化（如图 9-19 所示）。

筒节环缝的组装可以采用图 9-20 的方法保证错边、焊缝间隙的要求。

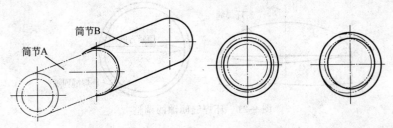

(a) 筒节环焊缝错边量   (b) 筒节正确的组装   (b) 筒节错误的组装

图 9-19   通过错边量对圆周长度偏差的消化

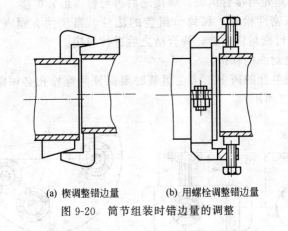

(a) 楔调整错边量   (b) 用螺栓调整错边量

图 9-20   筒节组装时错边量的调整

③ 环焊缝间隙的调整。从理论上讲，筒节矩形坯料的长、宽以及对角线的偏差都符合技术要求时，筒节的端部所在面的不平度应当不超过环焊缝最大允许间隙值。若这个环焊缝的间隙值超过最大允许间隙，则该筒节的不圆度就会存在超差，可借助顶拉装置（如图 9-21 所示）调整筒节端部不圆度或者椭圆度的精度，顶紧部位选择焊缝间隙最小的地方。顶紧法对环焊缝间隙的调整具有操作方法方便、简单，并且无工艺性焊缝的发生及消除。

④ 筒节的直线度。筒节直线度的测量可采用直尺测量法或者钢丝测量法。钢丝法宜采用侧面进行，由于上面测量会有自重上挠的偏差存在。

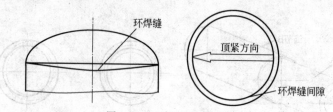

图 9-21　环焊缝间隙的调整

（2）法兰的组装

法兰的组装分为与接管组装和与筒节组装两种。对于有接管的法兰，都是先与接管组装，焊接之后再与容器组装焊接。

① 气密性检验。和筒节组装的法兰，当法兰有镶嵌衬环时，要及时进行密封性检验，待合格之后进行焊接。

② 密封面的保护。

③ 法兰孔的跨中。法兰组装时要保证两螺栓孔必须跨中心线（如图 9-22 所示）。

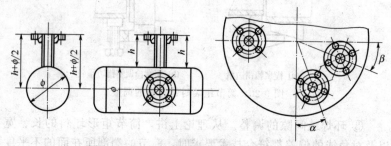

图 9-22　法兰组装中孔的跨中与高度的保证

④ 法兰面与接管的倾斜偏差。法兰面和接管的倾斜偏差均不得超过法兰外径的 1%，并且最大不得超过 3mm。

⑤ 法兰的形位测量。法兰盘的形位测量包括孔的跨中 [如图 9-23（a）所示]，垂直 [如图 9-23（b）所示]、水平 [如图 9-23（c）所示] 等项目的检验。

⑥ 法兰的模板定位。对于两法兰距离的尺寸偏差要求比较高时，法兰的模板定位可以采用模板法进行。

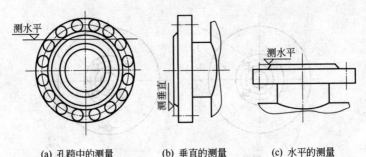

(a) 孔跨中的测量　　　(b) 垂直的测量　　　(c) 水平的测量

图 9-23　法兰盘的形位测量

⑦ 法兰的样板定位。当法兰与接管的位置既偏离水平中心线，又偏离垂直中心线时，利用普通方法测量困难，可采用样板法进行定位，如图 9-24 所示。

(3) 补强圈的组装

补强圈在组装中，应当确保螺孔处于最低的位置。水平位置如图 9-25 所示，垂直位置如图 9-26所示。

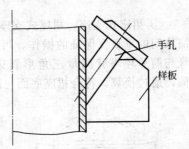

图 9-24　法兰手孔的样板定位

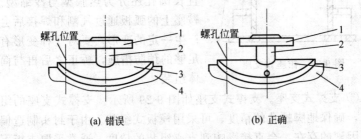

(a) 错误　　　　　　　　(b) 正确

图 9-25　法兰手孔的样板定位

1—法兰；2—接管；3—补强圈；4—容器

(4) 支座的组装

对于不同形式的支座，其组装的具体要求是不完全相同的。

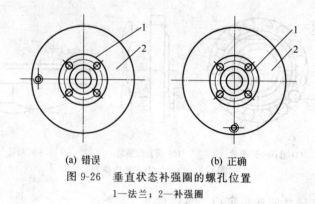

(a) 错误　　　　　　(b) 正确

图 9-26　垂直状态补强圈的螺孔位置

1—法兰；2—补强圈

① 裙座式支座。裙座式支座如图 9-27 所示。组装时，底座和筒体间的垂直度保证的操作，可以采用图 9-27 中的地脚螺栓孔边缘与筒节环焊缝测量三角形斜边的方法，保证 $|L_1-L_2|$ 的绝对值，通过换算，符合裙座底面与筒体中心垂直底。

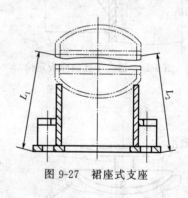

图 9-27　裙座式支座

② 鞍座式支座。鞍座式支座结构如图 9-28 所示。在鞍座式支座的组装中，一台容器的 2 个支座的地脚螺栓孔是不一样的。一端是圆孔，而另一端是呈长圆状孔，并且长圆孔还分为热胀型与冷缩型。鞍座上的弧板通过气割和焊接后会产生一定的变形，要对这种变形有足够的预防措施，矫正之后再与筒体组装。

③ 支撑式支座。支撑式支座如图 9-29 所示。支撑式支座的组装中，确保地脚螺孔的精度，可采用模板式组装。由于封头制造偏差等因素的存在，会直接影响到支座组装的精度，通常采取支板下料留出余量的方法进行。组装前，底板、支板先焊接完毕，并与模板组合，如图 9-30 所示。组装时，先将托板与筒体组装，消除由于封头偏差产生的偏差影响，然后将与模板组合或者通过地样组装、采用支撑物固定并且加固后的支座进行组装。支座经支撑物固

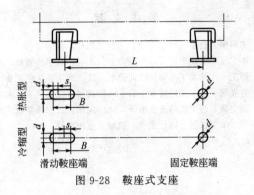

图 9-28　鞍座式支座

定后，应当达到对尺寸与形位保证具有足够的稳定。对于由于偏差产生的间隙，通过去除支板局部高度的方法解决。

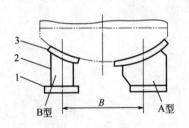

图 9-29　支撑式支座

1—底板；2—支板；3—托板

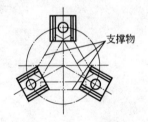

图 9-30　支撑式支座的临时固定

④ 耳式支座。如图 9-31 所示为耳式支座。

⑤ 腿式支座。如图 9-32 所示为腿式支座。腿式支座的组装参见图 9-32 支撑式支座。

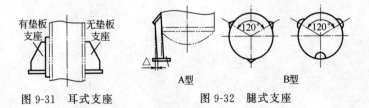

图 9-31　耳式支座　　　　图 9-32　腿式支座

参 考 文 献

[1]　尹显奇．实用铆工技术［M］．北京：金盾出版社，2010．
[2]　周宇辉．铆工简明实用手册［M］．南京：江苏科学技术出版社，2009．
[3]　王维中．铆工——技术工人岗位培训读本［M］．北京：化学工业出版社，2005．
[4]　周宇辉，方光辉．铆工实用技术手册［M］．南京：江苏科学技术出版社，2008．
[5]　闵庆凯，张立荣．铆工实际操作手册［M］．沈阳：辽宁科学技术出版社，2007．
[6]　机械工业部．车工识图［M］．北京：机械工业出版社，2007．